高等职业教育大数据与人工智能专业群系列教材

MySQL 数据库技术项目化教程 ——基于 OBE 理念

主　编　刘崇巍　庞金龙

副主编　赵正道　袁春明

主　审　金忠伟

中国水利水电出版社
www.waterpub.com.cn
·北京·

内 容 提 要

根据职业教育的特点，本书以问题为导向，以任务为驱动，以具体的学习任务为主线，注重对学生创新精神、持续理论学习、技能提升的培养。全书共 10 个项目、22 个任务，内容包括数据库基础知识和 MySQL 的安装与配置、数据库的基本操作、数据表操作、数据操作、单表查询、多表查询、视图和索引、事务与存储过程、数据库的管理和维护、数据库设计案例等，学生在完成各个任务的过程中掌握理论知识，提升专业技能，实现理实一体的教学过程。本书将课程思政直接融入教材，坚持立德树人，突出课程思政特色，引导学生树立社会主义核心价值观，增强学生的爱国情怀、社会服务动力，提升学生的职业素养和大国工匠精神。

本书可作为计算机相关专业的数据库基础课程的教材，也可作为数据库应用系统开发设计人员及自学者的参考用书。

本书配有 PPT 课件、教学视频、课后习题及答案等教学资源，读者可以从中国水利水电出版社网站（www.waterpub.com.cn）或万水书苑网站（www.wsbookshow.com）免费下载。

图书在版编目（CIP）数据

MySQL 数据库技术项目化教程 ： 基于 OBE 理念 / 刘崇巍，庞金龙主编. -- 北京 ： 中国水利水电出版社，2024. 8. -- (高等职业教育大数据与人工智能专业群系列教材). -- ISBN 978-7-5226-2616-1

Ⅰ. TP311.132.3

中国国家版本馆 CIP 数据核字第 202438MQ22 号

策划编辑：石永峰　　责任编辑：魏渊源　　加工编辑：刘瑜　　封面设计：苏敏

书　　名	高等职业教育大数据与人工智能专业群系列教材 MySQL 数据库技术项目化教程——基于 OBE 理念 MySQL SHUJUKU JISHU XIANGMUHUA JIAOCHENG——JIYU OBE LINIAN
作　　者	主　编　刘崇巍　庞金龙 副主编　赵正道　袁春明 主　审　金忠伟
出版发行	中国水利水电出版社 （北京市海淀区玉渊潭南路 1 号 D 座　100038） 网址：www.waterpub.com.cn E-mail：mchannel@263.net（答疑） sales@mwr.gov.cn 电话：（010）68545888（营销中心）、82562819（组稿）
经　　售	北京科水图书销售有限公司 电话：（010）68545874、63202643 全国各地新华书店和相关出版物销售网点
排　　版	北京万水电子信息有限公司
印　　刷	三河市德贤弘印务有限公司
规　　格	184mm×260mm　16 开本　15.5 印张　368 千字
版　　次	2024 年 8 月第 1 版　2024 年 8 月第 1 次印刷
印　　数	0001—2000 册
定　　价	56.00 元

前　言

数据库应用技术课程是高职院校电子信息类专业的计算机专业课程，旨在提升高职学生对大数据的开发和维护管理能力，培养与地方社会经济发展相联系的数据库管理人员。该课程引入新知识、新技术及行业新标准，将知识点重构，深化教学改革，着眼课程升级，积极构建高职教育大格局，增强学生的职业适应性，激活学生的学习动力，为社会培养大量的高质量技能型、持续发展型人才。

本书采用活页教材的形式，融合"成果导向"教育教学方法，以问题为导向，以任务为驱动，突出任务驱动的教学改革优势，将课程思政有效融入，坚持立德树人，突出课程思政特色，引导学生树立社会主义核心价值观，增强学生的爱国情怀、社会服务动力，提升学生的职业素养和大国工匠精神。用习近平新时代中国特色社会主义思想铸魂育人，用党的科学理论强化知识学习，用党的初心使命提升学生素质能力。坚持价值引领，教育引导学生走技能成才、技能报国之路。

全书共包括 10 个项目、22 个任务，每个任务按照任务目标—课程指导—任务信息（思维导图）—知识储备—任务实施—任务验收—评价反馈等顺序进行编写。从数据库的获取、安装，数据库、数据表的基本操作到数据库整体设计，按照获取、安装、创建、使用、维护、优化、管理的主线进行项目教学和技能演练，学生在完成各个任务的过程中掌握理论知识，提升专业技能，实现理实一体的教学过程。

本书形式新颖，响应高等职业教育关于新型活页式工作手册式教材开发。本书各项目之间既呈现工作流程的技能前后学习顺序，又突出各项目之间的关联性，学生可以根据自身知识储备情况、学习基础、学习习惯、专业特点等进行选择性学习。

本书编写团队成员多为从事数据库技术课程一线教学的专任教师，在具有较强的理论知识的同时，也有着丰富的企业实践工作经验。本书由刘崇巍、庞金龙任主编，赵正道、袁春明任副主编，金忠伟任主审，具体编写分工如下：刘崇巍负责项目 3、项目 4 和项目 5，庞金龙负责项目 1、项目 2 和项目 8，赵正道负责项目 9 和项目 10，袁春明负责项目 6 和项目 7。本书在编写过程中得到了学校和所在分院领导的大力支持，在此表示衷心感谢！

尽管编者在编写过程中力求准确、完善，但由于编者能力有限，书中难免存在疏漏，恳请读者批评指正。

编　者

2024 年 3 月

目　录

项目 1　数据库的安装与配置

教学目标

1. 知识目标:

（1）了解数据库技术的发展。

（2）了解常见的数据库产品。

2. 能力目标:

（1）能执行 MySQL 的安装与配置。

（2）会使用常用图形化管理工具。

3. 素养目标:

（1）参与团队协作。

（2）遵守职业规范。

4. 思政目标:

（1）培养学生学以致用的能力。

（2）培养学生的敬业精神。

教学重点

1. MySQL 的安装。
2. 数据库应用环境的搭建。

教学难点

1. MySQL 的安装与配置。
2. 数据库管理工具的使用方法。

学习任务

1. 了解数据库基础知识。
2. MySQL 的安装与配置。
3. 常用图形化管理工具的使用方法。

任务 1.1　了解数据库基础知识

任务目标

1．掌握数据库基本概念。
2．了解数据库技术的发展历程。
3．了解各数据库的优缺点。
4．掌握数据模型。
5．了解常见的数据库产品。

课程指导

1．任务要求：
（1）制作“数据库的概念及发展”汇报课件。
（2）课件中需要体现数据库等相关概念、各数据库的优缺点及数据模型。
2．学生分组研讨：
（1）什么是数据。
（2）什么是信息。
（3）什么是数据库。
（4）制作汇报课件的方法。
3．教师启发指导。

思维导图

知 识 储 备

数据库概述

1.1.1　数据库概述

随着社会的进步和科技的发展，信息成为了人们日常生活中无法离开的重要资源，作为信息载体的数据就需要有其栖身之所，于是数据库作为相互关联的数据集合应运而生。

数据库不但可以用来安全有效地存储相关的数据，还可以对保存的数据进行处理并为多用户及各应用程序提供所需的数据。数据库技术的发展也已然成为信息技术发展的重要部分，是计算机产业尤其是信息存储产业的基础和核心。本任务将带领大家认识数据库，了解数据库中常见的基本概念及其作用。

我们将计算机中用来描述真实世界事物的符号称为数据。数据既可以是数字、字母、标点符号，还可以是文字、图形、图表、图像、语言、声音等一切可被计算机接收和处理的符号。数据是非常重要的一个资源，所以必须对该资源进行有效管理。数据管理一般包括但不限于对数据的分类、编码、组织、存储、检索、删除及维护等操作，数据库的最主要任务是对数据进行管理。

由于数据量比较大，通常我们将数据经过汇总、加工、处理后提取一部分对社会活动和生产生活产生决策影响的数据，这部分数据称为信息。我们可以直观地理解信息就是数据的真实意义，未处理的数据就是记录客观世界的事情，是记载世界的原始材料。信息是经过加工处理并对人类客观行为产生影响的事物属性的表现形式。

通过学习，我们知道大量存在的数据需要进行有效的处理和管理，而数据库可以胜任这部分工作，它可以被理解为数据的仓库，也就是将大量存储在计算机内的数据按照一定的结构进行组织、保存，并按照需求通过计算机整理加工为可以快速高效访问的一些数据的集合。我们可以总结为：数据库是按一定的组织形式存储在一起的相互关联的数据的集合。

有了数据库，还需要对数据库进行有效管理和维护，因此我们就需要使用数据库管理系统。所谓数据库管理系统，就是用户和操作系统之间的媒介，是用户进行操作系统数据管理的软件，其主要功能包括数据定义、数据操作、数据库的管理、数据库的建立和维护。现在比较流行的数据库管理系统有 MySQL AB 公司开发的 MySQL、微软（Microsoft）公司开发的 SQL Server、甲骨文（Oracle）公司开发的 Oracle 系列等。

了解了数据、信息、数据库及数据库管理系统的概念，我们就可以将计算机硬件、数据库、数据库管理系统、程序开发工具及各种管理人员一起构成数据库系统，用来进行有组织、动态地存储大量关联数据、方便用户访问。数据库系统如图 1.1.1 所示。

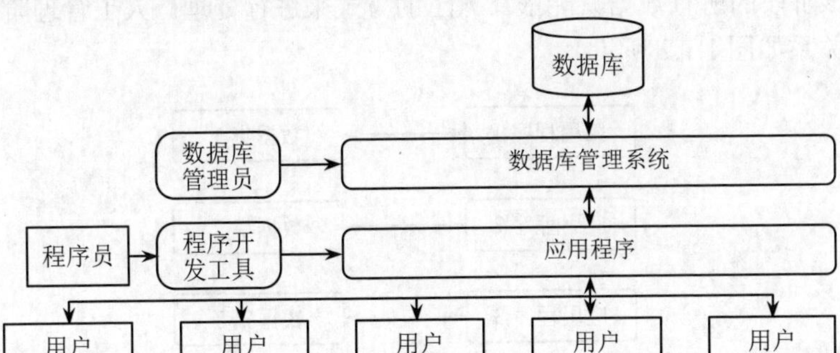

图 1.1.1　数据库系统

每个数据库都有一个或多个不同的应用程序编程接口（Application Programming Interface，API）方便用户进行创建、访问、管理、维护、搜索及复制所保存的数据，我们也可以将所有的数据都存储在对应的文件中，但是由于数据量会很大，因此我们在文件中进行数据读写时，访问速度会很慢。因此，一般情况下，我们使用关系数据库管理系统来进行大量数据的存储和管理。关系数据库，是建立在关系模型基础上的数据库，通过管理集合等进行数据库中数据的管理和维护。关系数据库管理系统一般具有如下特点：

（1）数据通常以表的形式出现。

（2）每行为各种记录的名称。

（3）每列为记录名称所对应的数据域。

（4）许多的行和列组成一张表单。

（5）若干的表单组成数据库。

1.1.2　数据库技术的发展

现实世界中，我们周边的很多事物在计算机中都会用符号的方式进行表示，这就是数据。数据不仅可以是数字，还可以是文字、图像、表格、图片、声音等。所有的机构部门都会存在并存储着大量的复杂的数据。学校有设备、学生、教师、课程等各方面的数据；银行有储蓄、贷款、信用卡、储户等相关数据；铁路部门有列车、乘务、火车司机、票务等各方面的数据。我们可以看出，数据是每个机构、组织、部门、单位非常重要的资源，有时甚至比其他资源更宝贵、更重要，因此，各个机构或部门就需要对这些数据进行高效安全的管理。数据管理就是对数据进行组织、存储、分类、检索和维护等操作，数据管理作为数据处理的核心，同样也是数据库的核心。数据库技术并不是最早的数据管理技术，计算机在刚诞生时主要用于数值计算，虽然当时也有数据管理的问题，但是当时的数据都是依托人工来进行管理的，随着计算机软件和硬件的不断发展，数据管理技术也得到相应的提升，数据管理的水平得到了不断的提高，继人工管理阶段后又出现了文件系统阶段和数据库系统阶段几个阶段。

1. 人工管理阶段

20 世纪 50 年代前（计算机诞生初期），计算机技术还不是很成熟，从硬件方面来看还没有可以直接存储数据的磁盘等存储设备，软件方面也没有对应的计算机操作系统及数据管理软件，该阶段的所有数据只能依靠人工的方式来进行处理。人工管理阶段应用程序与数据之间的关系如图 1.1.2 所示。

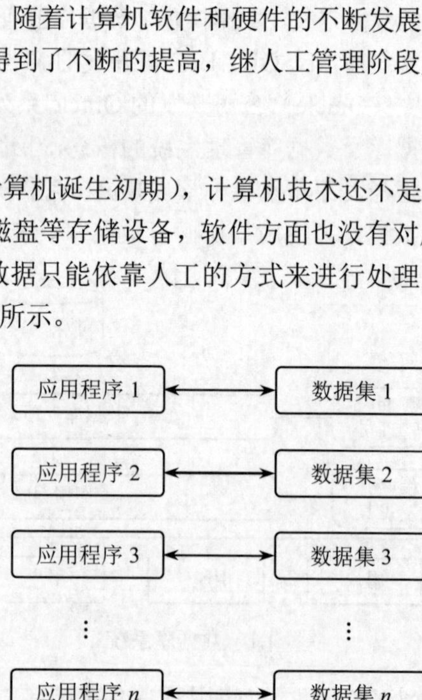

图 1.1.2　人工管理阶段应用程序与数据的关系

人工管理阶段数据管理的特点有以下几个：

（1）对数据不进行保存。计算机主要用于科学计算，通常不具备也不需要长期保存数据，只是进行计算和应用时向系统中输入数据，输入的原始数据和计算得到的结果都不会进行保存。

（2）应用程序管理数据集。由于没有计算机系统和数据管理系统，因此由应用程序对数据进行管理，应用程序不但要管理数据还要规定数据的逻辑结构，设计数据的存储结构，以及输入输出方式等物理结构。

（3）数据不具备共享性。该阶段数据都是面向即时应用的，数据集只能对应一个应用程序，即使多个应用程序对应同一个数据集，也必须各自定义，不能互相使用、互相读取。因此，该阶段的应用程序与应用程序之间存在大量的冗余数据。

（4）数据不具备独立性。该阶段数据的物理结构或逻辑结构如果发生变化，则必须对相应的应用程序进行修改。因此，该阶段的数据管理会给程序员带来很多烦琐的事务。

2. 文件系统阶段

20 世纪 50 年代后期到 60 年代中期，随着计算机技术的发展，该阶段的计算机除大量用于科学计算外，也开始用于信息管理。该阶段已经出现了对数据进行直接存取的存储设备，在软件方面也出现了操作系统和一些高级语言，有了文件系统软件或操作系统的文件管理系统，用于专门进行数据管理。该阶段出现的基本的文件系统减轻了人工的压力。文件系统阶段应用程序与数据的关系如图 1.1.3 所示。

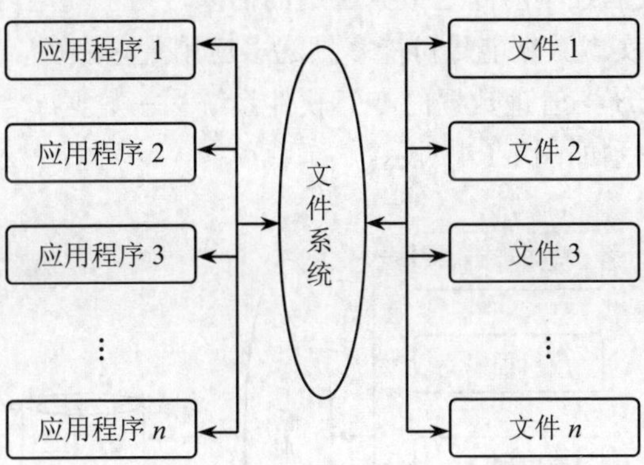

图 1.1.3　文件系统阶段应用程序与数据的关系

文件系统阶段数据管理的特点有以下几个：

（1）数据可以保存。由于该阶段已经有了可以存储数据的磁盘，因此数据可以进行长期的保存，也可以根据实际需求进行反复使用，根据实际操作需求可以对存储的数据进行反复的查询、更新和删除等操作。

（2）数据具有独立性。该阶段已经有了对数据进行管理的操作系统，应用程序和数据之间有了数据存取的接口操作系统，可以通过接口访问文件，这样应用程序就可以依靠文件操作系统通过文件名来进行数据的存取，不需要纠结数据真实的物理位置。此时的数据也有了物理结构和逻辑结构的区别，应用程序和数据之间都已经有了一定的独立性。

（3）文件形式多样。该阶段可以利用磁盘进行数据的存取，因此不会局限于文件顺序，也出现了索引文件、链表文件等。该阶段对文件的访问除顺序访问外，也可以进行直接访问，但由于文件之间是相互独立的，所以它们之间的联系要通过应用程序进行构造，文件的共享性比较差。

（4）数据存取以记录为单位。该阶段数据的存取基本上以记录为单位。

文件系统阶段数据管理的缺陷：虽然文件系统阶段相对人工管理阶段来说数据的管理已经有了很大的进步，但仍存在一定的缺陷。

（1）数据冗余度大。文件为特定应用程序设计，因此会出现同一数据在多个文件中重复使用、重复存储的情况，导致数据的不一致，造成数据冗余度较大。

（2）数据独立性差。应用程序根据文件结构进行编写，文件结构若发生改变，应用程序就必须进行相应的改变，因此数据和应用程序之间的独立性比较差。

（3）数据联系性弱。文件系统阶段，文件与文件之间是相互独立的，文件与文件之间必须通过应用程序来联系。因此，文件是一个没有弹性、没有结构的数据集合，也不能反映真实世界各事物之间的联系，数据联系性比较弱。

3. 数据库系统阶段

20 世纪 60 年代后期至今。该阶段的计算机主要用于大规模的管理，涉及的数据量急剧增长，出现了大容量的存储设备，此时硬件价格相对下降很多，但是软件价格飞速上升，因为该阶段编制和维护系统软件及管理软件应用程序所需的成本增加了很多。在数据处理方式和方法上，计算机互联共同处理数据的要求增加，开始提出分布式数据处理。以文件系统作为数据管理手段已经不能满足数据应用的需求，为了满足多用户、多任务的多应用程序共享数据的需求，实现数据能尽可能多地为多应用程序服务，一项新的技术就此诞生，即数据库技术，它用于统一管理数据的专门软件系统——数据库管理系统。数据库系统阶段应用程序与数据的关系如图 1.1.4 所示。

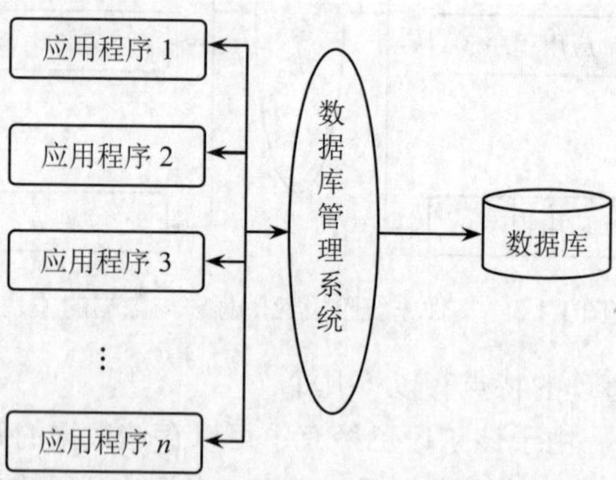

图 1.1.4　数据库系统阶段应用程序与数据的关系

数据库也就是数据集，是可以长期存储在计算机存储设备上的、数据之间相互关联并可以被多用户共享的数据集。数据库系统管理数据相较之前的文件系统有了质的飞跃，标志着数据管理技术的快速发展和提升，数据库系统管理数据相对于文件系统也具有明显的优点，具体体现在以下几个方面：

（1）数据关联性高。现实世界中所有的数据信息都是相互关联的，数据库中存储的是相互关联的数据的集合，因此用数据库管理数据可以将数据之间的关联关系体现出来。该阶段数据库中的数据不是孤立的，数据和数据之间是相互关联的，数据库不仅能反映数据的本身，还能直接将数据与数据之间的联系反映出来。

（2）数据冗余性小。文件系统阶段，每个应用程序都需要各自的数据文件，也就是当同一个数据被不同的应用程序使用时可能需要存放在不同的文件中，因此会带来大量的数据冗余。在数据库系统中，数据采用逻辑结构，数据也成为统一的逻辑结构，每个数据项的值可以只存储一次，因此可以在很大程度上控制数据冗余。所谓控制数据冗余，是指数据库系统将数据冗余限制在最少，系统可以保留必要的数据冗余。在实际使用中，由于技术受限和业务被使用，同一数据可能在数据库中保存了多个副本。系统知道冗余，计算机中保留必需的冗余也是系统预定的。但是在数据库系统中，冗余是受控的。

（3）数据独立性强。数据库系统阶段，数据的组织和存储方法与应用程序互不依赖，彼此相对独立，在数据库技术出现之前，数据文件的组织方式和应用程序是密切相关的，如果需要改变数据结构，那么与之相对应的应用程序也必须修改，从而极大地增加了应用程序的开发代价和维护成本。而在数据库系统阶段，数据库技术使数据的组织和存储方法与应用程序相分离，因此大幅降低了应用程序的开发代价和维护成本。

（4）安全、可靠性高。数据库系统阶段已经具有了安全控制机制，可以保证数据的安全性和可靠性，数据库技术需要一套安全机制来保证数据库中的数据的安全和可靠，该机制能保证数据库中的数据在遭到任何软件故障或硬件故障引起的破坏时，都能够立刻进行数据的完全恢复，以保证系统能够连续可靠地运行。

（5）数据的正确性高。在数据库中我们常用数据的完整性来表示数据的正确性，该阶段在数据库中建立了一些约束来保证数据库中数据的正确性。

（6）数据的一致性强。数据可以共享并能保证数据的一致性，该阶段数据库中的数据可以在不同应用程序间共享，允许多用户、多任务同时使用相同的数据，并同时保证各个用户之间对数据的操作不存在矛盾和冲突。也就是说，在很多用户通过很多任务同时使用数据库时，也能够保证数据的正确性和一致性。

1.1.3　数据模型

数据模型

我们把真实的世界以图形、图像等数据形式进行记录，存储到计算机中，那么数据就需要经过真实世界、信息世界及机器世界 3 个阶段，数据记录过程如图 1.1.5 所示。

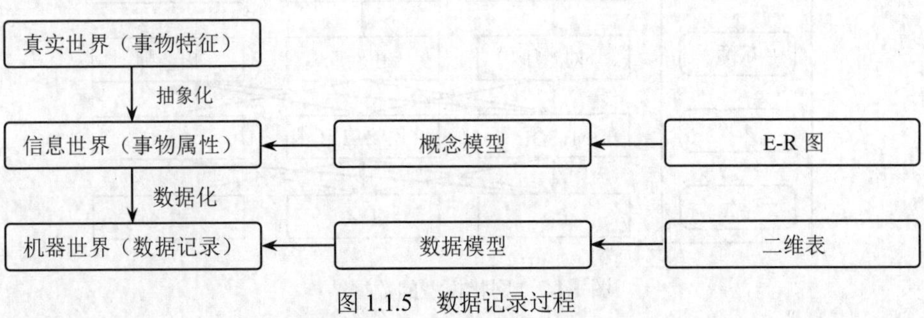

图 1.1.5　数据记录过程

首先，将真实世界中客观存在的事物和事物特征抽象化处理成信息世界中的事物实体和属性。

其次，利用实体—联系的方法（E-R 图）反映出事物与机器世界之间的相互关系。

最后，将用 E-R 图表达的概念模型转化为机器世界的数据模型。

数据库管理系统就是根据数据模型来对数据进行存储和管理的。因此，数据模型是数据库的基础和关键。目前数据库系统采用的数据模型有层次模型、网状模型和关系模型 3 种。

1. 层次模型

数据库设计初期采取的数据模型就是层次模式，层次模型是将数据组织成一对多的结构。用树状结构表示各实体之间的联系，树的各个节点表示实体集，相应节点之间的连线表示两实体集之间的关系。采用关键字来访问其中每一层的各个部分。采用层次模型的数据库结构存取数据方便，模型结构清晰，检索路线明确，数据修改和扩张较容易实现。但是层次模型一对多的结构决定了其不能表示多对多的关系，因此结构不够灵活，数据有冗余。层次模型的数据结构如图 1.1.6 所示。

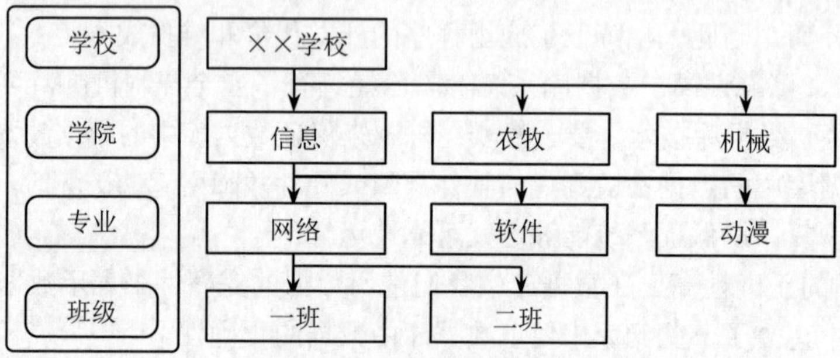

图 1.1.6 层次模型的数据结构

2. 网状模型

网状模型中，各节点之间可以存在任意多个连接方式，也不再是一对多的结构，每一个子节点可以有多个父节点，也允许子节点没有父节点。网状模型能明确表示数据之间的复杂关系，具有多对多的数据组织方式。但由于数据之间的联系是通过指针的形式表示，而指针数据的存在使数据量大大增加，因此数据修改起来不方便。另外，对网状模型的指针进行建立和维护也会给系统带来非常大的负担。网状模型的数据结构如图 1.1.7 所示。

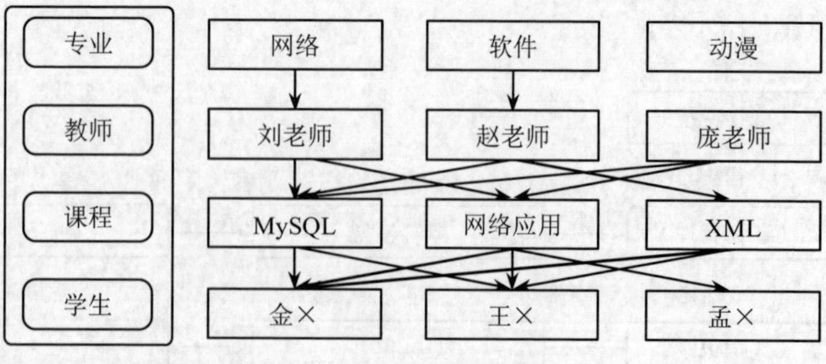

图 1.1.7 网状模型的数据结构

3. 关系模型

关系模型以记录或二维数据表的形式组织数据。关系模型结构不需要对数据进行分层，也不需要采用指针的形式进行表示，该模型结构是建立空间数据与属性数据之间的一种非常有效的数据组织方法。关系模型中每一列对应实体的一个属性，每一行自然形成一个由多个实体属性组成的元组，我们将这样的属性存储称为记录，其与特定的实体相对应。关系模型结构灵活，可以满足所有用布尔逻辑运算和数学运算形成的查询要求，可以搜索、组合和比较不同类型的数据；增加和删除数据方便，具有更高的数据独立性和更好的安全保密性。但是由于关系模型的许多操作都要求在文件中按顺序查找满足特定关系的数据，因此，如果数据库很大，那么查找过程就会比较麻烦。关系模型的数据结构如图 1.1.8 所示。

属性（字段）

序号	姓名	性别	班级	MySQL 成绩
1	金×	男	一班	83
2	王×	女	二班	96
3	孟×	男	二班	72
4	刘××	女	三班	86

图 1.1.8 关系模型的数据结构

1.1.4 常见的数据库产品

随着计算机技术的不断发展和数据存储技术的日趋成熟，数据库技术也迅速发展，数据库产品也越来越多，出现了 Oracle、SQL Server、DB2、MongoDB、MySQL 等常见数据库产品，下面重点介绍几种常见的数据库产品。

1. Oracle 数据库

Oracle 数据库管理系统是由 Oracle 公司开发的，在数据库领域处于领先地位。目前，Oracle 数据库覆盖了大、中、小型计算机等几十种计算机类型，已经成为世界上使用非常广泛的关系数据库管理系统之一。

Oracle 数据库管理系统采用标准的 SQL，并经过美国国家标准与技术研究院（National Institute of Standards and Technology，NTST）测试。与 IBM SQL/DS、DB2、INGRES、IDMS/R 等兼容，而且它可以在 VMS、DOS、UNIX、Windows 等操作系统上工作。除此之外，Oracle 数据库管理系统还具有良好的兼容性、可移植性及可连接性。

2. SQL Server 数据库

SQL Server 是由微软公司开发的一种关系数据库管理系统，该数据库广泛应用于电子商务、银行、保险、电力等相关行业。

SQL Server 提供了对 XML 和 Internet 标准的支持，该数据库具有强大、灵活、基于 Web 的应用程序管理功能。除此之外，SQL Server 数据库界面友好、易于操作，因此深受广大用户的喜爱，但由于该数据库只能在 Windows 操作系统上运行，而且对操作系统的稳定性要求相对较高，因此如何处理日益增长的用户数量成为该数据库的痛点。

3. DB2 数据库

DB2 数据库是由 IBM 公司研制的一种关系数据库管理系统，该数据库应用于 OS/2、Windows 等操作系统，具有较好的可伸缩性，可支持从大型计算机到单用户的环境。

DB2 数据库支持标准的 SQL，提供了高层次的数据利用性、完整性、安全性和可恢复性，并且具有从小规模到大规模应用程序的执行能力，因此，DB2 数据库适合海量数据的存储，但与其他数据库管理系统相比，DB2 的操作要复杂很多。

4. MySQL 数据库

MySQL 数据库管理系统是由瑞典的 MySQL AB 公司开发的（目前属于 Oracle 公司产品）。它以“客户/服务器”模式实现，是一个多用户、多线程的小型数据库服务器。而且 MySQL 的数据是开源的，任何人都可以获得该数据库的源代码并修正 MySQL 的缺陷。

MySQL 具有跨平台的特性，它不仅可以在 Windows 平台上使用，还可以在 UNIX、Linux 和 Mac OS 等平台上使用。因此，相对其他数据库而言，MySQL 的使用更加方便、快捷，并且 MySQL 是完全免费的，运营成本低，越来越多的公司都开始使用 MySQL。

任务实施单

<table>
<tr><td>姓名</td><td></td><td>学号</td><td></td><td>组别</td><td colspan="2">第　组</td></tr>
<tr><td>班级</td><td></td><td>专业</td><td></td><td>日期</td><td colspan="2">年　月　日</td></tr>
<tr><td>任务名称</td><td colspan="4">任务 1.1　了解数据库基础知识</td><td>学时</td><td></td></tr>
<tr><td>学生自我分析</td><td colspan="6">（1）知识基础：
（2）学习习惯：
（3）学习方法：
（4）学习能力：</td></tr>
<tr><td>学习资料</td><td colspan="6">（1）教学课件
（2）微课
（3）网络资源</td></tr>
<tr><td>序号</td><td>实施步骤</td><td colspan="5">实施内容</td></tr>
<tr><td>1</td><td>计划</td><td colspan="5"></td></tr>
<tr><td>2</td><td>准备工作</td><td colspan="5"></td></tr>
<tr><td>3</td><td>了解数据库相关概念</td><td colspan="5"></td></tr>
<tr><td>4</td><td>掌握数据模型</td><td colspan="5"></td></tr>
<tr><td colspan="7">遇到的问题及其解决办法：</td></tr>
</table>

任务验收单

<table>
<tr><td>姓名</td><td></td><td>学号</td><td></td><td>组别</td><td>第　组</td></tr>
<tr><td>班级</td><td></td><td>专业</td><td></td><td>日期</td><td>年　月　日</td></tr>
<tr><td>任务名称</td><td colspan="5">任务 1.1　了解数据库基础知识</td></tr>
<tr><td>序号</td><td>验收内容</td><td colspan="4">完成情况</td></tr>
<tr><td>1</td><td>了解数据库相关概念</td><td colspan="4"></td></tr>
<tr><td>2</td><td>掌握数据模型</td><td colspan="4"></td></tr>
<tr><td colspan="6">评量标准</td></tr>
<tr><td>验收项目</td><td>A 级</td><td>B 级</td><td colspan="2">C 级</td><td>自评</td></tr>
<tr><td>知识掌握情况</td><td>能够熟练说出数据、信息、数据库的概念，课堂表现出色</td><td>在教师的指导或同学的帮助下可以说出数据、信息、数据库的概念，课堂表现较好</td><td colspan="2">不能说出数据、信息、数据库的概念，课堂表现较差</td><td></td></tr>
<tr><td>课堂任务完成质量</td><td>能够说出数据模型及其特点，完全正确地按照老师的要求完成作业</td><td>能够按照老师的要求并在同学的帮助下正确地完成作业</td><td colspan="2">不能完成老师布置的作业</td><td></td></tr>
<tr><td>完成本次任务的收获及不足</td><td colspan="5"></td></tr>
</table>

评价反馈单

<table>
<tr><td>姓名</td><td></td><td>学号</td><td></td><td>组别</td><td>第　组</td></tr>
<tr><td>班级</td><td></td><td>专业</td><td></td><td>日期</td><td>年　月　日</td></tr>
<tr><td>任务名称</td><td colspan="5">任务 1.1　了解数据库基础知识</td></tr>
<tr><td>评价类别</td><td>项目</td><td colspan="2">子项目</td><td>个人评价</td><td>教师评价</td></tr>
<tr><td rowspan="11">专业能力（60%）</td><td rowspan="2">资讯（10%）</td><td colspan="2">获取信息（5%）</td><td></td><td></td></tr>
<tr><td colspan="2">引导问题回答（5%）</td><td></td><td></td></tr>
<tr><td rowspan="2">计划（5%）</td><td colspan="2">计划可执行度（3%）</td><td></td><td></td></tr>
<tr><td colspan="2">用具材料准备（2%）</td><td></td><td></td></tr>
<tr><td rowspan="3">实施（20%）</td><td colspan="2">知识掌握的正确性（5%）</td><td></td><td></td></tr>
<tr><td colspan="2">知识运用的灵活性（10%）</td><td></td><td></td></tr>
<tr><td colspan="2">操作方法的创新性（5%）</td><td></td><td></td></tr>
<tr><td rowspan="3">过程（15%）</td><td colspan="2">规范性（5%）</td><td></td><td></td></tr>
<tr><td colspan="2">问题处理（5%）</td><td></td><td></td></tr>
<tr><td colspan="2">设备的管理（5%）</td><td></td><td></td></tr>
<tr><td>结果（10%）</td><td colspan="2">任务完成质量（10%）</td><td></td><td></td></tr>
<tr><td rowspan="4">社会能力（20%）</td><td rowspan="2">团队合作（10%）</td><td colspan="2">小组成员合作良好（5%）</td><td></td><td></td></tr>
<tr><td colspan="2">对小组的贡献（5%）</td><td></td><td></td></tr>
<tr><td rowspan="2">敬业精神（10%）</td><td colspan="2">学习纪律性（5%）</td><td></td><td></td></tr>
<tr><td colspan="2">爱岗敬业和吃苦耐劳精神（5%）</td><td></td><td></td></tr>
<tr><td rowspan="2">方法能力（20%）</td><td>计划能力（10%）</td><td colspan="2">制订计划合理（10%）</td><td></td><td></td></tr>
<tr><td>决策能力（10%）</td><td colspan="2">计划选择正确（10%）</td><td></td><td></td></tr>
<tr><td colspan="6">对本次任务的建议和意见：</td></tr>
<tr><td rowspan="2">评价评语</td><td>教师签字</td><td></td><td>组长签字</td><td></td><td>总评</td></tr>
<tr><td colspan="5"></td></tr>
</table>

任务 1.2　安装与配置 MySQL

任务目标

1．掌握获取 MySQL 数据库的方法。
2．能安装 MySQL 数据库。
3．会搭建 MySQL 系统环境。

课程指导

1．任务要求：
（1）获取 MySQL 数据库的方法。
（2）安装 MySQL 数据库。
（3）在 MySQL 内获取帮助信息。
2．学生分组研讨：
（1）研讨获取 MySQL 的方法并提出配置方案。
（2）解决 MySQL 安装与配置过程中遇到的问题。
3．教师启发指导，解决学生安装过程中遇到的问题。

思维导图

知 识 储 备

1.2.1　获取 MySQL

（1）要想获取 MySQL，需要登录 MySQL 的官网 https://www.mysql.com，MySQL 官网界面如图 1.2.1 所示。

（2）在官网界面选择 DOWNLOADS 选项卡，进入 MySQL 下载界面，如图 1.2.2 所示。

（3）单击 DOWNLOADS→MySQL Community Server，如图 1.2.3 所示。

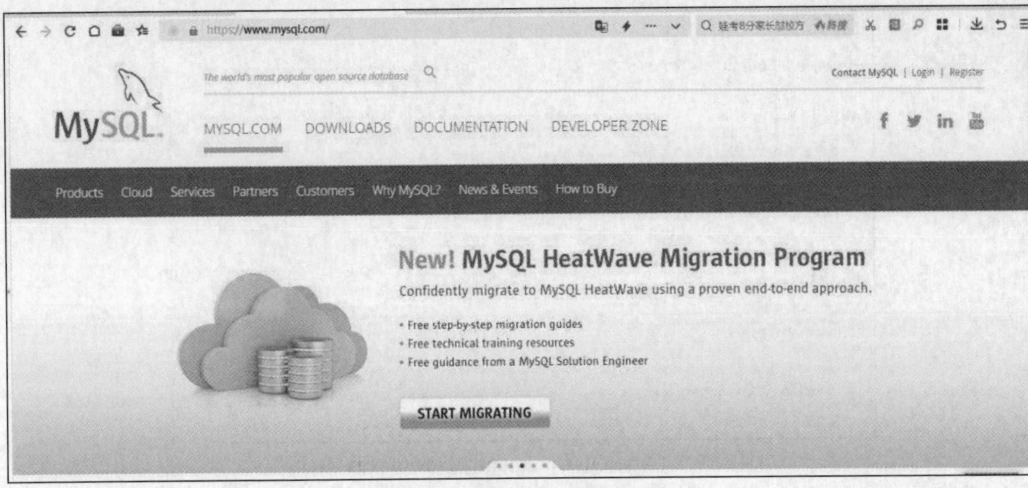

图 1.2.1 MySQL 官网界面

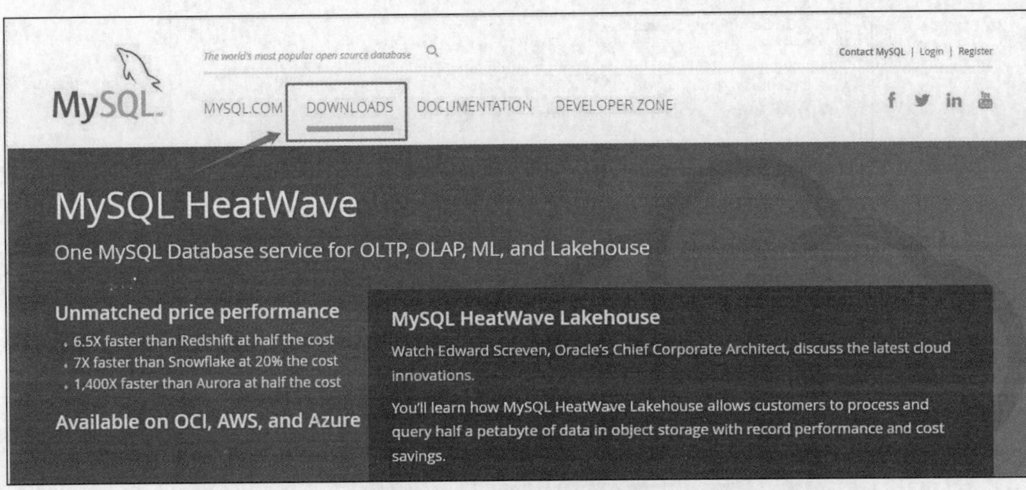

图 1.2.2 MySQL 下载界面

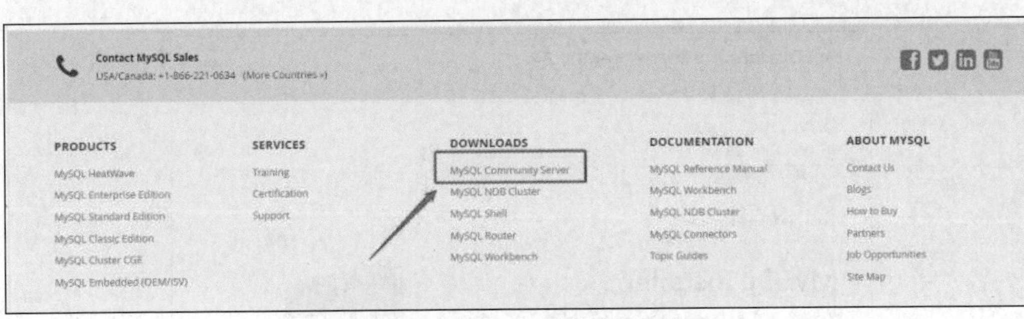

图 1.2.3 MySQL 下载链接位置

（4）进入 MySQL Community Downloads 界面，如图 1.2.4 所示。

（5）选择使用的操作系统和版本，如图 1.2.5 所示。

（6）选择实际的操作系统并选择下载 MySQL 版本，也可以直接单击界面上推荐的下载版本，如图 1.2.6 所示。

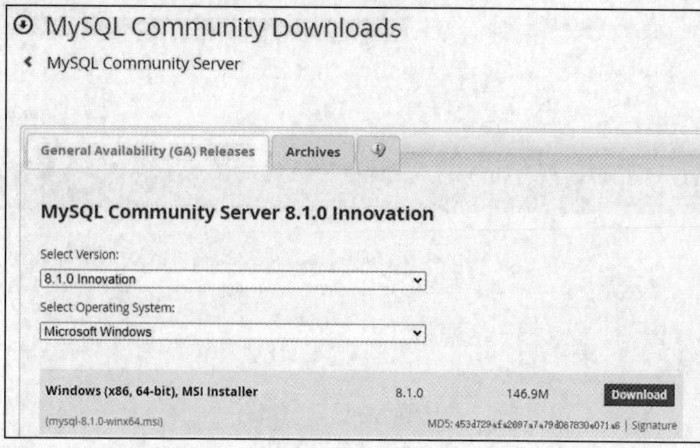

图 1.2.4　MySQL Community Downloads 界面

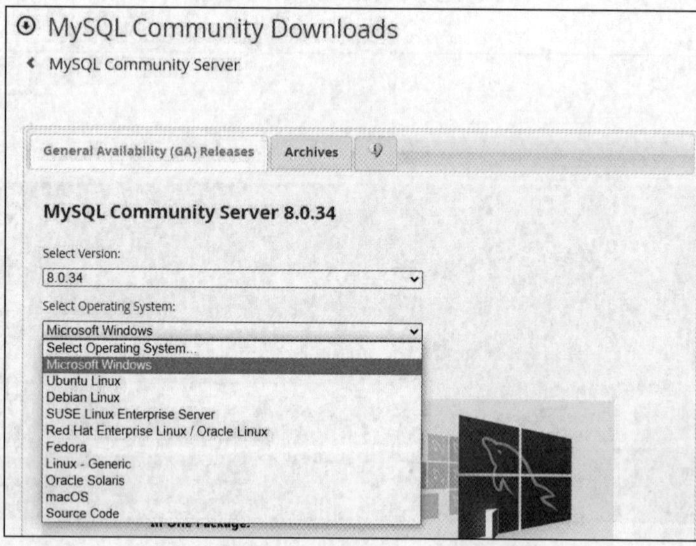

图 1.2.5　操作系统及版本选择界面

图 1.2.6　进入 MySQL 下载界面

（7）进入 MySQL 下载界面。这里注意有两个可下载的客户端，mysql-installer-web-community 为在线联网安装包，mysql-installer-community 为离线安装包。用户根据实际需要选择并单击 Download 按钮，如图 1.2.7 所示。

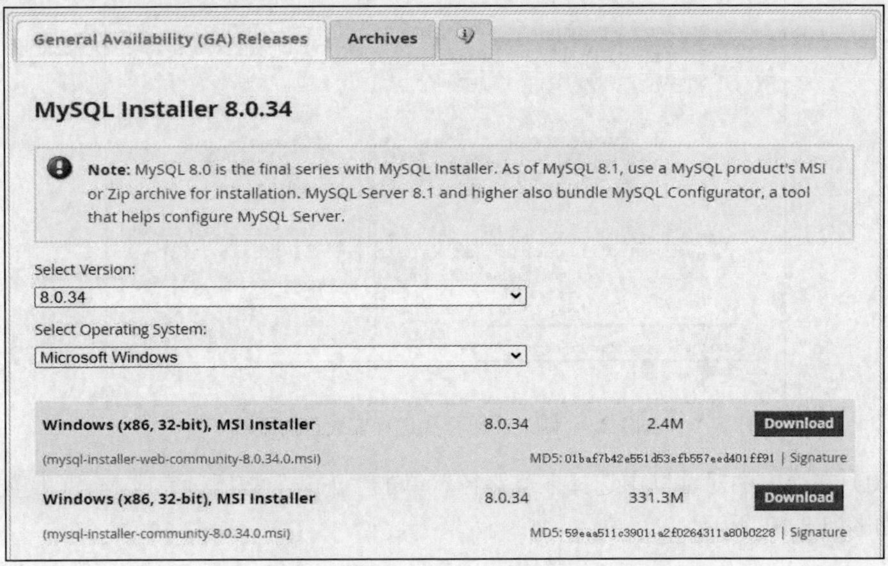

图 1.2.7　选择需要下载的安装包

（8）选择离线安装包，单击 Download 按钮，如图 1.2.8 所示。

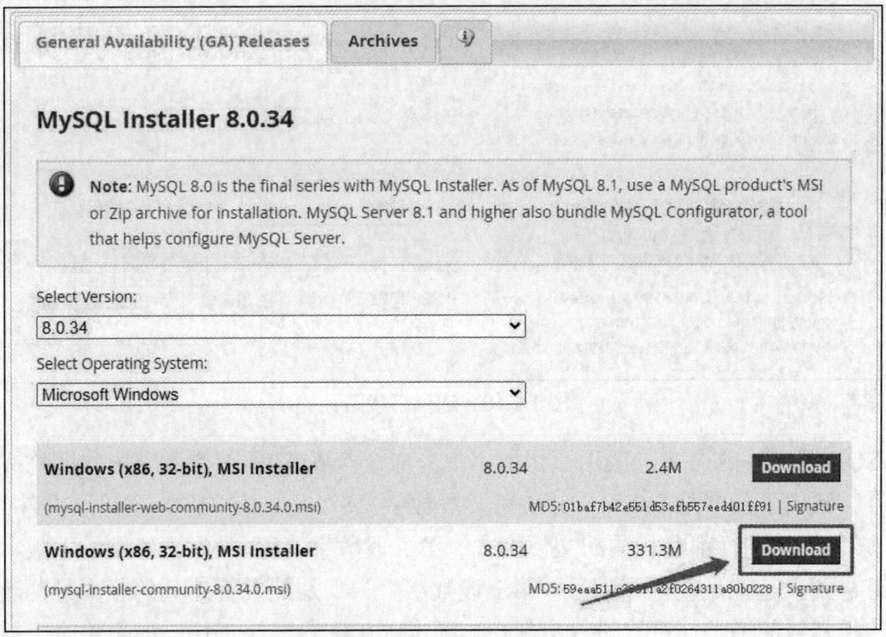

图 1.2.8　选择下载离线安装包

（9）如果之前没有登录，则会弹出提示是否注册界面，我们可以跳过注册直接下载，如图 1.2.9 所示。

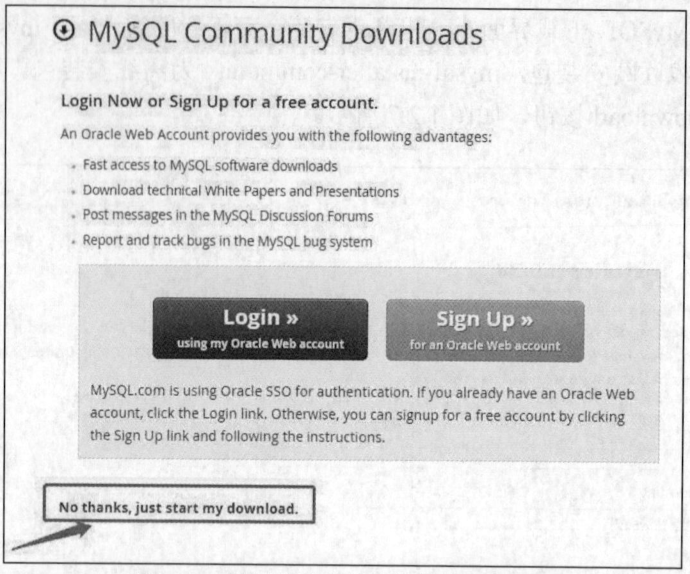

图 1.2.9　跳过注册直接进行安装包的下载

（10）在弹出的对话框中选择下载路径，单击“下载”按钮，完成 MySQL 数据库的下载，如图 1.2.10 所示。

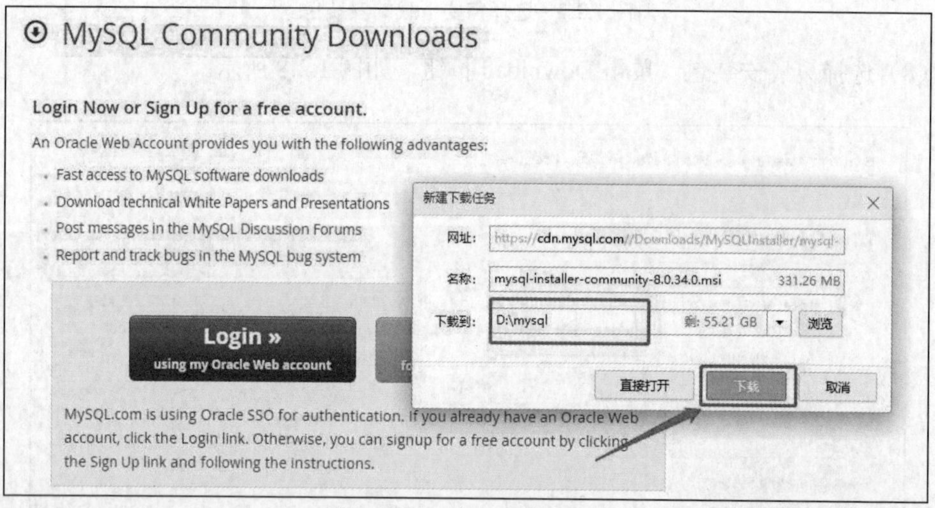

图 1.2.10　选择下载路径

MySQL 源文件的命名一般用点将数字串分成 3 个数字段，3 个数字段共同构成源文件的版本号。我们下载的是 8.0.34，其中第一段数字“8”是主版本号，描述了文件的格式，所有版本“8”的发行都有相同的文件格式；第二段数字“0”是发行级别，主版本号和发行级别组合到一起就是发行序列号；第三段数字“34”是此发行序列的版本号，随着每个新分发的版本号的递增，每次进行更新后，版本的第三段数字递增，如果相对于前一个版本增加了新的功能或微小的不兼容性，那么第二段数字递增，如果整个文件的格式发生了改变，则第一段数字递增。我们这里使用的是通用版，还有一些版本会显示发行的稳定性级别的后缀。

1.2.2 安装、配置 MySQL

安装、配置 MySQL

（1）双击打开下载好的 MySQL 安装包进行安装，安装包会自动进行解压和安装，如图 1.2.11 所示。

图 1.2.11　安装包完成解压

（2）开始安装 MySQL 时，有 4 种安装方式可供选择。Server only 表示仅作为服务器安装，Client only 表示仅作为客户端安装，Full 表示完全安装，Custom 表示自定义安装，可以根据实际需求进行选择，这里我们选择 Custom，单击 Next 按钮，如图 1.2.12 所示。

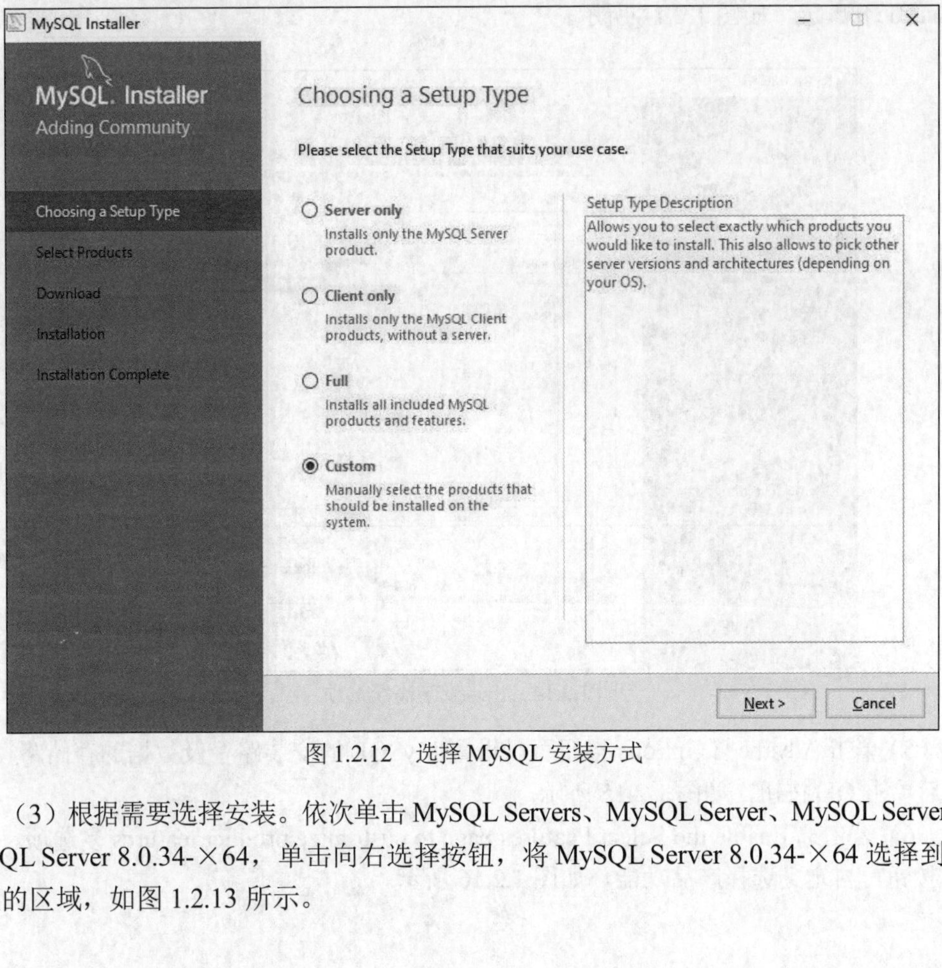

图 1.2.12　选择 MySQL 安装方式

（3）根据需要选择安装。依次单击 MySQL Servers、MySQL Server、MySQL Server 8.0、MySQL Server 8.0.34-×64，单击向右选择按钮，将 MySQL Server 8.0.34-×64 选择到即将安装的区域，如图 1.2.13 所示。

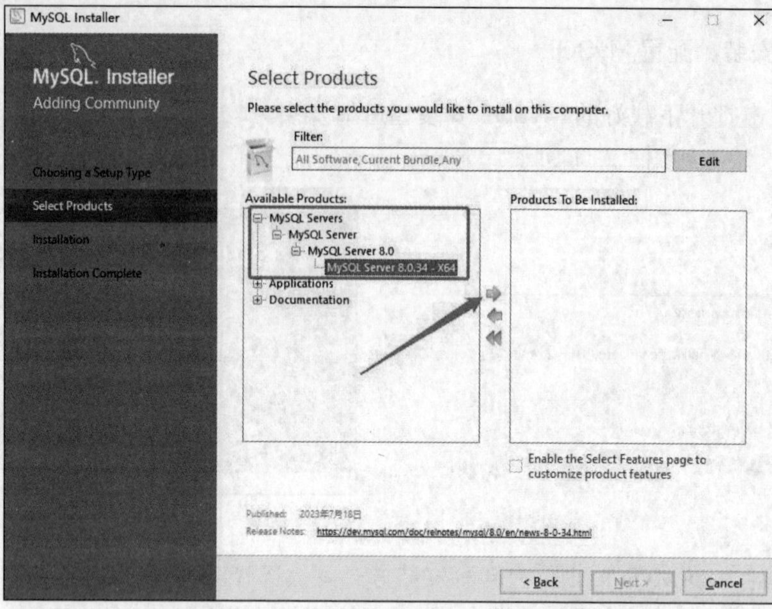

图 1.2.13　选择需要安装的程序

（4）单击选择过来的 MySQLServer8.0.34-×64，界面下方出现蓝色的安装高级选项 Advanced Options，如图 1.2.14 所示。

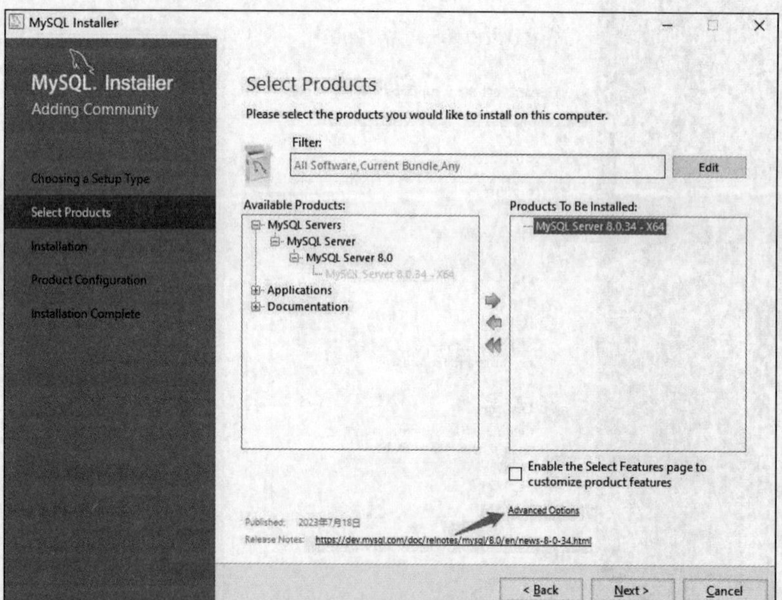

图 1.2.14　出现安装高级选项

（5）单击 Advanced Options 按钮可以设置 MySQL 的安装路径及数据的存储路径，设置好后单击 OK 按钮，如图 1.2.15 所示。

（6）若勾选 Enable the Select Features page to customize product features 复选项，单击 Next 按钮可自定义选择产品功能，如图 1.2.16 所示。

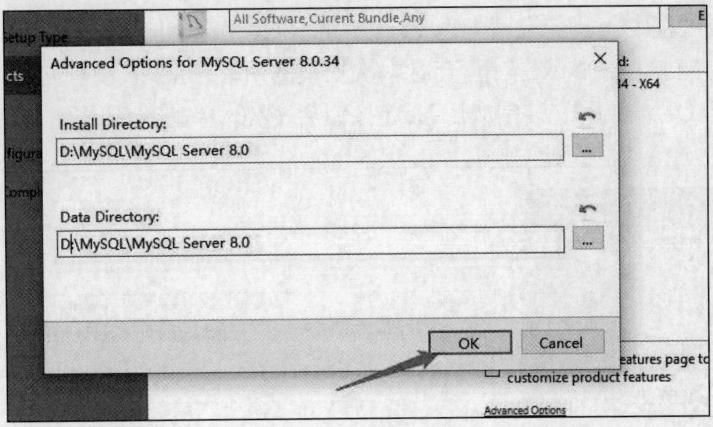

图 1.2.15　设置安装路径

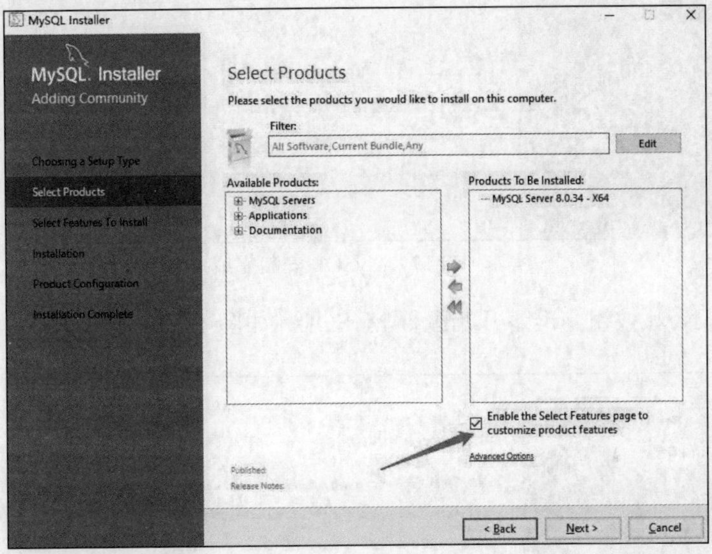

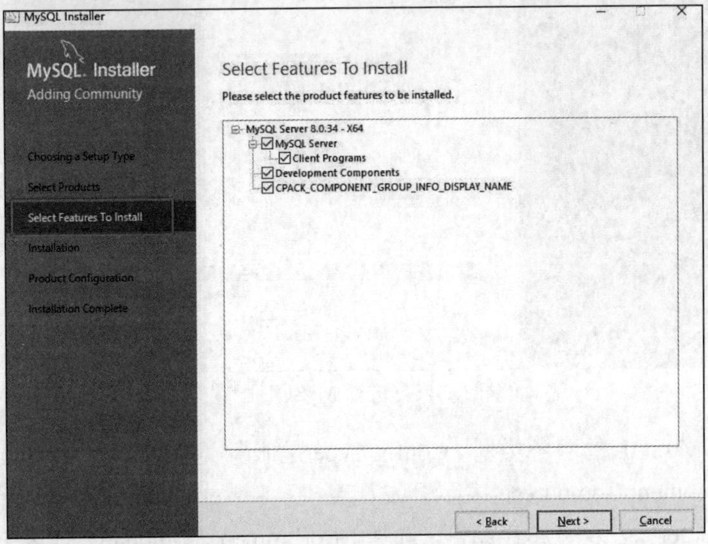

图 1.2.16　自定义选择产品功能

（7）安装过程中，我们取消勾选 Enable the Select Features page to customize product features 复选项，直接单击 Next 按钮，查看本次安装的所有产品，若没有问题，则单击 Execute 按钮，等待 MySQL 安装，安装完成后 Next 按钮会变亮，单击 Next 按钮，如图 1.2.17 所示。

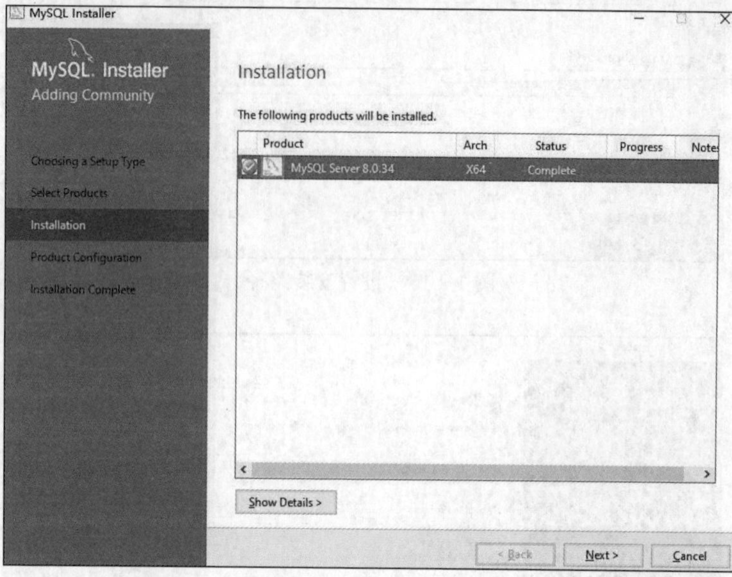

图 1.2.17　MySQL 安装完成

（8）单击 Next 按钮，准备开始配置 MySQL，如图 1.2.18 所示。

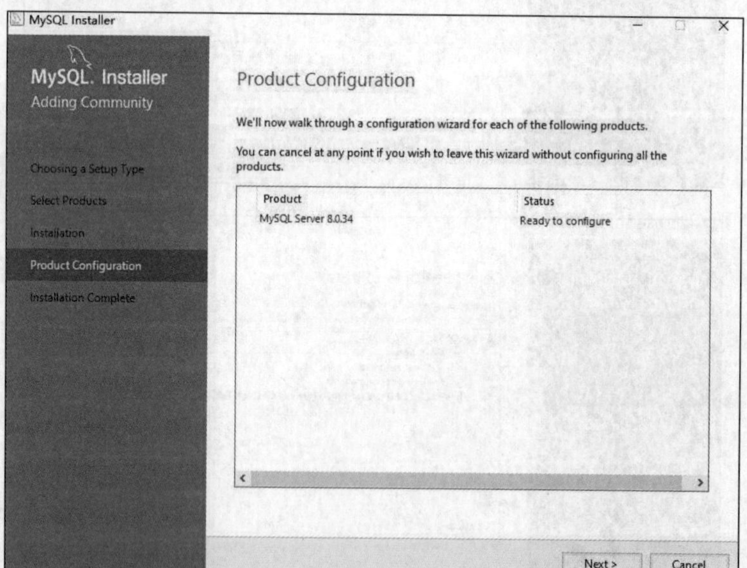

图 1.2.18　进行 MySQL 配置

（9）配置 MySQL 的服务类型。Config Type 是服务类型，这里 MySQL 提供了 3 种服务类型：Development Computer，表示开发计算机；Server Computer，表示服务器计算机；Dedicated Computer，表示专属计算机，选择 Development Computer，因为它占用的资源最

少，而且足够我们个人学习测试使用，如图 1.2.19 所示。

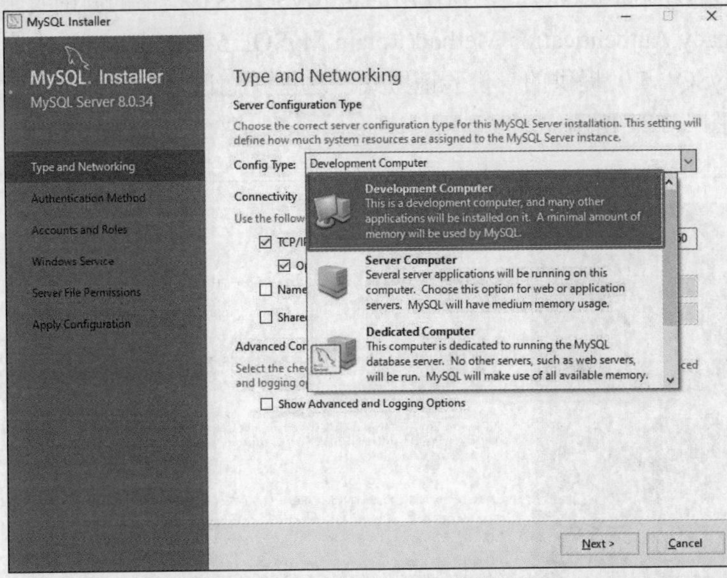

图 1.2.19　选择 MySQL 服务类型

（10）配置 MySQL 网络。Connectivity 是配置 MySQL 连接，勾选 TCP/IP 复选项，表明使用网络通信协议，其中 Port 指明端口号 3306，X Protocol Port 指明 X 协议端口 33060，勾选 Open Windows Firewall ports for network access 复选项，表示为网络访问打开 Windows 防火墙端口，可以根据需要对 Pipe Name 和 Memory Name 两项进行勾选，但是修改所设定的名称时需要记住（这里我们使用默认名 MySQL），若勾选 Show Advanced and Logging Options 复选项，则可以额外对当前安装进一步配置高级选项和日志记录，设置好后单击 Next 按钮，如图 1.2.20 所示。

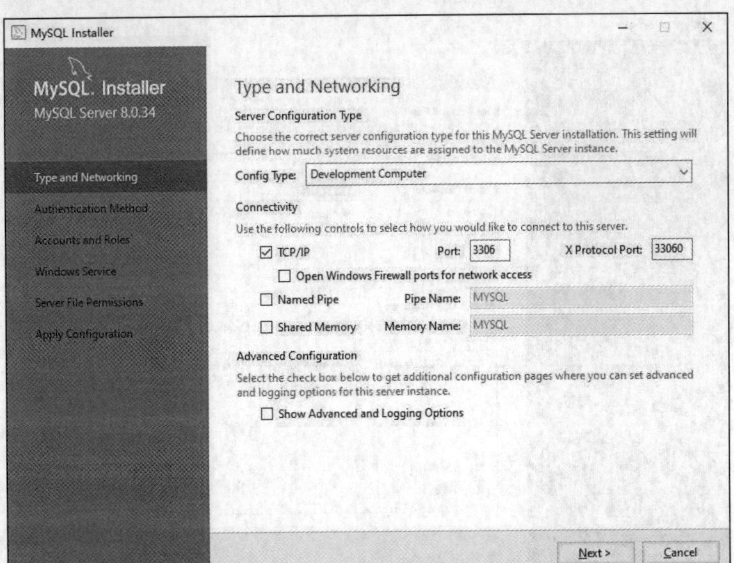

图 1.2.20　配置 MySQL 网络

（11）配置身份验证方式。如果选择 Use Strong Password Encryption for Authentication (RECOMMENDED)身份验证方式，则使用的是 MySQL 8.0 提供的新的身份验证方式。如果选择 Use Legacy Authentication Method(Retain MySQL 5.x Compatibility)身份验证方式，则使用的是 MySQL 5.0 提供的身份验证方式，这里我们选择第一种身份验证方式并单击 Next 按钮，如图 1.2.21 所示。

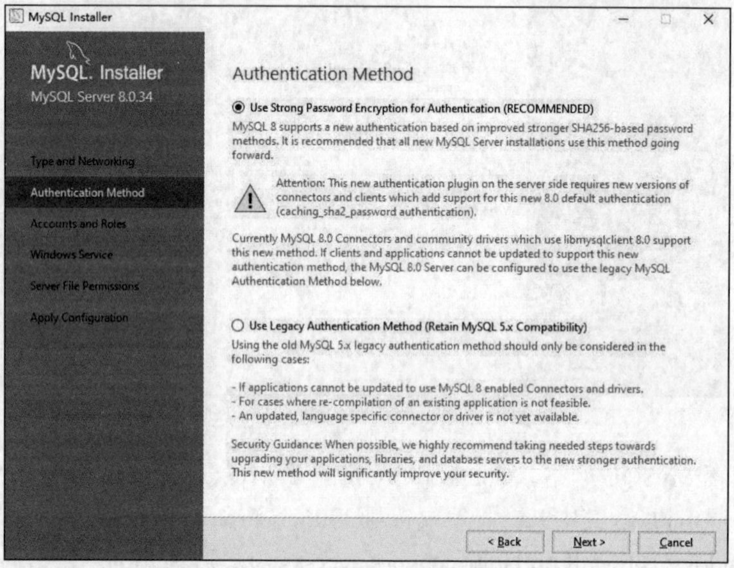

图 1.2.21　配置身份验证方式

（12）配置 MySQL 的账户和角色。Root Account Password（设置 root 账户密码）。页面中，MySQL Root Password 表示设置 root 密码；Repeat Password 表示确认密码；MySQL User Accounts 表示可添加新用户，配置其用户连接的主机和角色信息，如图 1.2.22 所示。

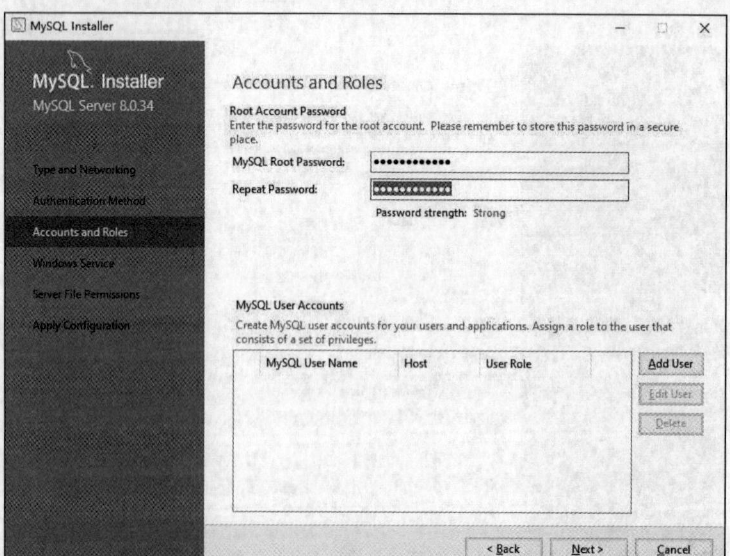

图 1.2.22　配置 MySQL 的账号和角色

（13）如果需要添加用户，则可以单击 Add User 按钮，在弹出的对话框中设置用户名称、连接的主机、角色及密码，如图 1.2.23 所示。

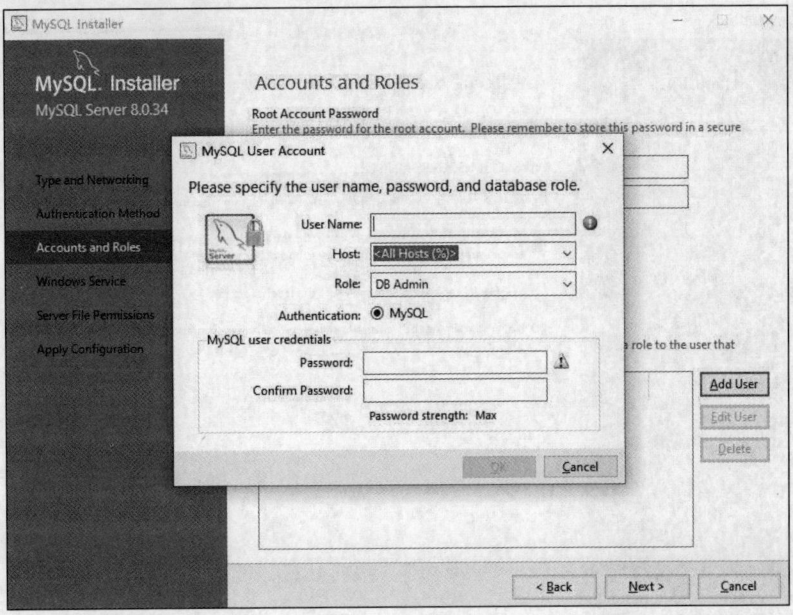

图 1.2.23　添加用户

（14）配置 Windows Service。为 MySQL 服务器实例设置一个 Windows 服务名，每一台服务器都需要一个唯一的名称，该名称需要记住，设置 Windows Service Name 为 MySQL80，MySQL 服务器需要在指定的用户下运行，这里选择 Standard System Account（标准系统账户），该账户可以适用于大多数应用场景，如图 1.2.24 所示。

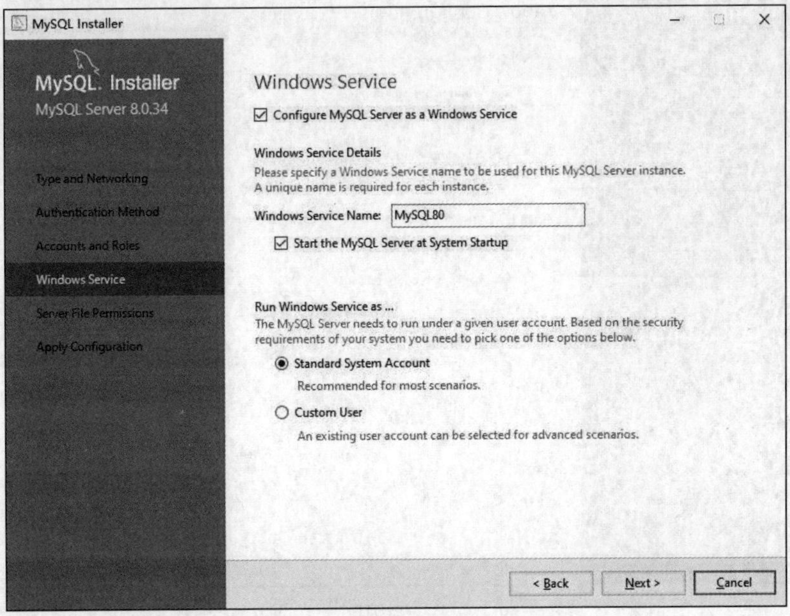

图 1.2.24　配置 Windows Service

（15）配置服务器文件权限。选择默认选项，向正在运行的服务器授予完全访问权限，单击 Next 按钮，如图 1.2.25 所示。

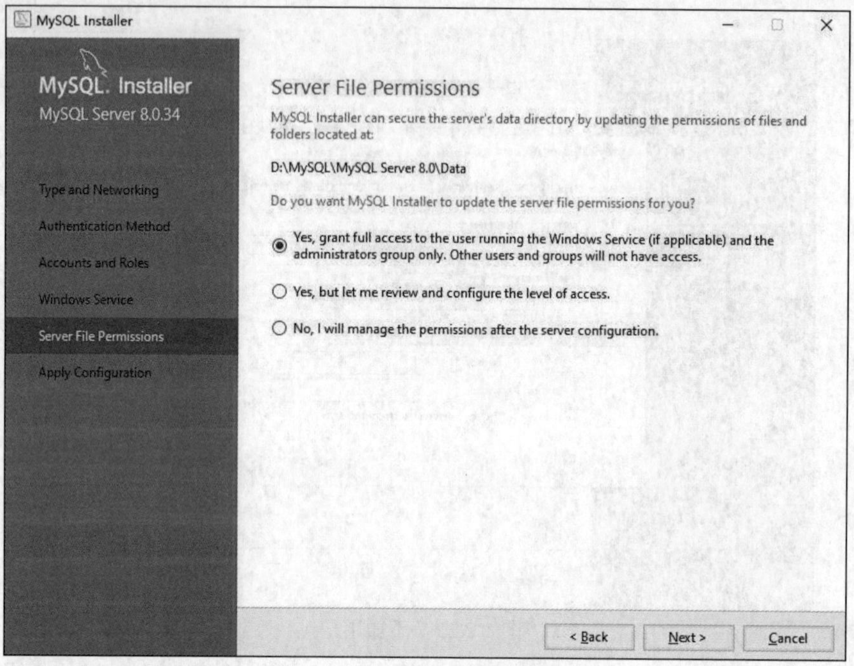

图 1.2.25　配置服务器文件权限

（16）应用配置。单击 Execute 按钮，如图 1.2.26 所示。

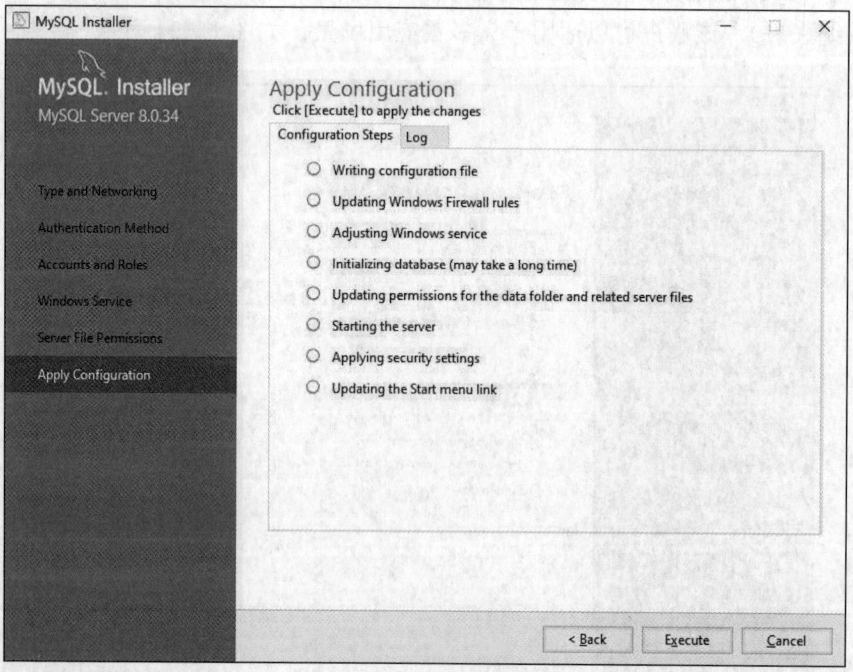

图 1.2.26　应用配置界面

（17）应用配置完成，单击 Finish 按钮，如图 1.2.27 所示。

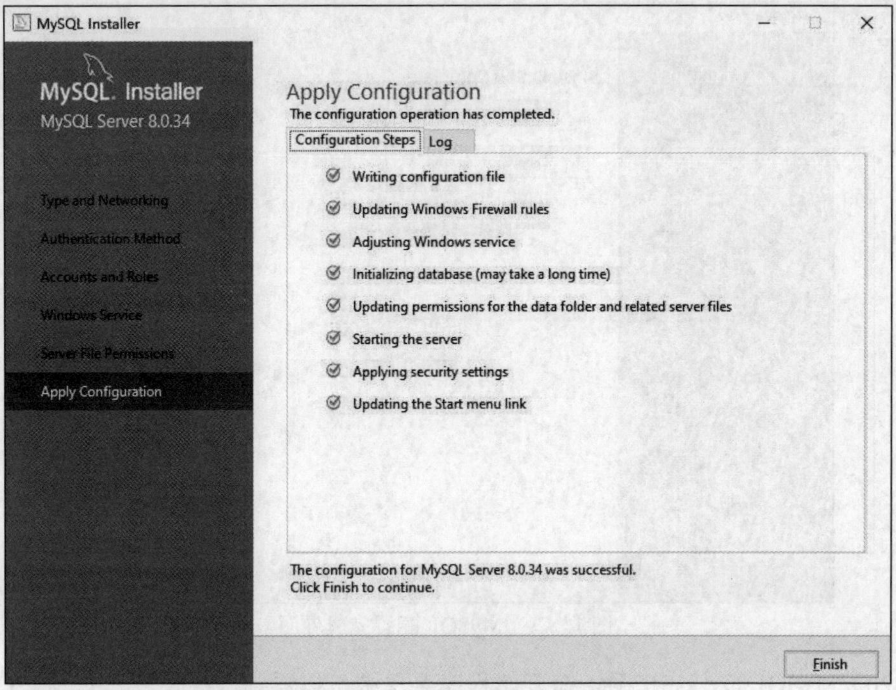

图 1.2.27　应用配置完成界面

（18）MySQL 配置，单击 Next 按钮，如图 1.2.28 所示。

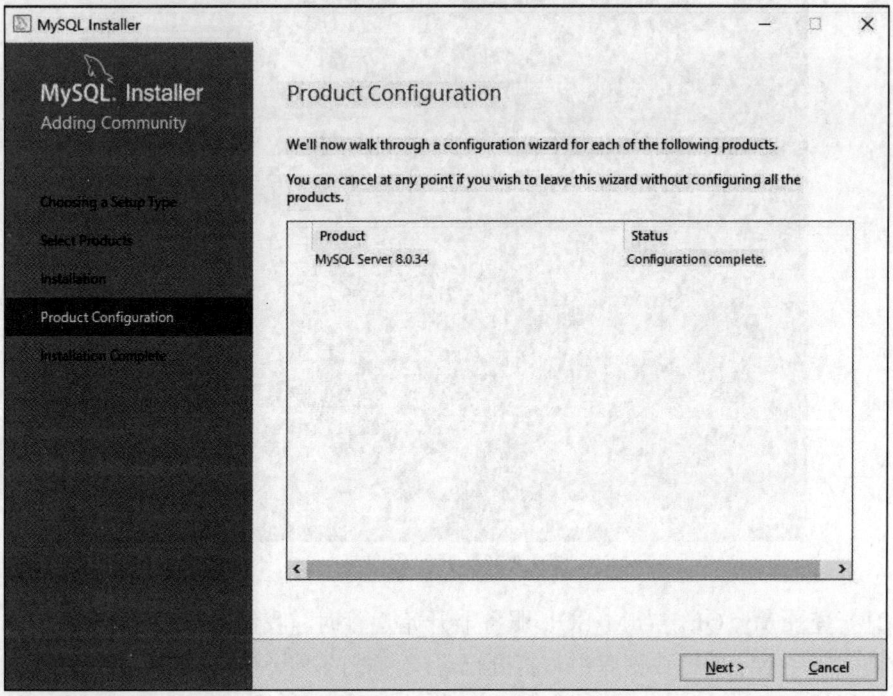

图 1.2.28　MySQL 配置界面

（19）MySQL 配置完成，单击 Finish 按钮，如图 1.2.29 所示。

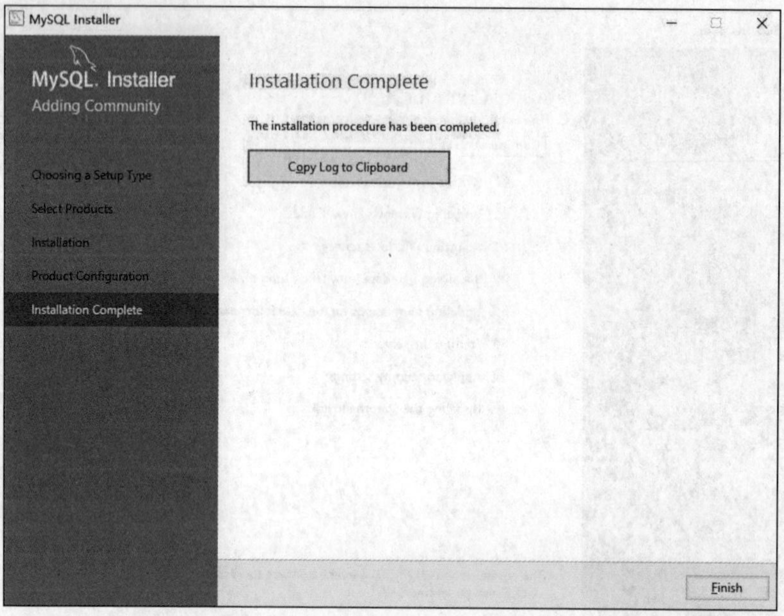

图 1.2.29　MySQL 配置完成界面

（20）MySQL 安装完成后，在开始程序菜单中可以看到已经安装好的 MySQL 数据库，如图 1.2.30 所示。

图 1.2.30　开始程序菜单

（21）登录 MySQL。当 MySQL 服务器开始运行时，我们可以通过 MySQL 自带的客户端工具登录到 MySQL 数据库中，打开已经安装好的 MySQL 客户端会提示输入密码，输入设置好的密码，按 Enter 键登录，如图 1.2.31 所示。

图 1.2.31　MySQL 登录界面

（22）MySQL 登录成功后，将会看到 Welcome to the MySQL monitor...的提示语，如图 1.2.32 所示。

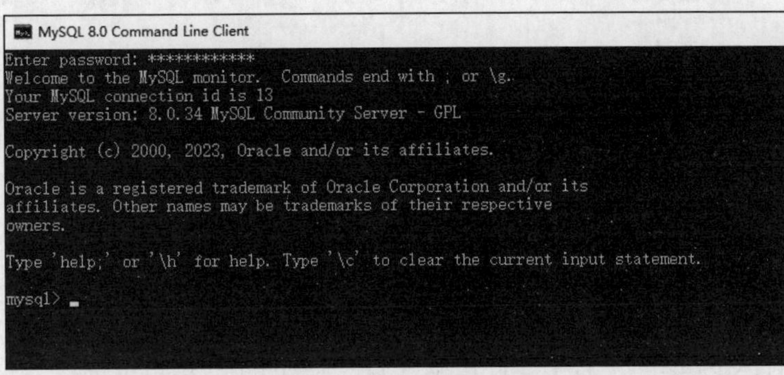

图 1.2.32　MySQL 登录成功界面

（23）命令提示符会一直以 mysql> 加一个闪烁的光标等待命令的输入，可以输入 help 或\h 获取帮助信息，也可以输入 exit 或 quit 退出登录，如图 1.2.33 所示。

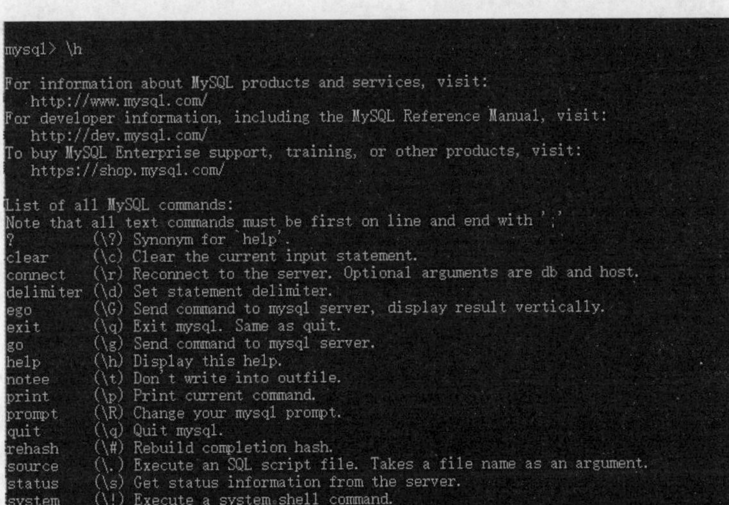

图 1.2.33　MySQL 帮助界面

1.2.3　管理 MySQL 服务

1. 配置环境变量

（1）如果要对 MySQL 使用命令进行管理，则还需要配置系统环境变量，首先找到 MySQL 的安装路径，将 bin 包的路径复制下来，如图 1.2.34 所示。

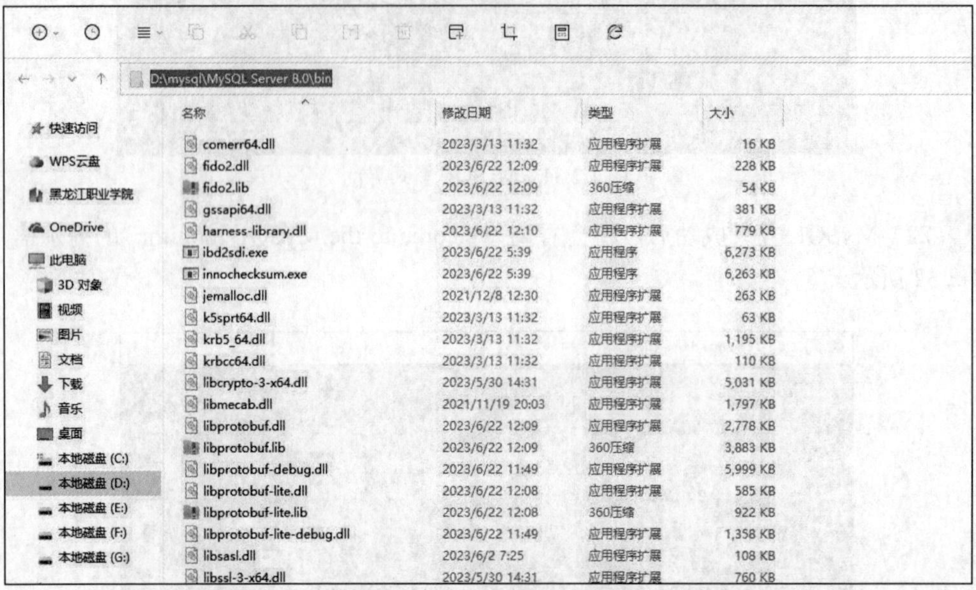

图 1.2.34　MySQL 的安装路径

（2）返回计算机桌面，右击“此电脑”，在弹出的快捷菜单中选择“属性”，在弹出的窗口中选择“高级系统设置”，如图 1.2.35 所示。

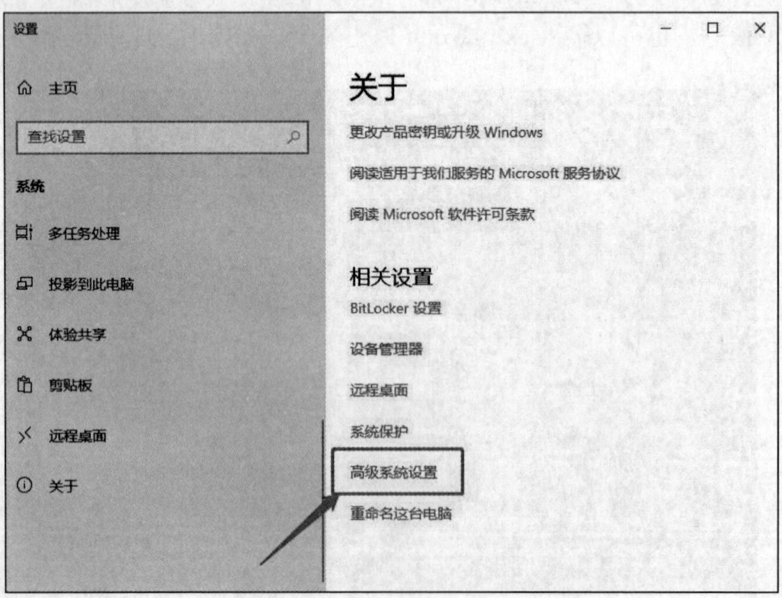

图 1.2.35　进入计算机环境变量设置界面

（3）在弹出的对话框中单击“环境变量”按钮，如图 1.2.36 所示。

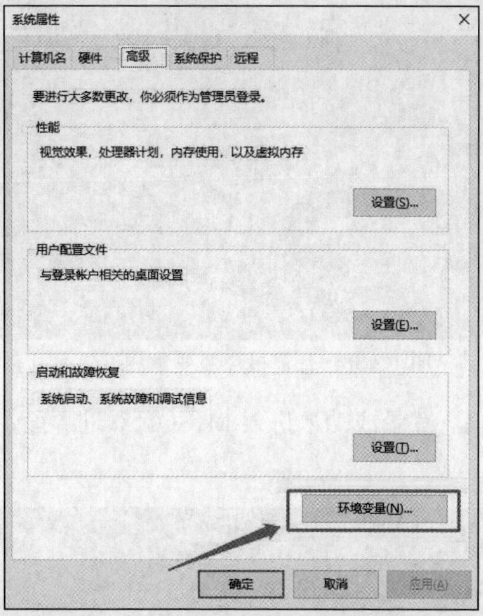

图 1.2.36 设置计算机环境变量界面

（4）设置环境变量。单击“新建”按钮，设置变量名为 PATH，变量值为 MySQL bin 所在路径，如果已经有了 PATH 变量，则选择该 PATH 变量，单击“编辑”按钮，在最前面或最后面添加复制的 MySQL 安装路径，并用“;”分隔，单击“确定”按钮关闭对话框，如图 1.2.37 所示。

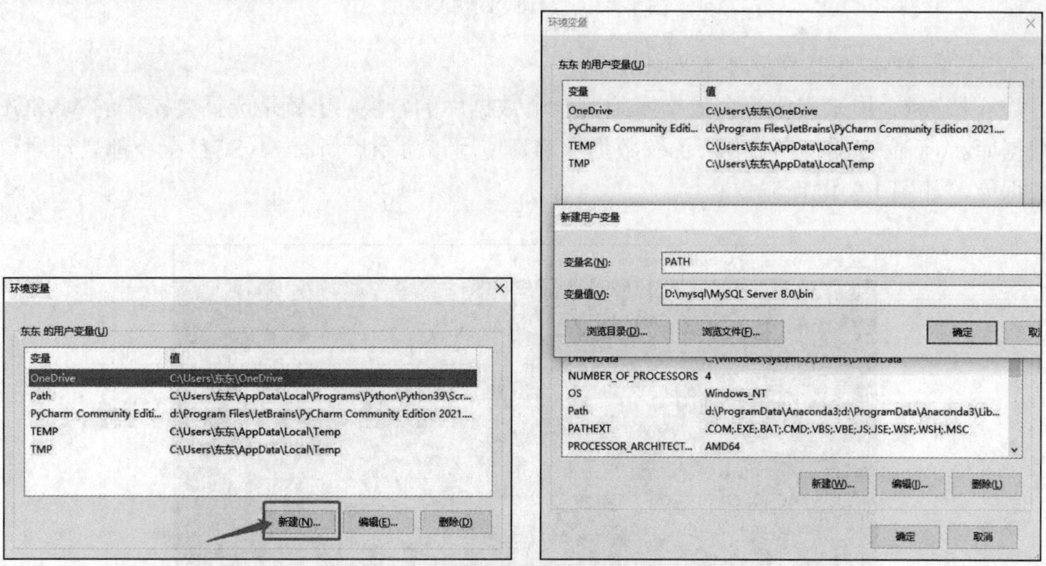

图 1.2.37 设置环境变量

2. 环境变量测试

（1）打开系统命令行窗口，输入 mysql-u root-p，按 Enter 键，如图 1.2.38 所示。

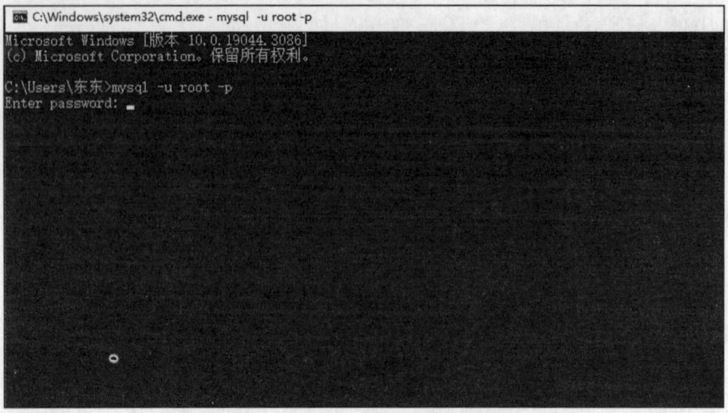

图 1.2.38　计算机环境变量测试界面

（2）输入设置的密码，登录成功，进入 MySQL 欢迎界面，如图 1.2.39 所示。

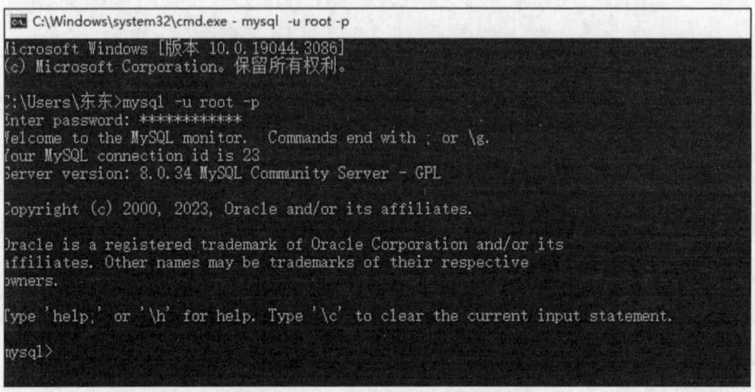

图 1.2.39　MySQL 欢迎界面

3. 管理 MySQL 数据库常用的命令

（1）use：用来完成一个数据库到另一个数据库的转换，也就是选择要操作的 MySQL 数据库。use 命令的使用方法：use+数据库名，使用该命令后所有 MySQL 命令都只针对该数据库，如图 1.2.40 所示。

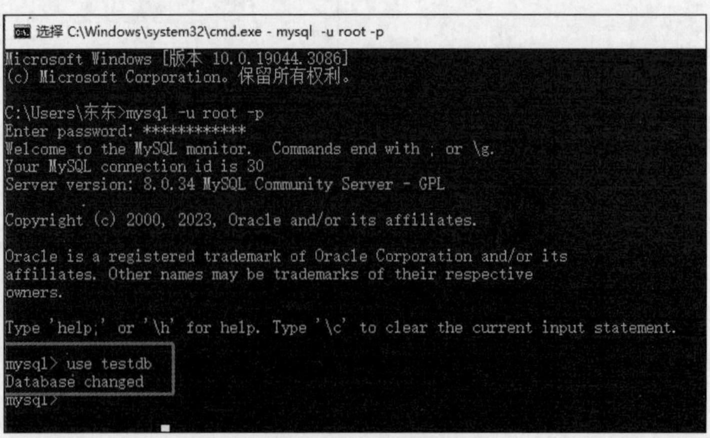

图 1.2.40　use 命令的使用

（2）show databases：列出 MySQL 数据库管理系统的数据库列表，如图 1.2.41 所示。

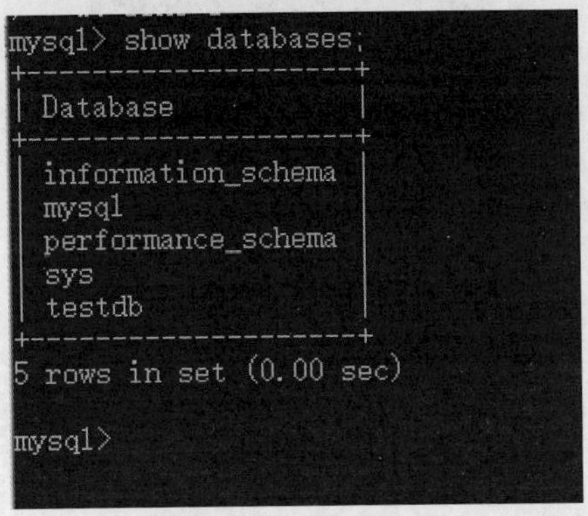

图 1.2.41　数据库列表

（3）show tables：显示指定数据库的所有表。使用该命令前需要使用 use 命令来选择要操作的数据库，如图 1.2.42 所示。

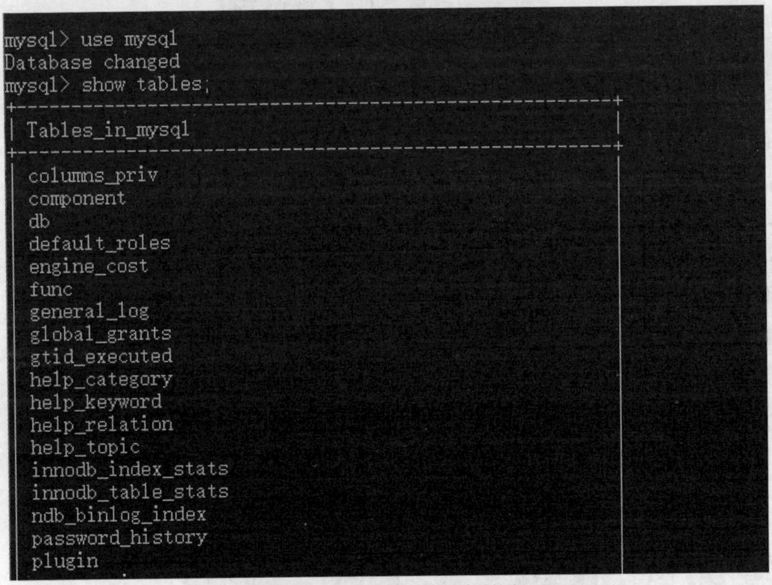

图 1.2.42　显示数据库的表

（4）其他命令。

show columns from 数据表：显示数据表的属性、属性类型、主键信息、是否为 null、默认值等其他信息。

show index from 数据表：显示数据表的详细索引信息，包括 primary key（主键）。

show table status[from db_name][like 'pattern']：将输出 MySQL 数据库管理系统的性能及统计信息。

注意：在 MySQL 环境下输入命令时需要在英文状态下输入，输入命令后还需要输入英文的“;”，如果有多个命令需要输入，则可以将命令逐个输入，最后用英文“;”作为后缀执行命令，如图 1.2.43 所示。

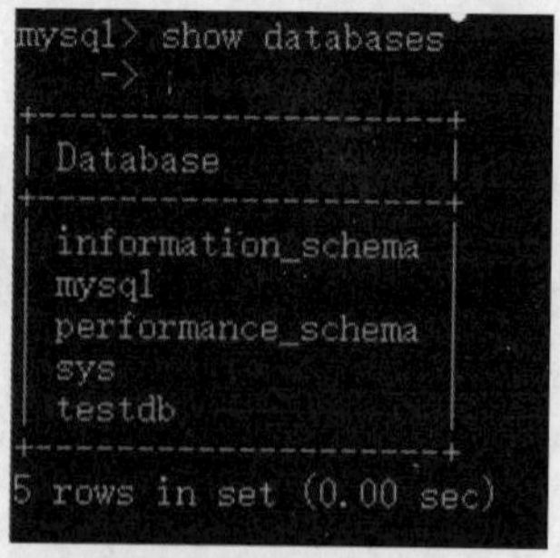

图 1.2.43　多个命令的输入方式

多个命令输入过程中如果不想执行命令，要退出，则可以使用 Ctrl+C 快捷键完成，如图 1.2.44 所示。

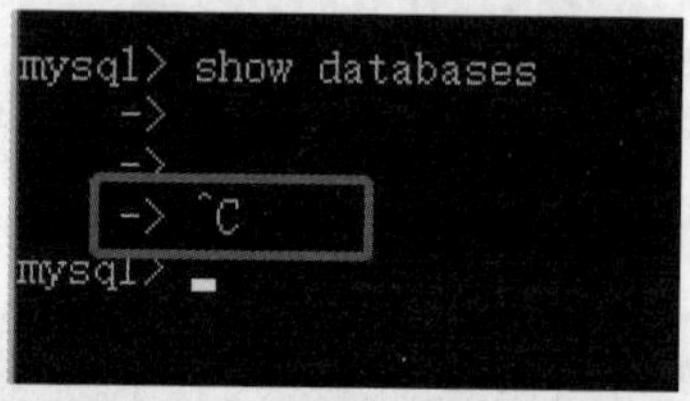

图 1.2.44　退出命令输入模式

1.2.4　用户登录与密码设置

1. 创建新用户

如果需要添加 MySQL 用户，只需要在 mysql 数据库的 user 表中添加新用户即可。创建新用户使用语句：

```
create user '用户名' @ 'IP 地址' identified by '密码'
```

例如，添加一个用户，用户名为 guest，密码为 guest001，操作过程如下：

（1）打开命令行客户端，登录并使用 MySQL 数据库，查看数据库，如图 1.2.45 所示。

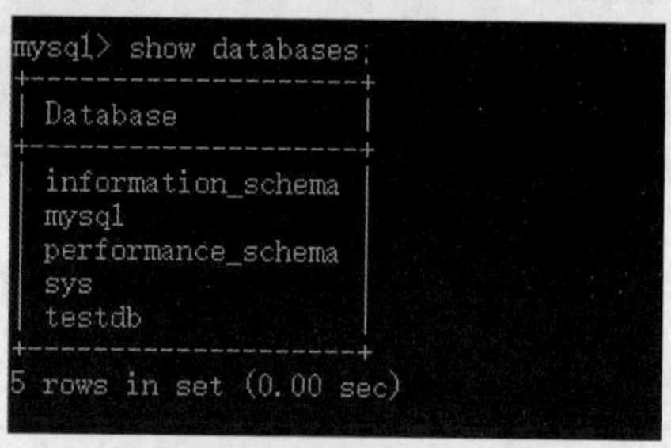

图 1.2.45　查看数据库

（2）mysql 数据库的 user 表中存放用户，切换当前数据库为 mysql 并查看数据表，如图 1.2.46 所示。

（3）使用 select user,host from user 命令查看当前用户，如图 1.2.47 所示。

（4）使用 create user 'guest' @ 'localhost' identified by 'guest001'语句创建用户名为 guest，密码为 guest001 的用户，如图 1.2.48 所示。

```
mysql> show tables;
+------------------------------------------------------+
| Tables_in_mysql                                      |
+------------------------------------------------------+
| columns_priv                                         |
| component                                            |
| db                                                   |
| default_roles                                        |
| engine_cost                                          |
| func                                                 |
| general_log                                          |
| global_grants                                        |
| gtid_executed                                        |
| help_category                                        |
| help_keyword                                         |
| help_relation                                        |
| help_topic                                           |
| innodb_index_stats                                   |
| innodb_table_stats                                   |
| ndb_binlog_index                                     |
| password_history                                     |
| plugin                                               |
| procs_priv                                           |
| proxies_priv                                         |
| replication_asynchronous_connection_failover         |
| replication_asynchronous_connection_failover_managed |
| replication_group_configuration_version              |
| replication_group_member_actions                     |
| role_edges                                           |
| server_cost                                          |
| servers                                              |
| slave_master_info                                    |
| slave_relay_log_info                                 |
| slave_worker_info                                    |
| slow_log                                             |
| tables_priv                                          |
| time_zone                                            |
| time_zone_leap_second                                |
| time_zone_name                                       |
| time_zone_transition                                 |
| time_zone_transition_type                            |
| user                                                 |
```

图 1.2.46 查看数据表

```
mysql> select user , host from user
    -> ;
+------------------+-----------+
| user             | host      |
+------------------+-----------+
| mysql.infoschema | localhost |
| mysql.session    | localhost |
| mysql.sys        | localhost |
| root             | localhost |
+------------------+-----------+
4 rows in set (0.01 sec)
```

图 1.2.47 查看用户列表

```
mysql> create user 'guest'@'localhost' identified by 'guest001'
    -> ;
Query OK, 0 rows affected (0.02 sec)

mysql> select user , host from user;
+------------------+-----------+
| user             | host      |
+------------------+-----------+
| guest            | localhost |
| mysql.infoschema | localhost |
| mysql.session    | localhost |
| mysql.sys        | localhost |
| root             | localhost |
+------------------+-----------+
5 rows in set (0.00 sec)
```

图 1.2.48 创建用户

这里在输入 IP 地址时也可以使用“%”作为通配符，例如使用“192.168.%”表示可以在所有以 192.168 为前缀的任意机器上登录。

2. 用户权限设置

可以使用 grant 命令来设置用户权限。grant 命令的使用方法：grant 权限 on 数据库对象 to 用户。这里将“查询”权限授予刚创建的 guest 用户，使用命令

```
grant select on *.* to 'guest' @ 'localhost';
```

命令中的*.*代表所有数据库，我们也可以按不同数据库分配权限，如图 1.2.49 所示。

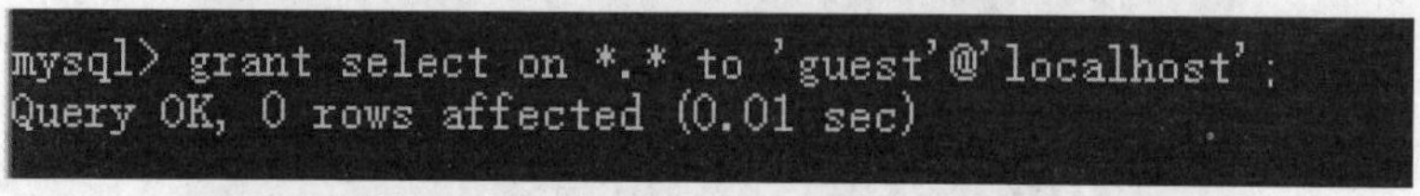

图 1.2.49 给用户分配“查询”权限

授予 guest 用户所有数据库权限，使用命令

```
grant all privileges on*.*to 'guest'@'localhost';
```

操作结果如图 1.2.50 所示。

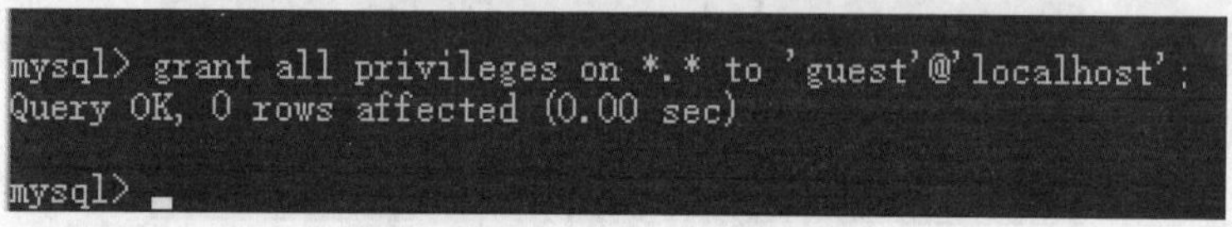

图 1.2.50 给用户分配所有权限

也可以使用 grant 命令给用户分配其他具体功能的权限，常用权限有：查询，使用命令 select；插入，使用命令 insert；更新，使用命令 update；删除，使用命令 delete；创建，使用命令 create。

3. 设置 MySQL 的登录密码

可以直接使用 alter 命令修改用户密码。修改刚刚建立的 guest 用户的密码为 guest002，首先使用 guest 用户登录数据库，登录成功后修改密码为 guest002，具体操作如图 1.2.51 所示。

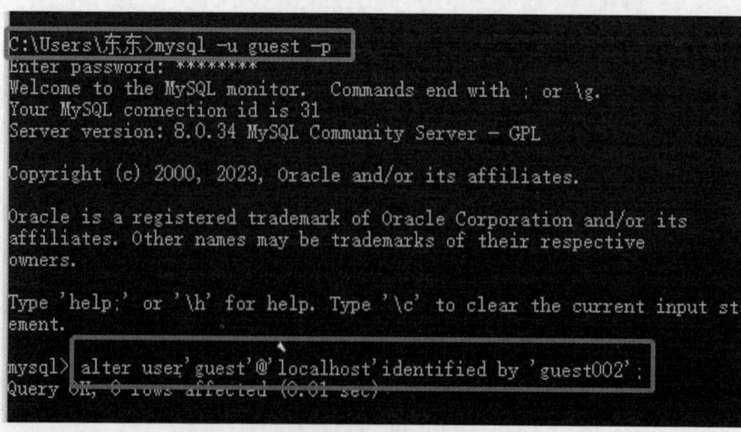

图 1.2.51 登录数据库并修改密码

密码修改成功后，退出当前用户，重新使用 guest 用户登录数据库，在使用原密码时，系统提示密码错误，使用新修改的密码登录，登录成功并进入 MySQL 欢迎界面，如图 1.2.52 所示。

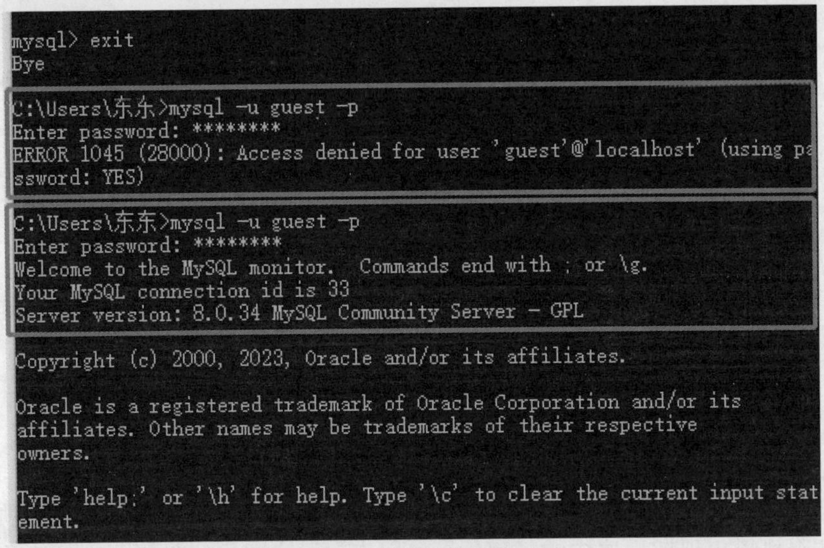

图 1.2.52　登录密码修改成功

1.2.5　MySQL 的使用

MySQL 安装好之后就可以进行数据库的相关操作。数据库就像一个大的存储仓库，很多物品都存放在仓库里面，但是为了能更快速地找到每一类物品，我们会对物品进行分类，并且给每一类物品一个唯一的库存号。MySQL 中也可以创建多个不同名称的数据库用来进行数据的存储。

对数据库进行查询和修改操作的语言称为结构化查询语言（Structured Query Language，SQL）。它是目前广泛使用的关系数据库标准语言，是各种数据库交互方式的基础。SQL 可以用来进行数据库查询和程序设计，主要用于存取数据，以及查询、更新和管理关系数据库系统与其他程序设计语言（如 C、Java 等）。不同的是，SQL 由很少的关键字组成，每条 SQL 语句由一个或多个关键字构成。

1. SQL 的组成

（1）数据定义语言（Data Definition Language，DDL）：用来创建或删除数据库及表等对象。其主要包含的命令有：drop，删除数据库和表等对象；create，创建数据库和表等对象；alter，修改数据库和表等对象的结构。

（2）数据操纵语言（Data Manipulation Language，DML）：用于变更表中的记录。其主要包含的命令有：select，查询表中的数据；insert，向表中插入新数据；update，更新表中的数据；delete，删除表中的数据。

（3）数据查询语言（Data Query Language，DQL）：用来查询表中的记录。其主要包含的命令是 select，用来查询表中的数据。

（4）数据控制语言（Data Control Language，DCL）：用来确认或取消对数据库中的数据进行的变更，以及对数据库中的用户设定权限。其主要包含的命令有：grant，赋予用户操作权限；revoke，取消用户的操作权限；commit，确认对数据库中的数据进行的变更；rollback，取消对数据库中的数据进行的变更。

2. SQL 的优点

（1）一体化。SQL 集数据定义、数据操作和数据控制于一体，可以完成数据库中的全部工作。

（2）使用方式灵活。SQL 具有两种使用方式：直接以命令方式交互使用；嵌入使用，即嵌入 C、C++、FORTRAN、COBOL、Java 等语言中使用。

（3）非过程化。SQL 只提操作要求，不必描述操作步骤，也不需要导航；使用时只需要告诉计算机"做什么"，而不需要告诉它"怎么做"；存储路径的选择和操作的执行由数据库管理系统自动完成。

（4）语言简洁、语法简单。SQL 的语句都是由描述性很强的英语单词组成，而且这些单词的数目不多。

3. MySQL 注释

每一种语言都有自己的注释方式，代码量越多，代码注释的重要性也就越明显。一般情况下，注释可以出现在程序中的任何位置，用来向用户或程序员提示或解释程序的功能及作用。

注释在 SQL 语句中用来标识说明或注意事项的部分，对 SQL 的执行没有任何影响。因此，注释内容中无论是英文字母还是汉字都可以随意使用。

MySQL 注释分为单行注释和多行注释两种。

（1）单行注释。

1）单行注释可以使用"#"注释符，其后直接加注释内容，格式如下：

```
#注释内容
```

2）单行注释可以使用"--"注释符，其后需要加一个空格，这样注释才能生效，格式如下：

```
--注释内容
```

"#"和"--"注释符的区别："#"后面直接加注释内容，而"--"的后面需要加一个空格。

（2）多行注释。

多行注释使用"/**/"注释符，其中"/*"用于注释内容的开头，"*/"用于注释内容的结尾，格式如下：

```
/*
第一行注释内容
第二行注释内容
*/
```

注释内容位于"/*"和"*/"之间，可以跨多行。

任何注释（单行注释和多行注释）都可以插在 SQL 语句中，且可以放在 SQL 语句中的任意位置。注释也可以放在任何 SQL 语句中，且 SQL 语句中对注释的数量没有限制。

MySQL 注释能够帮助使用者更好地理解编写好的 SQL 语句，特别是在使用特别长、特别复杂的 SQL 语句时，因此，我们在今后的使用中也应该尽量多添加一些简明易懂的注释。

4. SQL 语句的大小写规则

SQL 语句的大小写与语句的组成元素、引用内容和所使用的操作系统有关。

（1）SQL 的关键字和函数名。

SQL 的关键字和函数名不区分大小写。

（2）数据库名、表名及视图名。

MySQL 用服务器主机的底层文件系统所包含的目录和文件来表示数据库和表。因此，数据库名和表名的大小写取决于服务器主机的操作系统在命名方面的规定和要求。

这里我们主要讲解 Windows 操作系统下 MySQL 的使用。在 Windows 操作系统下，文件名是不区分大小写的，因此，在该操作系统中使用的 MySQL 的数据库名、表名及视图名也不区分大小写。但是如果在 Linux 操作系统下，由于 Linux 操作系统本身的文件名是区分大小写的，因此，在 Linux 操作系统中运行 MySQL，那么我们在设置数据库名、表名及视图名的时候要注意区分大小写。这里还有一点需要注意，MySQL 的视图是以文件的形式表示的，因此所有与表相关的操作和要求一样适用于视图。

（3）存储程序的名称。

存储函数、存储过程和事件的名称都不区分大小写。触发器的名称要区分大小写，这一点与标准 SQL 的行为有所不同。

（4）列名和索引名。

在 MySQL 里，列名和索引名都不区分大小写。

（5）别名的名称。

默认情况下，表的别名要区分大小写。SQL 语句中可以使用任意的大小写（大写、小写或大小写混用）来指定一个别名。如果需要在同一条语句里多次使用同一个别名，则必须让它们的大小写保持一致。

有的时候我们会将数据迁移到不同的系统中，如果存在大小写的区分可能就会出现问题，因此建议大家选定好大小写方案，然后一直遵照该方案创建数据库和表，或者统一使用小写字母，这样可以有效防止出现大小写问题。

任务实施单

<table>
<tr><td>姓名</td><td></td><td>学号</td><td></td><td>组别</td><td colspan="2">第　　组</td></tr>
<tr><td>班级</td><td></td><td>专业</td><td></td><td>日期</td><td colspan="2">年　月　日</td></tr>
<tr><td>任务名称</td><td colspan="4">任务 1.2　安装与配置 MySQL</td><td>学时</td><td></td></tr>
<tr><td>学生自我分析</td><td colspan="6">（1）知识基础：
（2）学习习惯：
（3）学习方法：
（4）学习能力：</td></tr>
<tr><td>学习资料</td><td colspan="6">（1）教学课件
（2）微课
（3）网络资源</td></tr>
<tr><td>序号</td><td>实施步骤</td><td colspan="5">实施内容</td></tr>
<tr><td>1</td><td>计划</td><td colspan="5"></td></tr>
<tr><td>2</td><td>准备工作</td><td colspan="5"></td></tr>
<tr><td>3</td><td>安装 MySQL 数据库</td><td colspan="5"></td></tr>
<tr><td>4</td><td>配置 MySQL 数据库及环境变量</td><td colspan="5"></td></tr>
<tr><td colspan="7">遇到的问题及其解决办法：</td></tr>
</table>

任务验收单

<table>
<tr><td>姓名</td><td></td><td>学号</td><td></td><td>组别</td><td>第 组</td></tr>
<tr><td>班级</td><td></td><td>专业</td><td></td><td>日期</td><td>年 月 日</td></tr>
<tr><td>任务名称</td><td colspan="5">任务 1.2 安装与配置 MySQL</td></tr>
<tr><td>序号</td><td>验收内容</td><td colspan="4">完成情况</td></tr>
<tr><td>1</td><td>安装 MySQL 数据库</td><td colspan="4"></td></tr>
<tr><td>2</td><td>MySQL 数据库及环境变量的配置</td><td colspan="4"></td></tr>
<tr><td colspan="6">评量标准</td></tr>
<tr><td>验收项目</td><td>A 级</td><td>B 级</td><td colspan="2">C 级</td><td>自评</td></tr>
<tr><td>知识掌握情况</td><td>能够熟练完成MySQL 数据库的安装和配置，课堂表现出色</td><td>在教师的指导或同学的帮助下可以完成 MySQL 数据库的安装、配置及环境变量的配置，课堂表现较好</td><td colspan="2">不能安装MySQL数据库及进行环境变量的配置，课堂表现较差</td><td></td></tr>
<tr><td>课堂任务完成质量</td><td>能够完全正确地按照老师的要求完成作业，独立完成MySQL 数据库的安装及配置</td><td>能够按照老师的要求并在同学的帮助下正确地完成作业</td><td colspan="2">不能完成老师布置的作业</td><td></td></tr>
<tr><td>完成本次任务的收获及不足</td><td colspan="5"></td></tr>
</table>

评价反馈单

<table>
<tr><td>姓名</td><td></td><td>学号</td><td></td><td>组别</td><td colspan="2">第　组</td></tr>
<tr><td>班级</td><td></td><td>专业</td><td></td><td>日期</td><td colspan="2">年　月　日</td></tr>
<tr><td>任务名称</td><td colspan="6">任务 1.2　安装与配置 MySQL</td></tr>
<tr><td>评价类别</td><td>项目</td><td colspan="3">子项目</td><td>个人评价</td><td>教师评价</td></tr>
<tr><td rowspan="11">专业能力（60%）</td><td rowspan="2">资讯（10%）</td><td colspan="3">获取信息（5%）</td><td></td><td></td></tr>
<tr><td colspan="3">引导问题回答（5%）</td><td></td><td></td></tr>
<tr><td rowspan="2">计划（5%）</td><td colspan="3">计划可执行度（3%）</td><td></td><td></td></tr>
<tr><td colspan="3">用具材料准备（2%）</td><td></td><td></td></tr>
<tr><td rowspan="3">实施（20%）</td><td colspan="3">知识掌握的正确性（5%）</td><td></td><td></td></tr>
<tr><td colspan="3">知识运用的灵活性（10%）</td><td></td><td></td></tr>
<tr><td colspan="3">操作方法的创新性（5%）</td><td></td><td></td></tr>
<tr><td rowspan="3">过程（15%）</td><td colspan="3">规范性（5%）</td><td></td><td></td></tr>
<tr><td colspan="3">问题处理（5%）</td><td></td><td></td></tr>
<tr><td colspan="3">设备的管理（5%）</td><td></td><td></td></tr>
<tr><td>结果（10%）</td><td colspan="3">任务完成质量（10%）</td><td></td><td></td></tr>
<tr><td rowspan="4">社会能力（20%）</td><td rowspan="2">团队合作（10%）</td><td colspan="3">小组成员合作良好（5%）</td><td></td><td></td></tr>
<tr><td colspan="3">对小组的贡献（5%）</td><td></td><td></td></tr>
<tr><td rowspan="2">敬业精神（10%）</td><td colspan="3">学习纪律性（5%）</td><td></td><td></td></tr>
<tr><td colspan="3">爱岗敬业和吃苦耐劳精神（5%）</td><td></td><td></td></tr>
<tr><td rowspan="2">方法能力（20%）</td><td>计划能力（10%）</td><td colspan="3">制订计划合理（10%）</td><td></td><td></td></tr>
<tr><td>决策能力（10%）</td><td colspan="3">计划选择正确（10%）</td><td></td><td></td></tr>
<tr><td colspan="7">对本次任务的建议和意见：</td></tr>
<tr><td rowspan="2">评价评语</td><td>教师签字</td><td></td><td>组长签字</td><td></td><td>总评</td><td></td></tr>
<tr><td colspan="6"></td></tr>
</table>

任务 1.3　使用常用图形化管理工具

任务目标

1．了解 MySQL 常用图形化管理工具。
2．获取 MySQL 常用图形化管理工具。
3．会使用 MySQL 常用图形化管理工具。

课程指导

1．任务要求：
（1）获取 MySQL 图形化管理工具。
（2）使用 MySQL 图形化管理工具创建数据库 Studentdb3。
2．学生分组研讨：
（1）分组讨论 MySQL 图形化管理工具菜单的使用方法。
（2）分组解决在使用图形化管理工具中遇到的问题。
3．教师启发指导。

思维导图

知 识 储 备

1.3.1　常用图形化管理工具

许多程序开发人员经过不断的探索和设计开发出了很多图形化的数据库管理工具，可以用来缩短数据库的开发时间，简化在 MySQL 数据库实际开发过程中的操作，帮助 MySQL 数据库开发人员进行数据库开发，提供很多新的特性和功能。常用图形化管理工具有下述几个。

1．DBeaver

DBeaver 是一款基于 Java 开发、免费开源的通用数据库管理和开发工具，它使用非常友好的 ASL 协议。DBeaver 采用 Eclipse 框架开发，支持插件扩展，并且提供了许多数据库管理工具，可以支持包括 MySQL 在内的几乎所有的数据库产品。DBeaver 的官网地址：https://dbeaver.io。

2. SQLyog

SQLyog 是一款功能强大的 MySQL 管理工具，它综合了 MySQL 工作台、phpMyAdmin 和其他 MySQL 前端及 MySQL GUI 工具的特点，是一个易于使用的、快速而简洁的图形化管理 MySQL 数据库的工具，它能够帮助我们在任何地点有效地管理数据库。

这款工具包含了开发人员在使用 MySQL 时所需的绝大部分功能：查询结果集合、分析器、服务器消息、表格数据、表格信息，以及查询历史，它们都以标签的形式显示在界面上，开发人员只需单击即可。SQLyog 的官网地址：https://webyog.com/ product/sqlyog/。

3. DBNinja

DBNinja 是一款先进的、基于 Web 的 MySQL 数据库管理与开发程序。它主要用于远程访问托管服务器。DBNinja 支持的功能较全。它还可以导入和备份数据、MySQL 对象结构及管理用户等。DBNinja 的用户界面功能完备且清新美观，可安全地运行于任何浏览器及操作系统中。

4. DBManager

DBManager 是一款功能强大的数据库管理应用程序。DBManager 内置支持 MySQL、PostgreSQL、Interbase/Firebird、SQLite、DBF 表、MSAccess、MS SQL 服务器、Sybase、Oracle 和 ODBC 数据库引擎等一些特性。DBManager 目前拥有个人和企业两个版本，用户可按需选择。

5. SQLWave GUI Client for MySQL

SQLWave GUI Client for MySQL 是 MySQL 数据库管理和开发的图形用户界面（Graphical User Interface，GUI）。用户可通过该工具轻松地连接到远程主机，它可以用来管理数据库的结构、视图、存储的程序和函数，修改数据、编辑器，备份和恢复数据等。

6. MyWebSQL

MyWebSQL 是一款开源的、用于管理基于 Web 的 MySQL 数据库管理工具。其与桌面应用程序的接口工作流程相似，用户无须切换网页即可完成一些简单的操作。

7. MySQL Workbench

MySQL Workbench 是一个由 MySQL 开发的跨平台、可视化数据库工具。MySQL Workbench 可以作为 Windows、Linux 和 OS X 系统上的原始 GUI 工具，它有各种不同的版本，可以登录 MySQL 进行下载，下载地址为 https://dev.mysql.com/downloads/workbench/。

1.3.2 DataGrip 的安装及使用

DataGrip 是 JetBrains 公司发布的多引擎数据库环境，支持 MySQL 等。DataGrip 的官网地址：https://www.jetbrains.com/zh-cn/datagrip/。DataGrip 的安装步骤如下：

（1）打开 DataGrip 的官方网站。

（2）单击“下载”按钮进入下载页面，这里可以根据需要下载 EXE 格式或 ZIP 格式。

（3）选择好下载格式后，系统会自动下载，下载完成后进行安装，会出现安装提示界面，单击 Next 按钮。

（4）选择安装路径，单击 Next 按钮。

（5）根据需要选择相应功能，单击 Next 按钮。

（6）选择开始菜单程序，单击 Install 按钮，等待安装。

（7）安装完成单击 Finish 按钮，根据需要选择是否马上启动。

Navicat 下载及安装

1.3.3 Navicat 的安装及使用

Navicat 是一套桌面版的 MySQL 数据库管理和开发工具，兼容前端为数据库提供一个直观而强大的图形化界面，可以方便、安全、便捷地创建、组织、访问及分享信息，能满足数据库管理人员，数据库开发人员及广大中小企业的需要。Navicat 的官网地址：https://www.navicat.com.cn/。

（1）打开 Navicat 的官方网站。

（2）选择“产品”选项卡，进入工具下载界面。

（3）选择下载产品，单击“免费试用”按钮，跳转到产品下载界面，单击“直接下载”按钮，进行工具的下载。

（4）下载完成后，单击“下一步”按钮。

（5）勾选“我同意”复选项，单击“下一步”按钮。

（6）选择安装路径，单击“下一步”按钮。

（7）根据个人需要勾选“是否创建桌面快捷图标”复选项，单击“下一步”按钮。

（8）准备安装，单击“下一步”按钮。

（9）安装结束，单击“完成”按钮。

任务实施单

<table>
<tr><td>姓名</td><td></td><td>学号</td><td></td><td>组别</td><td colspan="2">第　组</td></tr>
<tr><td>班级</td><td></td><td>专业</td><td></td><td>日期</td><td colspan="2">年　月　日</td></tr>
<tr><td>任务名称</td><td colspan="3">任务 1.3　使用常用图形化管理工具</td><td>学时</td><td colspan="2"></td></tr>
<tr><td>学生自我分析</td><td colspan="6">（1）知识基础：
（2）学习习惯：
（3）学习方法：
（4）学习能力：</td></tr>
<tr><td>学习资料</td><td colspan="6">（1）教学课件
（2）微课
（3）网络资源</td></tr>
<tr><td>序号</td><td>实施步骤</td><td colspan="5">实施内容</td></tr>
<tr><td>1</td><td>计划</td><td colspan="5"></td></tr>
<tr><td>2</td><td>准备工作</td><td colspan="5"></td></tr>
<tr><td>3</td><td>了解常用图形化管理工具</td><td colspan="5"></td></tr>
<tr><td>4</td><td>掌握图形化管理工具的获取、下载和安装方法</td><td colspan="5"></td></tr>
<tr><td colspan="7">遇到的问题及其解决办法：</td></tr>
</table>

任务验收单

<table>
<tr><td>姓名</td><td></td><td>学号</td><td colspan="2"></td><td>组别</td><td colspan="2">第　组</td></tr>
<tr><td>班级</td><td></td><td>专业</td><td colspan="2"></td><td>日期</td><td colspan="2">年　月　日</td></tr>
<tr><td>任务名称</td><td colspan="7">任务 1.3　使用常用图形化管理工具</td></tr>
<tr><td>序号</td><td>验收内容</td><td colspan="6">完成情况</td></tr>
<tr><td>1</td><td>图形化管理工具了解情况</td><td colspan="6"></td></tr>
<tr><td>2</td><td>下载、安装图形化管理工具</td><td colspan="6"></td></tr>
<tr><td colspan="8">评量标准</td></tr>
<tr><td>验收项目</td><td>A 级</td><td colspan="2">B 级</td><td colspan="3">C 级</td><td>自评</td></tr>
<tr><td>知识掌握情况</td><td>掌握图形化管理工具的获取、下载及安装方法，课堂表现出色</td><td colspan="2">在教师的指导或同学的帮助下可以说出图形化管理工具，课堂表现较好</td><td colspan="3">不知道图形化管理工具，课堂表现较差</td><td></td></tr>
<tr><td>课堂任务完成质量</td><td>掌握图形化管理工具的安装方法，完全正确地按照老师的要求完成作业</td><td colspan="2">能够按照老师的要求并在同学的帮助下正确地完成作业</td><td colspan="3">不能完成老师布置的作业</td><td></td></tr>
<tr><td>完成本次任务的收获及不足</td><td colspan="7"></td></tr>
</table>

评价反馈单

<table>
<tr><td>姓名</td><td></td><td>学号</td><td></td><td>组别</td><td>第　　组</td></tr>
<tr><td>班级</td><td></td><td>专业</td><td></td><td>日期</td><td>年　月　日</td></tr>
<tr><td>任务名称</td><td colspan="5">任务 1.3　使用常用图形化管理工具</td></tr>
</table>

<table>
<tr><td>评价类别</td><td>项目</td><td>子项目</td><td>个人评价</td><td>教师评价</td></tr>
<tr><td rowspan="12">专业能力（60%）</td><td rowspan="2">资讯（10%）</td><td>获取信息（5%）</td><td></td><td></td></tr>
<tr><td>引导问题回答（5%）</td><td></td><td></td></tr>
<tr><td rowspan="2">计划（5%）</td><td>计划可执行度（3%）</td><td></td><td></td></tr>
<tr><td>用具材料准备（2%）</td><td></td><td></td></tr>
<tr><td rowspan="3">实施（20%）</td><td>知识掌握的正确性（5%）</td><td></td><td></td></tr>
<tr><td>知识运用的灵活性（10%）</td><td></td><td></td></tr>
<tr><td>操作方法的创新性（5%）</td><td></td><td></td></tr>
<tr><td rowspan="3">过程（15%）</td><td>规范性（5%）</td><td></td><td></td></tr>
<tr><td>问题处理（5%）</td><td></td><td></td></tr>
<tr><td>设备的管理（5%）</td><td></td><td></td></tr>
<tr><td>结果（10%）</td><td>任务完成质量（10%）</td><td></td><td></td></tr>
<tr><td colspan="4" style="display:none"></td></tr>
<tr><td rowspan="4">社会能力（20%）</td><td rowspan="2">团队合作（10%）</td><td>小组成员合作良好（5%）</td><td></td><td></td></tr>
<tr><td>对小组的贡献（5%）</td><td></td><td></td></tr>
<tr><td rowspan="2">敬业精神（10%）</td><td>学习纪律性（5%）</td><td></td><td></td></tr>
<tr><td>爱岗敬业和吃苦耐劳精神（5%）</td><td></td><td></td></tr>
<tr><td rowspan="2">方法能力（20%）</td><td>计划能力（10%）</td><td>制订计划合理（10%）</td><td></td><td></td></tr>
<tr><td>决策能力（10%）</td><td>计划选择正确（10%）</td><td></td><td></td></tr>
<tr><td colspan="5">对本次任务的建议和意见：</td></tr>
</table>

<table>
<tr><td rowspan="2">评价评语</td><td>教师签字</td><td></td><td>组长签字</td><td></td><td>总评</td><td></td></tr>
<tr><td colspan="6"></td></tr>
</table>

课 后 习 题

1. SQL 是一种（　　）语言。

   A．函数型　　B．关系数据库

   C．高级算法　　D．人工智能

2. 下列关于数据库运行和维护的描述正确的是（　　）。

   A．只要数据库投入运行，就标志着数据库设计工作的技术

   B．数据库正式投入运行标志着数据库运行和维护工作的开始

   C．数据库的维护工作就是维护数据库系统的正常运行

   D．数据库的维护工作就是发现问题，修改问题

3. 现实世界中事物的特性在信息世界中称为（　　）。

   A．实体　　B．实体标识符

   C．属性　　D．关键帧

4. 以下不属于数据模型的是（　　）。

   A．关系模型　　B．网状模型

   C．层次模型　　D．网络模型

5. 数据库系统的核心是（　　）。

   A．数据库　　B．数据库管理系统

   C．数据模型　　D．数据库软件

6. 现实世界中客观存在并能互相区别的事物称为（　　）。

   A．实体　　B．实体集

   C．字段　　D．记录

7. MySQL 数据库是一种（　　）的数据库管理系统。

   A．一对多用户　　B．多对一用户

   C．单用户　　D．多用户

8. SQL 是（　　）的语言。

   A．导航式　　B．过程化

   C．格式化　　D．非过程化

9. 现实世界的事物记录在计算机中需要经历事物特征、（　　）和数据记录 3 个阶段。

   A．事物描述　　B．事物数量

   C．事物属性　　D．程序设计

10. MySQL 注释分为单行注释和（　　）两种。

    A．双行注释　　B．多行注释

    C．单行执行　　D．双行执行

项目 2　数据库的基本操作

教学目标

1. 知识目标:
掌握数据库的基本操作。
2. 能力目标:
(1) 熟练使用数据库的基本操作命令。
(2) 熟练创建、删除、修改、查看数据库。
3. 素养目标:
(1) 培养职业素养及团队协作能力。
(2) 提升持续学习的能力。
4. 思政目标:
培养学生精益求精的钻研精神，以及自我解决问题的能力。

教学重点

数据库基本操作命令。

教学难点

1. 创建、删除数据库。
2. 选择、修改数据库。
3. 查看数据库。

学习任务

1. 创建和删除数据库。
2. 维护数据库。

任务2.1　创建和删除数据库

任务目标

1．创建数据库。

2．删除数据库。

课程指导

1．任务要求：

（1）创建学生信息数据库 studentdb。

（2）指定数据的字符编码为 gbk 创建 studentdb1。

（3）判断数据库中是否存在 studentdb2 和 studentdb3 两个数据库，如果存在，则不需要创建；如果不存在，则创建这两个数据库。

（4）删除 studentdb3 数据库。

2．学生分组研讨：

（1）创建数据库的方法。

（2）删除数据库的方法。

（3）小组协同解决遇到的问题。

3．教师启发指导。

思维导图

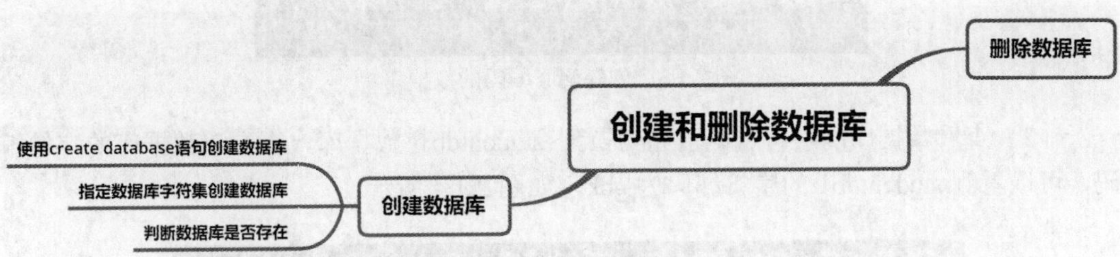

知识储备

创建数据库

2.1.1　创建数据库

1．使用 create database 语句创建数据库

登录 MySQL 数据库服务器之后，使用 create database 语句创建数据库，语法格式为

```
create database 数据库名;
```

（1）使用 create database 语句创建数据库，数据库命名为 studentdb，如图 2.1.1 所示。

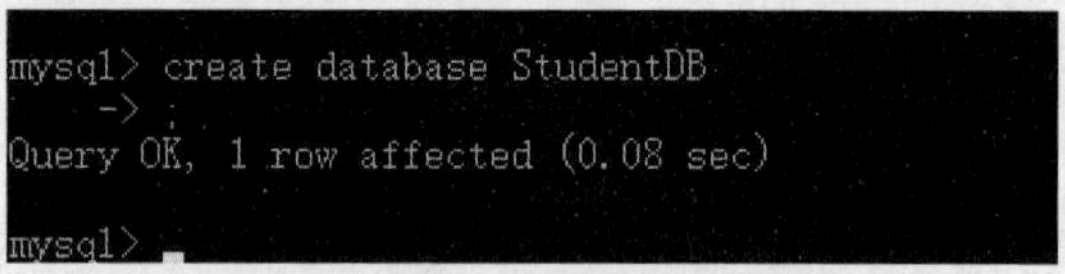

图 2.1.1　创建数据库

（2）查看现有数据库，可以看到已经创建好的 studentdb 数据库，如图 2.1.2 所示。

图 2.1.2　查看数据库

2. 指定数据库字符集创建数据库

除了使用常规方式创建数据库，还可以在创建数据库的时候直接指定数据库的字符集，语法格式为

```
create database 数据库名 character set '数据库字符编码';
```

（1）创建数据库 studentdb1，指定数据库的字符编码为 gbk（《汉字内码扩展规范》），如图 2.1.3 所示。

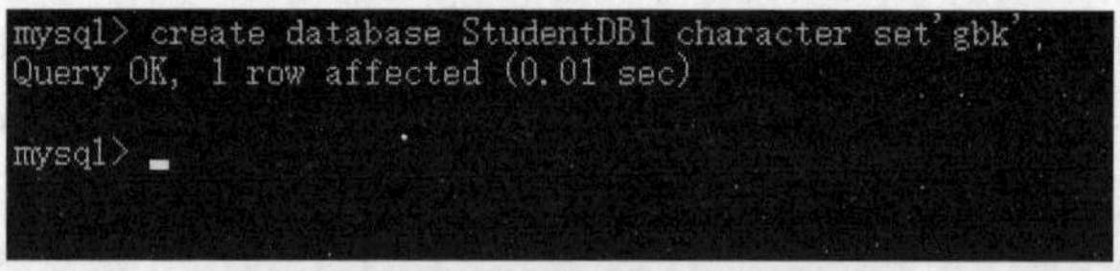

图 2.1.3　创建 gbk 编码的数据库

（2）查看数据库的字符编码前先切换到 studentdb1 数据库，查看该数据库的字符编码，可以看到 studentdb1 的字符编码为 gbk，如图 2.1.4 所示。

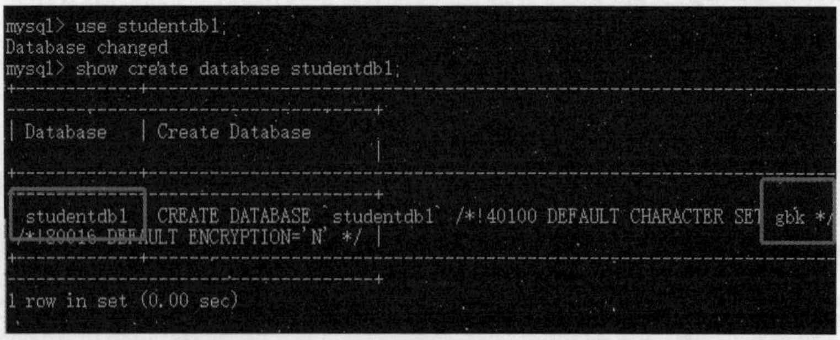

图 2.1.4　查看数据库的字符编码

3. 判断数据库是否存在

在创建数据库时还可以检测是否存在该名称的数据库，若已经存在该名称的数据库，

则不需要创建；若没有该名称的数据库，则创建该数据库，语法格式为

```
create database if not exists 数据库名 character set 字符集;
```

（1）使用命令 create database if not exists studentdb1 character set utf8; 创建数据库名为 studentdb1 的数据库，执行该命令后，系统没有报错，但我们可以发现并没有创建新的 studentdb1 数据库，继续使用该命令创建 studentdb2 和 stundentdb3 数据库，显示创建成功，如图 2.1.5 所示。

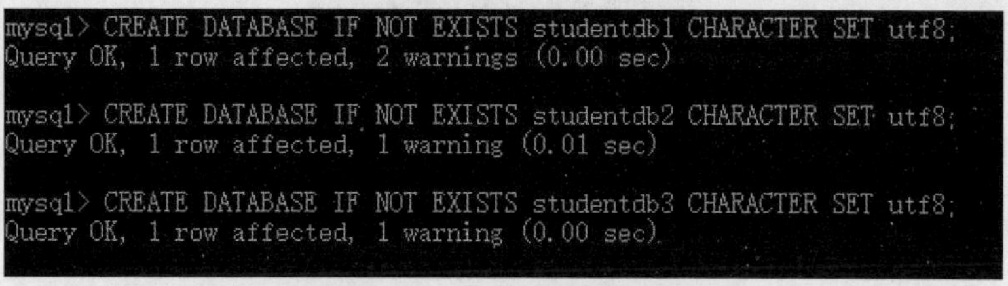

```
mysql> CREATE DATABASE IF NOT EXISTS studentdb1 CHARACTER SET utf8;
Query OK, 1 row affected, 2 warnings (0.00 sec)

mysql> CREATE DATABASE IF NOT EXISTS studentdb2 CHARACTER SET utf8;
Query OK, 1 row affected, 1 warning (0.01 sec)

mysql> CREATE DATABASE IF NOT EXISTS studentdb3 CHARACTER SET utf8;
Query OK, 1 row affected, 1 warning (0.00 sec)
```

图 2.1.5　成功创建数据库

（2）查看数据库列表，可以看到已经创建好的 studentdb、studentdb1、studentdb2、studentdb3 数据库，如图 2.1.6 所示。

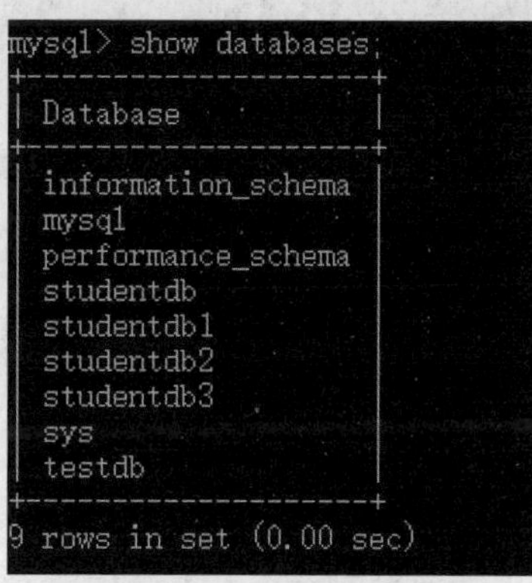

```
mysql> show databases;
+--------------------+
| Database           |
+--------------------+
| information_schema |
| mysql              |
| performance_schema |
| studentdb          |
| studentdb1         |
| studentdb2         |
| studentdb3         |
| sys                |
| testdb             |
+--------------------+
9 rows in set (0.00 sec)
```

图 2.1.6　查看数据库列表

2.1.2　删除数据库

当数据库不再使用时应该将其删除，以确保数据库存储空间中存放的是有效数据。删除数据库是将已经存在的数据库从磁盘空间中清除，清除之后，数据库中的所有数据也将被删除。

使用 drop database 语句删除数据库，语法格式为

```
drop database [if exists] 数据库名;
```

其中，if exists 参数可以用来防止当数据库不存在时发生错误。

在使用 drop database 语句时一定要小心，因为其在删除数据库的同时连同数据库中的所有表格一并删除。另外，还需要注意 MySQL 系统在安装时会自动创建必要的系统数据库，系统数据库中会存放与数据库相关的数据，如果删除系统数据库，那么 MySQL 也不能正常工作。

（1）查看现有数据库，查看结果如图 2.1.7 所示。

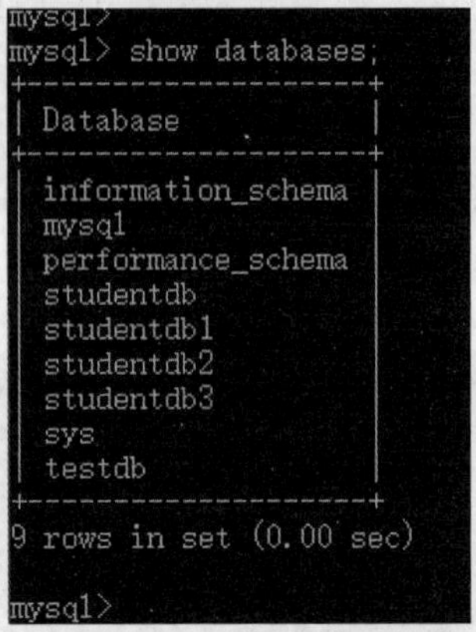

图 2.1.7　查看数据库的结果

（2）使用 drop database studentdb3;语句删除数据库 studentdb3，并查看数据库列表，列表显示已经没有 studentdb3 数据库，如图 2.1.8 所示。

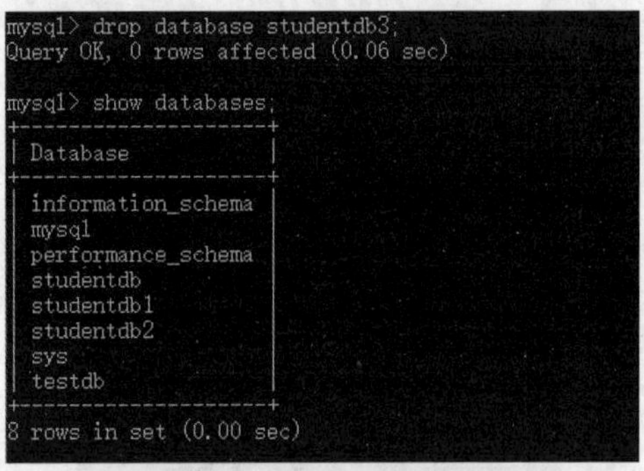

图 2.1.8　查看数据库列表

（3）按上述方法删除 studentdb2 数据库，查看数据库列表发现 studentdb2 数据库已经删除，使用 drop database if exists studentdb2;语句发现已经没有 studentdb2 数据库，但是系统并不会报错，如图 2.1.9 所示。

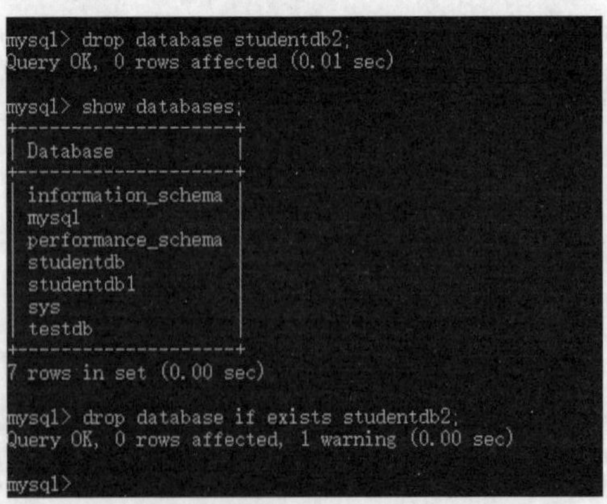

图 2.1.9　删除 studentdb2 数据库

任务实施单

<table>
<tr><td>姓名</td><td></td><td>学号</td><td></td><td>组别</td><td colspan="2">第　组</td></tr>
<tr><td>班级</td><td></td><td>专业</td><td></td><td>日期</td><td colspan="2">年　月　日</td></tr>
<tr><td>任务名称</td><td colspan="4">任务 2.1　创建和删除数据库</td><td>学时</td><td></td></tr>
<tr><td>学生自我分析</td><td colspan="6">（1）知识基础：
（2）学习习惯：
（3）学习方法：
（4）学习能力：</td></tr>
<tr><td>学习资料</td><td colspan="6">（1）教学课件
（2）微课
（3）网络资源</td></tr>
<tr><td>序号</td><td>实施步骤</td><td colspan="5">实施内容</td></tr>
<tr><td>1</td><td>计划</td><td colspan="5"></td></tr>
<tr><td>2</td><td>准备工作</td><td colspan="5"></td></tr>
<tr><td>3</td><td>能够完成数据库的创建</td><td colspan="5"></td></tr>
<tr><td>4</td><td>能够删除数据库</td><td colspan="5"></td></tr>
<tr><td colspan="7">遇到的问题及其解决办法：</td></tr>
</table>

任务验收单

<table>
<tr><td>姓名</td><td></td><td>学号</td><td></td><td>组别</td><td>第　组</td></tr>
<tr><td>班级</td><td></td><td>专业</td><td></td><td>日期</td><td>年　月　日</td></tr>
<tr><td>任务名称</td><td colspan="5">任务 2.1　创建和删除数据库</td></tr>
<tr><td>序号</td><td>验收内容</td><td colspan="4">完成情况</td></tr>
<tr><td>1</td><td>创建数据库</td><td colspan="4"></td></tr>
<tr><td>2</td><td>删除数据库</td><td colspan="4"></td></tr>
<tr><td colspan="6">评量标准</td></tr>
<tr><td>验收项目</td><td>A 级</td><td>B 级</td><td>C 级</td><td colspan="2">自评</td></tr>
<tr><td>知识掌握情况</td><td>能够熟练、独立完成数据库的创建和删除，课堂表现出色</td><td>在教师的指导或同学的帮助下可以完成数据库的创建和删除，课堂表现较好</td><td>不能说出数据、信息、数据库的概念，课堂表现较差</td><td colspan="2"></td></tr>
<tr><td>课堂任务完成质量</td><td>能够完成基本操作，完全正确地按照老师的要求完成作业</td><td>能够按照老师的要求并在同学的帮助下正确地完成作业</td><td>不能完成老师布置的作业</td><td colspan="2"></td></tr>
<tr><td>完成本次任务的收获及不足</td><td colspan="5"></td></tr>
</table>

评价反馈单

<table>
<tr><td>姓名</td><td></td><td>学号</td><td colspan="2"></td><td>组别</td><td>第　组</td></tr>
<tr><td>班级</td><td></td><td>专业</td><td colspan="2"></td><td>日期</td><td>年　月　日</td></tr>
<tr><td>任务名称</td><td colspan="6">任务 2.1　创建和删除数据库</td></tr>
<tr><td>评价类别</td><td colspan="2">项目</td><td colspan="2">子项目</td><td>个人评价</td><td>教师评价</td></tr>
<tr><td rowspan="11">专业能力（60%）</td><td colspan="2" rowspan="2">资讯（10%）</td><td colspan="2">获取信息（5%）</td><td></td><td></td></tr>
<tr><td colspan="2">引导问题回答（5%）</td><td></td><td></td></tr>
<tr><td colspan="2" rowspan="2">计划（5%）</td><td colspan="2">计划可执行度（3%）</td><td></td><td></td></tr>
<tr><td colspan="2">用具材料准备（2%）</td><td></td><td></td></tr>
<tr><td colspan="2" rowspan="3">实施（20%）</td><td colspan="2">知识掌握的正确性（5%）</td><td></td><td></td></tr>
<tr><td colspan="2">知识运用的灵活性（10%）</td><td></td><td></td></tr>
<tr><td colspan="2">操作方法的创新性（5%）</td><td></td><td></td></tr>
<tr><td colspan="2" rowspan="3">过程（15%）</td><td colspan="2">规范性（5%）</td><td></td><td></td></tr>
<tr><td colspan="2">问题处理（5%）</td><td></td><td></td></tr>
<tr><td colspan="2">设备的管理（5%）</td><td></td><td></td></tr>
<tr><td colspan="2">结果（10%）</td><td colspan="2">任务完成质量（10%）</td><td></td><td></td></tr>
<tr><td rowspan="4">社会能力（20%）</td><td colspan="2" rowspan="2">团队合作（10%）</td><td colspan="2">小组成员合作良好（5%）</td><td></td><td></td></tr>
<tr><td colspan="2">对小组的贡献（5%）</td><td></td><td></td></tr>
<tr><td colspan="2" rowspan="2">敬业精神（10%）</td><td colspan="2">学习纪律性（5%）</td><td></td><td></td></tr>
<tr><td colspan="2">爱岗敬业和吃苦耐劳精神（5%）</td><td></td><td></td></tr>
<tr><td rowspan="2">方法能力（20%）</td><td colspan="2">计划能力（10%）</td><td colspan="2">制订计划合理（10%）</td><td></td><td></td></tr>
<tr><td colspan="2">决策能力（10%）</td><td colspan="2">计划选择正确（10%）</td><td></td><td></td></tr>
<tr><td colspan="7">对本次任务的建议和意见：</td></tr>
<tr><td rowspan="2">评价评语</td><td>教师签字</td><td></td><td>组长签字</td><td></td><td>总评</td><td></td></tr>
<tr><td colspan="6"></td></tr>
</table>

任务 2.2 维护数据库

任务目标

1．掌握查看数据库的方法。
2．能够选择操作的数据库。
3．掌握修改数据库的方法。

课程指导

1．任务要求：
（1）查看所有含有 studentdb 字段的数据库。
（2）查看名为 studentdb 的数据库。
（3）选择当前操作的数据库 studentdb。
（4）创建字符集为 UTF8MB3 的 studentdb2 数据库。
（5）修改 studentdb2 数据库的字符集为 GBK。
2．学生分组研讨：
（1）研究任务执行方案。
（2）讨论解决任务完成过程中遇到的问题。
3．教师启发指导，解决学生问题，总结知识点。

思维导图

知 识 储 备

查看数据库

2.2.1 查看数据库

在 MySQL 数据库中存在系统数据库和自定义数据库，系统数据库是在安装 MySQL 后系统自带的数据库，自定义数据库是由用户定义创建的数据库，很多时候数据库可能不是由用户创建的或创建之后也不记得有哪些数据库，这时可以使用 show databases 语句查看当前用户权限范围内的数据库。

可以使用 show databases 语句查看或显示当前用户权限范围以内的数据库，语法格式为

```
show databases [like'数据库名'];
```

其中，like 参数用于匹配指定数据库的名称，它既可以部分匹配数据库的名称，也可以完全匹配数据库的名称。

（1）使用 show databases;语句查看现有所有数据库，结果如图 2.2.1 所示。

图中列出了一些系统数据库，它们的功能如下：

- information_schema：存储系统中的一些数据库对象信息，如用户表信息、列信息、权限信息、字符集信息和分区信息等。
- mysql：MySQL 的核心数据库，负责存储数据库用户、用户访问权限等 MySQL 自身需要使用的控制和管理信息。修改 root 用户密码就是在 mysql 数据库的 user 表中进行。
- performance_schema：用于收集数据库服务器的性能参数。
- sys：sys 数据库主要提供了一些视图，数据都来自 performation_schema，主要是让开发者和使用者更方便地查看数据库服务器的性能问题。

（2）使用 like 参数查看含有 studentdb 的数据库，使用 show databases like '%studentdb%'; 语句，显示结果如图 2.2.2 所示。

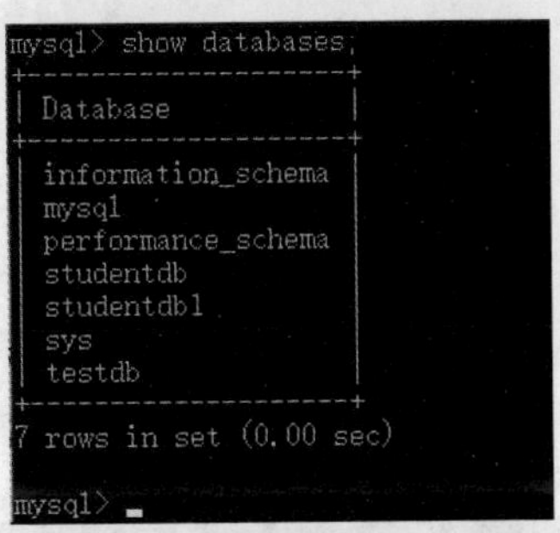

图 2.2.1 数据库查看结果

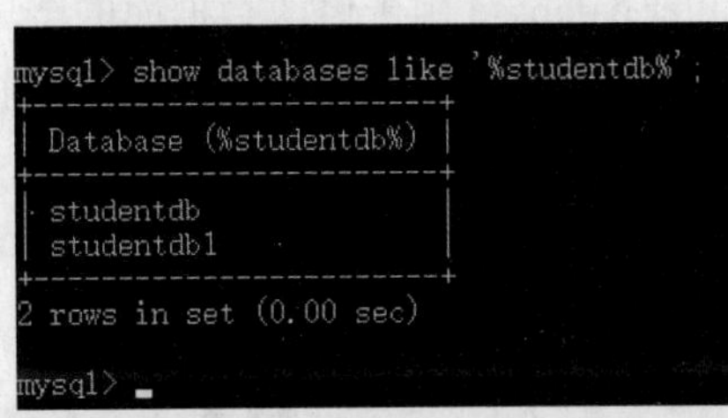

图 2.2.2 部分匹配查看结果

（3）使用 like 参数查看与 studentdb 完全匹配的数据库，使用 show databases like 'studentdb';语句，显示结果如图 2.2.3 所示。

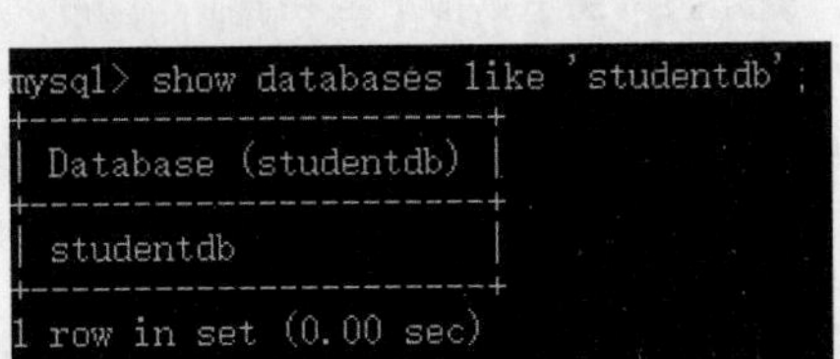

图 2.2.3 完全匹配查询结果

通过对比我们可以知道查看数据库时使用完全匹配及部分匹配的区别。

2.2.2 选择数据库

MySQL 中有很多系统自带的及用户自定义的数据库，在操作数据库之前必须要确定操作的是哪一个数据库，因此需要选择要操作的数据库，可以使用 use 语句完成数据库之间的跳转。这里还需要注意，使用 create databases 语句创建好数据库之后，MySQL 并不会直接

跳转至新创建的数据库，而是需要使用 use 语句来指定当前操作数据库。其语法格式为

```
use 数据库名;
```

使用该语句可以把选择后的数据库作为当前操作数据库，并把该数据库保持为当前默认数据库，直到语段结尾或使用 use 语句选择其他数据库为止。只有使用 use 语句来指定某个数据库作为当前数据库之后，才能对该数据库及其存储的数据对象执行相关操作。我们选择数据库 studentdb 作为默认数据库，使用 use studentdb;语句，结果如图 2.13 所示。

```
mysql> use studentdb;
Database changed
mysql>
```

图 2.2.4 选择数据库

执行上述语句后，系统出现 Database changed 提示，表示成功选择数据库。

2.2.3 修改数据库

在 MySQL 中只能对数据库使用的字符集和校对规则进行修改，数据库的这些特性都储存在 db.opt 文件中。可以使用 alter database 语句修改已经被创建或存在的数据库的相关参数。修改数据库的语法格式为

```
alter database 数据库名;
default character set 字符集名;
default collate 校对规则名;
```

其中，alter database 用于修改数据库的全局特性，使用该语句需要获得数据库的 alter 权限，后面不接数据库名则是将语句对应于当前默认数据库；character set 用于更改默认数据库的字符集。

（1）使用 show create database studentdb2;语句查看 studentdb2 数据库的定义声明，结果如图 2.2.5 所示。

```
mysql> show create database studentdb2;
+------------+---------------------------------------------------------------------------------------------------+
| Database   | Create Database                                                                                   |
+------------+---------------------------------------------------------------------------------------------------+
| studentdb2 | CREATE DATABASE `studentdb2` /*!40100 DEFAULT CHARACTER SET utf8mb3 */ /*!80016 DEFAULT ENCRYPTION='N' */ |
+------------+---------------------------------------------------------------------------------------------------+
1 row in set (0.00 sec)
```

图 2.2.5 查看数据库定义声明的结果

（2）使用 alter database studentdb2;和 default character set gbk;语句将 studentdb2 数据库的指定字符集修改为 gbk，执行过程及结果如图 2.2.6 所示。

```
mysql> alter database studentdb2
    -> default character set gbk
    -> ;
Query OK, 1 row affected (0.01 sec)

mysql> show create database studentdb2;
+------------+-----------------------------------------------------------------------------------------------+
| Database   | Create Database                                                                               |
+------------+-----------------------------------------------------------------------------------------------+
| studentdb2 | CREATE DATABASE `studentdb2` /*!40100 DEFAULT CHARACTER SET gbk */ /*!80016 DEFAULT ENCRYPTION='N' */ |
+------------+-----------------------------------------------------------------------------------------------+
1 row in set (0.00 sec)

mysql>
```

图 2.2.6 修改数据库的字符集

通过结果可以看出，studentdb2 数据库的字符集已经由 utf8mb3 修改为 gbk。

任务实施单

<table>
<tr><td>姓名</td><td></td><td>学号</td><td></td><td>组别</td><td>第　组</td></tr>
<tr><td>班级</td><td></td><td>专业</td><td></td><td>日期</td><td>年　月　日</td></tr>
<tr><td>任务名称</td><td colspan="3">任务 2.2　维护数据库</td><td>学时</td><td></td></tr>
<tr><td>学生自我分析</td><td colspan="5">（1）知识基础：
（2）学习习惯：
（3）学习方法：
（4）学习能力：</td></tr>
<tr><td>学习资料</td><td colspan="5">（1）教学课件
（2）微课
（3）网络资源</td></tr>
<tr><td>序号</td><td>实施步骤</td><td colspan="4">实施内容</td></tr>
<tr><td>1</td><td>计划</td><td colspan="4"></td></tr>
<tr><td>2</td><td>准备工作</td><td colspan="4"></td></tr>
<tr><td>3</td><td>查看数据库</td><td colspan="4"></td></tr>
<tr><td>4</td><td>选择、修改数据库</td><td colspan="4"></td></tr>
<tr><td colspan="6">遇到的问题及其解决办法：</td></tr>
</table>

任务验收单

<table>
<tr><td>姓名</td><td></td><td>学号</td><td></td><td>组别</td><td>第　组</td></tr>
<tr><td>班级</td><td></td><td>专业</td><td></td><td>日期</td><td>年　月　日</td></tr>
<tr><td>任务名称</td><td colspan="5">任务 2.2　维护数据库</td></tr>
<tr><td>序号</td><td>验收内容</td><td colspan="4">完成情况</td></tr>
<tr><td>1</td><td>查看数据库</td><td colspan="4"></td></tr>
<tr><td>2</td><td>选择及修改数据库</td><td colspan="4"></td></tr>
<tr><td colspan="6">评量标准</td></tr>
<tr><td>验收项目</td><td>A 级</td><td>B 级</td><td>C 级</td><td colspan="2">自评</td></tr>
<tr><td>知识掌握情况</td><td>能熟练、独立完成数据库的查看及选择，课堂表现出色</td><td>在教师的指导或同学的帮助下可以完成数据库的查看及选择操作，课堂表现较好</td><td>不能说出数据、信息、数据库的概念，课堂表现较差</td><td colspan="2"></td></tr>
<tr><td>课堂任务完成质量</td><td>能独立完成删除数据库的操作，完全正确地按照老师的要求完成作业</td><td>能够按照老师的要求并在同学的帮助下正确地完成作业</td><td>不能完成老师布置的作业</td><td colspan="2"></td></tr>
<tr><td>完成本次任务的收获及不足</td><td colspan="5"></td></tr>
</table>

评价反馈单

<table>
<tr><td>姓名</td><td></td><td>学号</td><td></td><td>组别</td><td>第　组</td></tr>
<tr><td>班级</td><td></td><td>专业</td><td></td><td>日期</td><td>年　月　日</td></tr>
<tr><td>任务名称</td><td colspan="5">任务 2.2　维护数据库</td></tr>
<tr><td>评价类别</td><td>项目</td><td>子项目</td><td>个人评价</td><td>教师评价</td></tr>
<tr><td rowspan="11">专业能力
（60%）</td><td rowspan="2">资讯（10%）</td><td>获取信息（5%）</td><td></td><td></td></tr>
<tr><td>引导问题回答（5%）</td><td></td><td></td></tr>
<tr><td rowspan="2">计划（5%）</td><td>计划可执行度（3%）</td><td></td><td></td></tr>
<tr><td>用具材料准备（2%）</td><td></td><td></td></tr>
<tr><td rowspan="3">实施（20%）</td><td>知识掌握的正确性（5%）</td><td></td><td></td></tr>
<tr><td>知识运用的灵活性（10%）</td><td></td><td></td></tr>
<tr><td>操作方法的创新性（5%）</td><td></td><td></td></tr>
<tr><td rowspan="3">过程（15%）</td><td>规范性（5%）</td><td></td><td></td></tr>
<tr><td>问题处理（5%）</td><td></td><td></td></tr>
<tr><td>设备的管理（5%）</td><td></td><td></td></tr>
<tr><td>结果（10%）</td><td>任务完成质量（10%）</td><td></td><td></td></tr>
<tr><td rowspan="4">社会能力
（20%）</td><td rowspan="2">团队合作（10%）</td><td>小组成员合作良好（5%）</td><td></td><td></td></tr>
<tr><td>对小组的贡献（5%）</td><td></td><td></td></tr>
<tr><td rowspan="2">敬业精神（10%）</td><td>学习纪律性（5%）</td><td></td><td></td></tr>
<tr><td>爱岗敬业和吃苦耐劳精神（5%）</td><td></td><td></td></tr>
<tr><td rowspan="2">方法能力
（20%）</td><td>计划能力（10%）</td><td>制订计划合理（10%）</td><td></td><td></td></tr>
<tr><td>决策能力（10%）</td><td>计划选择正确（10%）</td><td></td><td></td></tr>
<tr><td colspan="5">对本次任务的建议和意见：</td></tr>
</table>

<table>
<tr><td rowspan="2">评价评语</td><td>教师签字</td><td></td><td>组长签字</td><td></td><td>总评</td><td></td></tr>
<tr><td colspan="6"></td></tr>
</table>

课 后 习 题

1．使用 like 关键字实现模糊查询时，常用的通配符包括（　　）。

A．%与*　　B．*与？　　C．%与_　　D．_与*

2．下列选项中属于删除数据库语句的是（　　）。

A．create database　　B．use database

C．drop database　　D．以上都不是

3．选择要执行操作的数据库，应该使用（　　）命令。

A．use　　B．go　　C．exec　　D．db

4．查看数据库的语句是（　　）。

A．select databases　　B．show databases

C．display databases　　D．go databases

5．使用 select databases 语句进行模糊查询时，可以使用（　　）匹配符。

A．go　　B．for　　C．show　　D．like

6．SQL 语句的管理数据库语言中，最重要也是使用最频繁的命令是（　　）。

A．select　　B．insert　　C．update　　D．delete

7．创建数据库需要用命令（　　）。

A．create studentdb　　B．create table studentdb

C．database studentdb　　D．create database studentdb

8．用来插入数据的命令是（　　）。

A．create　　B．update　　C．insert　　D．drop

9．用于更新数据的命令是（　　）。

A．create　　B．update　　C．insert　　D．drop

10．进入要操作的数据库 studentdb 需要用命令（　　）。

A．in studentdb　　B．show studentdb

C．use studentdb　　D．user studentdb

项目3　数据表操作

教学目标

1. 知识目标:

（1）掌握数据表的创建、查看、修改和删除操作。

（2）了解如何定义表的结构，包括列名、数据类型、约束等。

（3）掌握常见的数据类型，如整数、浮点数、字符串、日期和时间等。

2. 能力目标:

（1）能熟练利用 DDL 语句创建表结构。

（2）能熟练根据需要修改表结构。

3. 素养目标:

（1）增强实际动手能力。

（2）养成遵守职业规范的习惯。

4. 思政目标:

培养学生主动学习的意识和兴趣，以及对终身学习的认同感。

教学重点

1. 创建数据表。
2. 修改数据表。

教学难点

1. 定义数据类型。
2. 修改数据表。
3. 修改表结构。

学习任务

1. 创建数据表。
2. 管理数据表。
3. 创建数据表的约束。

任务 3.1　创建数据表

任务目标

1．了解表的基本概念。

2．掌握表的数据类型。

3．掌握创建表的方法。

4．掌握主键的设置方法。

课程指导

1．任务要求：

（1）创建 course 课程信息表。

（2）指定 course 表的主键。

（3）确定表中的列，以及每一列所对应的数据类型。

（4）指定数据存储所需的长度。

2．学生分组研讨：

（1）什么是表。

（2）如何使用 create 命令创建课程信息表 course。

（3）如何正确设置字段的数据类型和长度。

（4）如何为数据表指定主键。

3．教师启发指导。

（1）course 课程信息表的结构，如表 3.1.1 所示。

表 3.1.1　course 课程信息表的结构

字段名	数据类型	是否空	长度	备注
序号				
课程代码				
课程名称				
课程类型				
课时				
学分				
开课学期				

（2）course 课程信息表的设计，如表 3.1.2 所示。

表 3.1.2　course 课程信息表

序号	课程代码	课程名称	课程类型	课时	学分	开课学期
1	09Z00003	网络应用技术	专业基础课程	48	3	1
2	09Z00007	MySQL 数据库应用技术	专业基础课程	48	3	2
3	09Z01060	Linux 应用技术	专业基础课程	64	4	2
4	09Z01061	Python 程序设计	专业基础课程	64	4	3
5	09Z01068	云平台应用技术	专业基础课程	64	4	3

思维导图

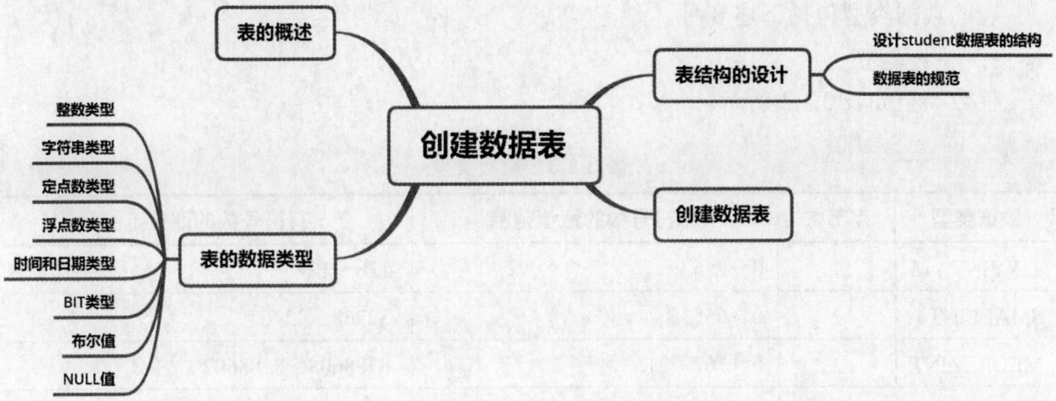

知 识 储 备

3.1.1　表的概述

在 MySQL 数据库中，表是最重要、最基本的操作对象，是存储数据的基本单位，关系数据库中的所有数据都表现为表的形式，可以对数据表进行创建、查看、修改、删除等操作。

表的结构包括行和列，表实质上就是行列的集合。每一行代表一条记录，每一列代表记录的一个字段，每个字段分别存储不同性质的数据，而每一行中的各个字段的数据构成一条数据记录。在同一个表中，列名必须是唯一的，即不能有名称相同的两列同时存在于一个表中；不能出现具有两行或两行以上的相同行值。不同的表，其名称不同，完整的数据表的名称由数据库名和表名两部分组成。

图 3.1.1 显示了数据库中的学生信息，包括学号、姓名、性别、年龄、出生日期、民族和政治面貌等各列信息，每一行显示了各列的具体数据值。

学号	姓名	性别	年龄	出生日期	民族	政治面貌
1809Z010101	陈智文	男	18	2005-06-20	汉族	共青团员
1809Z010102	王浩然	男	19	2004-11-15	汉族	共青团员
1809Z010103	杨晨	男	18	2005-02-08	汉族	群众
1809Z010104	刘博文	男	18	2005-07-21	汉族	共青团员
1809Z010105	张静	女	18	2005-03-18	汉族	共青团员
1809Z010106	刘晓莹	女	18	2005-05-23	汉族	群众
1809Z010107	李志豪	男	18	2005-09-05	汉族	群众
1809Z010108	于航	男	18	2005-06-12	汉族	共青团员
1809Z010109	李婷婷	女	18	2005-10-16	汉族	共青团员
1809Z010110	吴美玉	女	17	2006-06-29	汉族	共青团员

图 3.1.1　学生信息表

3.1.2　表的数据类型

表的数据类型包括下述 8 种。

1. 整数类型

整数类型如表 3.1.3 所示。

表 3.1.3　整数类型

数据类型	字节数	无符号数的取值范围	有符号数的取值范围
TINYINT	1	0～255	-128～127
SMALLINT	2	0～65535	-32768～32767
MEDIUMINT	3	0～16777215	-8388608～8388607
INT	4	0～4294967295	-2147483648～2147483647
BIGINT	8	0～18446744073709551615	-9223372036854775808～9223372036854775807

说明：

（1）显示宽度：默认情况下，是取值范围所能表示的最大宽度。

（2）对于有符号数：符号也占用一个宽度。

例如，255 的显示宽度为 3，-128 的显示宽度为 4。

（3）显示宽度与取值范围无关：若数值的位数小于显示宽度，则会填充空格；若数值的位数大于显示宽度，则不影响显示结果。

（4）存储类型选择：整数、浮点数或定点数等数据将来可能参与数学计算；字符串只用来显示。

例如，学生在校学习生活，日常用品的数量可能会有增加、减少，需要对其进行计算，所以将其保存为整数类型；学生的学号、身份证号、电话号码一般不需要计算，可以保存为字符串类型。

2. 字符串类型

字符串类型如表 3.1.4 所示。

表 3.1.4 字符串类型

数据类型	类型说明
CHAR	固定长度字符串
VARCHAR	可变长度字符串
TEXT	大文本数据
ENUM	枚举类型
SET	字符串对象
BINARY	固定长度的二进制数
VARBINARY	可变长度的二进制数
BLOB	二进制大对象（Binary Large Object）

常用的字符串类型是 CHAR 和 VARCHAR。

区别：VARCHAR 可以存储可变长度的字符串。字符串类型的存储长度如表 3.1.5 所示。CHAR(M)或 VARCHAR(M)，M 代表字符串的最大长度。

表 3.1.5 字符串类型的存储长度

插入值	CHAR(4)的存储需求	VARCHAR(4)的存储需求
''	4 个字节	1 个字节
'ab'	4 个字节	3 个字节
'abc'	4 个字节	4 个字节
'abcd'	4 个字节	5 个字节

说明：

（1）CHAR(4)：无论插入值的长度是多少，占用的存储空间都是 4 个字节。

（2）VARCHAR(4)：占用的字节数为实际长度加 1。

（3）TEXT 类型：保存大文本数据。

例如，文章内容、评论等比较长的文本，保存的最大字符数量取决于字符串实际占用的字节数。TEXT 类型的存储长度如表 3.1.6 所示。

表 3.1.6 TEXT 类型的存储长度

数据类型	存储范围	数据类型	存储范围
TINYTEXT	0～2^8-1 字节	MEDIUMTEXT	0～2^{24}-1 字节
TEXT	0～2^{16}-1 字节	LONGTEXT	0～2^{32}-1 字节

注意：

（1）空格问题：CHAR、VARCHAR 和 TEXT 类型在插入数据时，若字符串末尾有空格，则 CHAR 类型会自动去掉空格后保存，而 VARCHAR、TEXT 类型会保留空格。

（2）不区分大小写：默认情况下创建的数据库和表使用的校对集（latin1_swedish_ci）对大小写不敏感，因此 CHAR、VARCHAR、TEXT、ENUM、SET 都不区分大小写。

3. 定点数类型

定点数类型（DECIMAL）：通过 DECIMAL(M, D) 设置位数和精度。其中，M 表示数字总位数（不包括“.”和“-”），最大为 65，默认为 10；D 表示小数点后的位数，最大值为 30，默认值为 0。

例如，DECIMAL(5,2)表示取值范围为-999.99～999.99 的数。

说明：

（1）系统会自动根据存储的数据来分配存储空间。

（2）若不允许保存负数，则可通过 UNSIGNED 修饰。

（3）插入的小数部分超出范围时，会四舍五入并出现 Data truncated（数据截断）警告。

（4）若整数部分超出范围，则数据插入失败，提示 Out of range value（超出取值范围）。

4. 浮点数类型

浮点数类型如表 3.1.7 所示。

表 3.1.7 浮点数类型

数据类型	字节数	负数的取值范围	非负数的取值范围
FLOAT	4	-3.402823466E+38～-1.175494351E-38	0 和 1.175494351E-38～3.402823466E+38
DOUBLE	8	-2.2250738585072014E-308～-1.7976931348623157E+308	0 和 2.2250738585072014E-308～1.7976931348623157E+308

说明：

（1）浮点数类型的精度不高。

（2）FLOAT 的精度为 6～7 位。

（3）DOUBLE 的精度为 15 位左右。

（4）如果超出精度，可能会导致给定的数值与实际保存的数值不一致，产生精度损失。

5. 时间和日期类型

字符串表示：'YYYY-MM-DD'或'YYYYMMDD'。日期中的分隔符“-”还可以用“.”“,”“/”等符号替代。

例如，输入'2020-01-21'或'20200121'，插入数据库中的日期都为 2020-01-21。

时间和日期类型如表 3.1.8 所示。

表 3.1.8 时间和日期类型

数据类型	取值范围	日期格式	零值
YEAR	1901～2155	YYYY	0000
DATE	1000-01-01～9999-12-3	YYYY-MM-DD	0000-00-00
TIME	-838:59:59～838:59:59	HH:MM:SS	00:00:00
DATETIME	1000-01-01 00:00:00～9999-12-31 23:59:59	YYYY-MM-DD HH:MM:SS	0000-00-00 00:00:00
TIMESTAMP	1970-01-01 00:00:01～2038-01-19 03:14:07	YYYY-MM-DD HH:MM:SS	0000-00-00 00:00:00

6. BIT 类型

BIT（位）类型用于存储二进制数，用 BIT(M)表示，M 为位数，范围为 1～64。

7. 布尔值

布尔值用于逻辑判断。有 TRUE 和 FALSE 两个值（不区分大小写），表示“真”和“假”。在 SELECT、INSERT 等命令中使用布尔值，TRUE 会转换为“1”，FALSE 会转换为“0”。

8. NULL 值

NULL 值通常代表没有值、值不确定等含义。

例如，插入一条学生数据时，暂时不知道该学生的家庭地址信息，可将家庭地址信息设置为 NULL，方便以后修改。

3.1.3 表结构的设计

MySQL 是一款常用的关系数据库管理系统，它能够处理大量的数据，并提供各种操作数据的功能和方法。在使用 MySQL 进行开发时，如何设计数据表是非常重要的。下面将介绍 MySQL 如何进行数据表的设计。

1. 设计 student 数据表的结构

student 表的表结构如表 3.1.9 所示。

表 3.1.9 student 表的表结构

字段名	数据类型	是否空	长度	备注
学号	char	否	11	主键
姓名	varchar	是	20	
性别	char	是	2	
年龄	int	是	11	
出生日期	date	是		
民族	varchar	是	10	
政治面貌	varchar	是	8	

（1）数据类型的选择。在设计数据表时，数据类型的选择是非常重要的，应该根据实际需求进行选择。例如，在存储用户名、密码等敏感数据时，应该选择较为安全的数据类型，如 VARCHAR 和 CHAR，因为它们能够将数据以加密的形式进行存储。此外，当存储数值时，INT 和 FLOAT 等数据类型也非常适合。

（2）主键和索引。主键和索引是 MySQL 中另外两个非常重要的概念。主键是用来唯一标识一条记录的，可以使用单个字段或多个字段的组合作为主键。而索引则是用来加快数据的查询速度，可以将数据表中的某些字段设为索引，这样就能够提高数据的查询效率。

1）添加主键的语法格式：

```
ALTER TABLE USER ADD PRIMARY KEY(id);
```

2）添加索引的语法格式：

```
ALTER TABLE USER ADD INDEX email_index(email);
```

2. 数据表的规范

在 MySQL 中，有一些数据表的规范应该被遵守，以保证数据的规范和整洁。例如，在命名数据表、字段和索引时，应该使用具有描述性的名称，也应该遵守命名规范，如使用小写字母和下划线，这样能够使数据更加清晰易懂。

MySQL 中数据表的设计是一个非常重要的过程，它能够影响数据表的操作效率和数据的规范性。在进行数据表的设计时，应该根据实际需求进行数据类型、主键、索引等方面的选择，同时应该遵守 MySQL 的规范，以保证数据的整洁和易读。

3.1.4 创建数据表

创建数据表

在 MySQL 数据库中，使用 create table 语句创建数据表，语法格式如下：

```
create [temporary] table [if not exists] 表名
(字段名 数据类型[字段属性]…)[表选项];
```

说明：

（1）字段名：数据表的列名，用于标识该字段在表中的位置。

（2）数据类型：字段中所存储的数据类型，如整数、字符串、时间和日期类型等。

（3）长度：字段所能存储数据的最大长度，如字符串的最大长度。

（4）精度：字段所能存储的数据的精度，如小数的小数位数。

（5）temporary：可选，表示创建临时表，仅在当前会话中可见。

（6）字段属性：可选，字段的某些特殊约束条件。

（7）表选项：可选，用于设置表的相关特性，如存储引擎（ENGINE）。

需要注意的是，在创建数据表时，要先选择数据库。选择数据库可使用“use 数据库名”或“数据库.表名”，否则会出现 No database selected 错误。

例 3.1 按照表 3.1.9 的结构，在 stusys 数据库中，创建一个名称为 student 的数据表，保存学生信息。

SQL 语句如下：

```
use stusys
create table student
(   学号 char(11) primary key,
    姓名 varchar(20),
    性别 char(2),
    年龄 int(11),
    出生日期 date,
    民族 varchar(10),
    政治面貌 varchar(8)
);
```

说明：

（1）INT：设置字段的数据类型是整数类型。

（2）VARCHAR(L)：表示可变长度的字符串，L 表示字符数，如 VARCHAR(32)表示可变长度的字符串的字符数是 32。

（3）DATE：设置字段的数据类型是日期类型。

（4）PRIMARY KEY：设置“学号”字段为主键。

执行结果如图 3.1.2 所示。

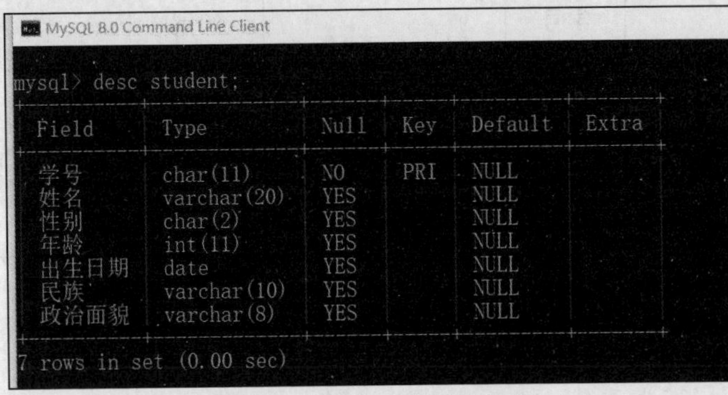

```
MySQL 8.0 Command Line Client
mysql> desc student;
+----------+-------------+------+-----+---------+-------+
| Field    | Type        | Null | Key | Default | Extra |
+----------+-------------+------+-----+---------+-------+
| 学号     | char(11)    | NO   | PRI | NULL    |       |
| 姓名     | varchar(20) | YES  |     | NULL    |       |
| 性别     | char(2)     | YES  |     | NULL    |       |
| 年龄     | int(11)     | YES  |     | NULL    |       |
| 出生日期 | date        | YES  |     | NULL    |       |
| 民族     | varchar(10) | YES  |     | NULL    |       |
| 政治面貌 | varchar(8)  | YES  |     | NULL    |       |
+----------+-------------+------+-----+---------+-------+
7 rows in set (0.00 sec)
```

图 3.1.2　student 表的表结构

任务实施单

<table>
<tr><td>姓名</td><td></td><td>学号</td><td></td><td>组别</td><td colspan="2">第　　组</td></tr>
<tr><td>班级</td><td></td><td>专业</td><td></td><td>日期</td><td colspan="2">年　月　日</td></tr>
<tr><td>任务名称</td><td colspan="4">任务 3.1　创建数据表</td><td>学时</td><td></td></tr>
<tr><td>学生自我分析</td><td colspan="6">（1）知识基础：
（2）学习习惯：
（3）学习方法：
（4）学习能力：</td></tr>
<tr><td>学习资料</td><td colspan="6">（1）教学课件
（2）微课
（3）网络资源</td></tr>
<tr><td>序号</td><td>实施步骤</td><td colspan="5">实施内容</td></tr>
<tr><td>1</td><td>计划</td><td colspan="5"></td></tr>
<tr><td>2</td><td>准备工作</td><td colspan="5"></td></tr>
<tr><td>3</td><td>表的设计</td><td colspan="5"></td></tr>
<tr><td>4</td><td>创建表</td><td colspan="5"></td></tr>
<tr><td colspan="7">遇到的问题及其解决办法：</td></tr>
</table>

任务验收单

<table>
<tr><td>姓名</td><td></td><td>学号</td><td></td><td>组别</td><td>第　　组</td></tr>
<tr><td>班级</td><td></td><td>专业</td><td></td><td>日期</td><td>年　月　日</td></tr>
<tr><td>任务名称</td><td colspan="5">任务 3.1　创建数据表</td></tr>
<tr><td>序号</td><td>验收内容</td><td colspan="4">完成情况</td></tr>
<tr><td>1</td><td>表的数据类型</td><td colspan="4"></td></tr>
<tr><td>2</td><td>创建表</td><td colspan="4"></td></tr>
<tr><td colspan="6">评量标准</td></tr>
<tr><td>验收项目</td><td>A 级</td><td>B 级</td><td colspan="2">C 级</td><td>自评</td></tr>
<tr><td>知识掌握情况</td><td>基础知识掌握扎实，能够熟练创建表，课堂表现出色</td><td>基本能够创建表，部分操作需在老师和同学的帮助下回忆起来</td><td colspan="2">不能创建表，课堂表现较差</td><td></td></tr>
<tr><td>沟通合作</td><td>在小组的分工和协作下出色完成任务，并通过小组的讨论交流获得新的想法</td><td>在小组的分工和协作下基本完成任务，能达到预期的目的，证明得出的结论</td><td colspan="2">缺乏沟通，不能有效进行交流，没有体现分工和协作的合作精神</td><td></td></tr>
<tr><td>课堂任务完成质量</td><td>能够完全正确地按照老师的要求完成作业</td><td>能够按照老师的要求并在同学的帮助下正确地完成作业</td><td colspan="2">不能完成老师布置的作业</td><td></td></tr>
<tr><td>完成本次任务的收获及不足</td><td colspan="5"></td></tr>
</table>

评价反馈单

<table>
<tr><td>姓名</td><td></td><td>学号</td><td></td><td>组别</td><td>第　　组</td></tr>
<tr><td>班级</td><td></td><td>专业</td><td></td><td>日期</td><td>年　月　日</td></tr>
<tr><td>任务名称</td><td colspan="5">任务 3.1　创建数据表</td></tr>
<tr><td>评价类别</td><td>项目</td><td>子项目</td><td>个人评价</td><td colspan="2">教师评价</td></tr>
<tr><td rowspan="11">专业能力（60%）</td><td rowspan="2">资讯（10%）</td><td>获取信息（5%）</td><td></td><td colspan="2"></td></tr>
<tr><td>引导问题回答（5%）</td><td></td><td colspan="2"></td></tr>
<tr><td rowspan="2">计划（5%）</td><td>计划可执行度（3%）</td><td></td><td colspan="2"></td></tr>
<tr><td>用具材料准备（2%）</td><td></td><td colspan="2"></td></tr>
<tr><td rowspan="3">实施（20%）</td><td>知识掌握的正确性（5%）</td><td></td><td colspan="2"></td></tr>
<tr><td>知识运用的灵活性（10%）</td><td></td><td colspan="2"></td></tr>
<tr><td>操作方法的创新性（5%）</td><td></td><td colspan="2"></td></tr>
<tr><td rowspan="3">过程（15%）</td><td>规范性（5%）</td><td></td><td colspan="2"></td></tr>
<tr><td>问题处理（5%）</td><td></td><td colspan="2"></td></tr>
<tr><td>设备的管理（5%）</td><td></td><td colspan="2"></td></tr>
<tr><td>结果（10%）</td><td>任务完成质量（10%）</td><td></td><td colspan="2"></td></tr>
<tr><td rowspan="4">社会能力（20%）</td><td rowspan="2">团队合作（10%）</td><td>小组成员合作良好（5%）</td><td></td><td colspan="2"></td></tr>
<tr><td>对小组的贡献（5%）</td><td></td><td colspan="2"></td></tr>
<tr><td rowspan="2">敬业精神（10%）</td><td>学习纪律性（5%）</td><td></td><td colspan="2"></td></tr>
<tr><td>爱岗敬业和吃苦耐劳精神（5%）</td><td></td><td colspan="2"></td></tr>
<tr><td rowspan="2">方法能力（20%）</td><td>计划能力（10%）</td><td>制订计划合理（10%）</td><td></td><td colspan="2"></td></tr>
<tr><td>决策能力（10%）</td><td>计划选择正确（10%）</td><td></td><td colspan="2"></td></tr>
<tr><td colspan="6">对本次任务的建议和意见：</td></tr>
<tr><td rowspan="2">评价评语</td><td>教师签字</td><td></td><td>组长签字</td><td>总评</td><td></td></tr>
<tr><td colspan="5"></td></tr>
</table>

任务 3.2　管理数据表

任务目标

1．掌握用 SQL 语句查看表信息的方法。

2．掌握修改数据表的方法。

3．掌握修改表结构的方法。

4．掌握复制数据表的方法。

5．掌握删除数据表的方法。

课程指导

1．任务要求：

（1）结合表 3.1.2 所示的 course 课程信息表，使用 show 命令查看 stusys 数据库中含有 se 的数据表的详细信息。

（2）使用 desc 命令查看 course 表的表结构中所有字段的详细信息。

（3）使用 alter 命令修改 course 表的名称为 my_course。

（4）使用 alter 命令修改 course 表的表结构。

1）将 course 表中的“开课学期”字段名称修改为“授课学期”。

2）将 course 表中的“课程代码”字段的数据类型修改为 varchar(15)。

3）将 course 表中的“授课学期”字段的位置调整到“课程类型”字段的后面。

4）在 course 表中新增一个“任课教师”字段。

5）删除 course 表中的“任课教师”字段。

（5）使用 drop 命令删除 course 数据表。

2．学生分组研讨：

（1）如何查看数据库中数据表的相关信息。

（2）如何更改表名。

（3）如何增加和删除字段。

（4）如何修改已有字段的属性（字段名、字段的数据类型、字段长度、精度、小数位数、是否为空等）。

3．教师启发指导：

（1）查看 stusys 数据库中含有 se 的数据表的详细信息，以及修改后的表名，结果如图 3.2.1 所示。

（2）查看 course 表的表结构中所有字段的详细信息，结果如图 3.2.2 所示。

（3）修改 course 表的表结构，结果如图 3.2.3 所示。

```
mysql> alter table course rename my_course;
Query OK, 0 rows affected (0.02 sec)

mysql> show table status from stusys like '%se%' \G
*************************** 1. row ***************************
           Name: my_course
         Engine: InnoDB
        Version: 10
     Row_format: Dynamic
           Rows: 0
 Avg_row_length: 0
    Data_length: 16384
Max_data_length: 0
   Index_length: 0
      Data_free: 0
 Auto_increment: NULL
    Create_time: 2023-08-01 11:27:50
    Update_time: NULL
     Check_time: NULL
      Collation: utf8mb4_0900_ai_ci
       Checksum: NULL
 Create_options:
        Comment:
1 row in set (0.00 sec)
```

图 3.2.1　含有 se 的数据表的详细信息

```
mysql> desc course;
+----------+-------------+------+-----+---------+-------+
| Field    | Type        | Null | Key | Default | Extra |
+----------+-------------+------+-----+---------+-------+
| 序号     | varchar(3)  | YES  |     | NULL    |       |
| 课程代码 | char(8)     | YES  |     | NULL    |       |
| 课程名称 | varchar(20) | YES  |     | NULL    |       |
| 课程类型 | varchar(18) | YES  |     | NULL    |       |
| 课时     | int(11)     | YES  |     | NULL    |       |
| 学分     | int(11)     | YES  |     | NULL    |       |
| 授课学期 | char(1)     | YES  |     | NULL    |       |
+----------+-------------+------+-----+---------+-------+
7 rows in set (0.02 sec)
```

图 3.2.2　course 表的表结构中所有字段的详细信息

```
mysql> desc course;
+----------+-------------+------+-----+---------+-------+
| Field    | Type        | Null | Key | Default | Extra |
+----------+-------------+------+-----+---------+-------+
| 序号     | varchar(3)  | YES  |     | NULL    |       |
| 课程代码 | varchar(15) | NO   | PRI | NULL    |       |
| 课程名称 | varchar(20) | YES  |     | NULL    |       |
| 课程类型 | varchar(18) | YES  |     | NULL    |       |
| 授课学期 | char(1)     | YES  |     | NULL    |       |
| 课时     | int(11)     | YES  |     | NULL    |       |
| 学分     | int(11)     | YES  |     | NULL    |       |
| 任课教师 | varchar(50) | YES  |     | NULL    |       |
+----------+-------------+------+-----+---------+-------+
8 rows in set (0.00 sec)
```

图 3.2.3　course 表的表结构的修改

思维导图

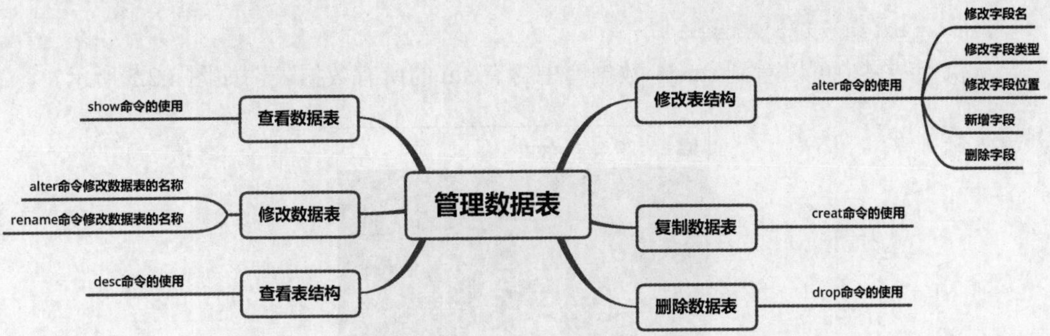

知 识 储 备

3.2.1 查看数据表

查看数据表

1. 查看数据库中所有表的信息

可以用 show 命令查看数据库所有表的信息，语法格式如下：

```
show tables [like 匹配模式];
```

说明：

（1）省略可选项，表示查看当前数据库中的所有数据表。

（2）添加可选项，则按照“匹配模式”查看数据表。

（3）匹配模式符“%”：匹配一个或多个字符，代表任意长度的字符串。

（4）匹配模式符“_”：仅匹配一个字符。

例 3.2 查看 stusys 数据库中所有表的信息。

SQL 语句如下：

```
show tables;
```

从执行结果中可以看到 stusys 数据库中所有表的信息，如图 3.2.4 所示。

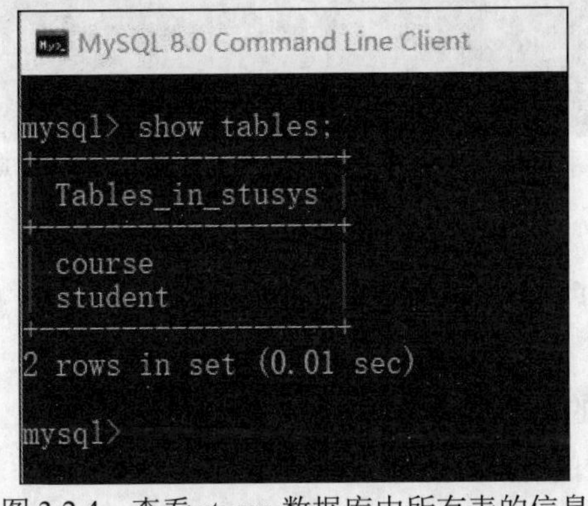

图 3.2.4 查看 stusys 数据库中所有表的信息

2. 查看名称中含有 stu 的数据表

查看名称中含有 stu 的数据表的语法格式如下：

```
show tables like '%stu%';
```

从执行结果中可以看到 stusys 数据库中含有 stu 的所有数据表，如图 3.2.5 所示。

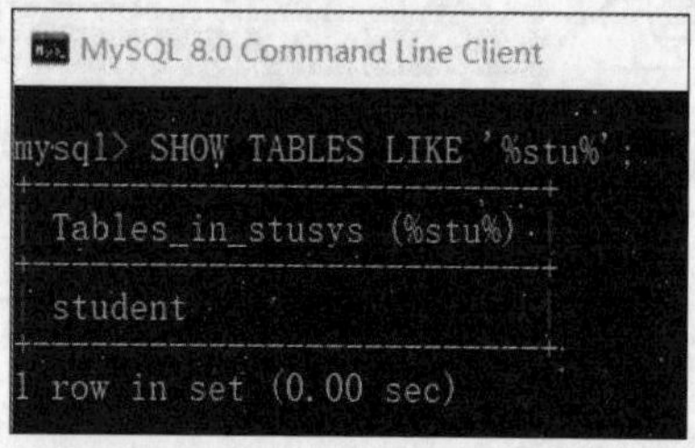

图 3.2.5　名称中含有 stu 的数据表

3. 查看名称中含有 stu 的数据表的详细信息

查看名称中含有 stu 的数据表的详细信息的语法格式如下：

```
show tables status [from 数据库名] [like 匹配模式];
```

查看 stusys 数据库中含有 stu 的数据表的详细信息，SQL 语句如下：

```
show table status from stusys like '%stu%' \G
```

从执行结果中可以看到，stusys 数据库中含有 stu 的数据表的详细信息，包括数据表的名称、存储引擎、创建时间等，如图 3.2.6 所示。

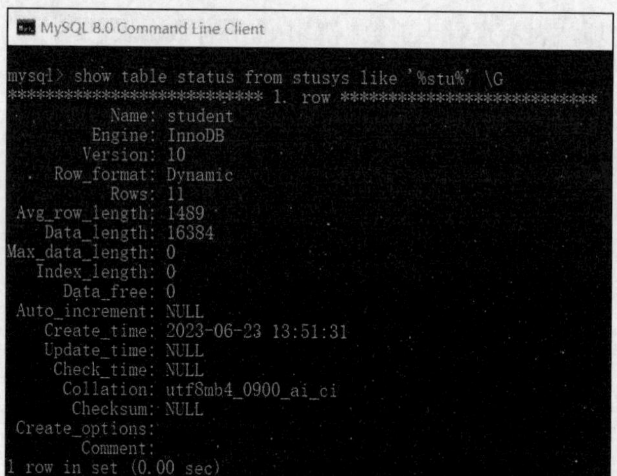

图 3.2.6　名称中含有 stu 的数据表的详细信息

说明：

（1）\G：MySQL 客户端可以使用的结束符中的一种，用于将显示的结果纵向排列，适合字段非常多的情况。

（2）Name：数据表的名称。

（3）Engine：数据表的存储引擎。

（4）Version：数据表的结构文件。

（5）Row_format：记录的存储格式，Dynamic 表示动态。

（6）Data_length：数据文件的长度，或者为集群索引分配的内存，均以字节为单位。

（7）Create_time：数据表的创建时间。

（8）Collation：数据表的校对集。

4. 查看数据表的详细结构

查看数据表的详细结构的语法格式如下：

```
show create tables 表名;
```

查看 student 数据表的详细结构，SQL 语句如下：

```
show create table student;
```

执行结果如图 3.2.7 所示。从 student 表的详细结构可知，该数据表默认的存储引擎为 InnoDB，采用的字符集为 utf8mb4，校对集为 utf8mb4_0900_ai_ci。

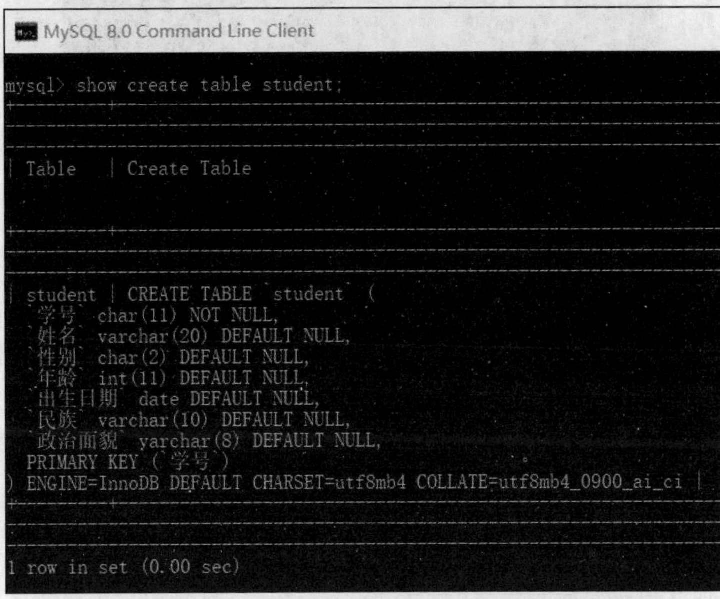

图 3.2.7　查看 student 数据表的详细结构

3.2.2　修改数据表

1. 修改数据表的名称

修改数据表的名称有以下两种语法格式：

（1）语法格式 1：

```
alter table 旧表名 rename [to|as] 新表名;
```

（2）语法格式 2：

```
rename table 旧表名 1 to 新表名 1[, 旧表名 2 to 新表名 2] …;
```

说明：

（1）alter table…rename 后的 to 或 as 可以省略。

（2）rename table…to 可以用来同时修改多个数据表的名称。

例 3.3 将 student 表的名称修改为 my_student。

SQL 语句如下：

```
rename table student to my_student;
```

执行结果如图 3.2.8 所示，可以看到 student 表的名称更改为 my_student。

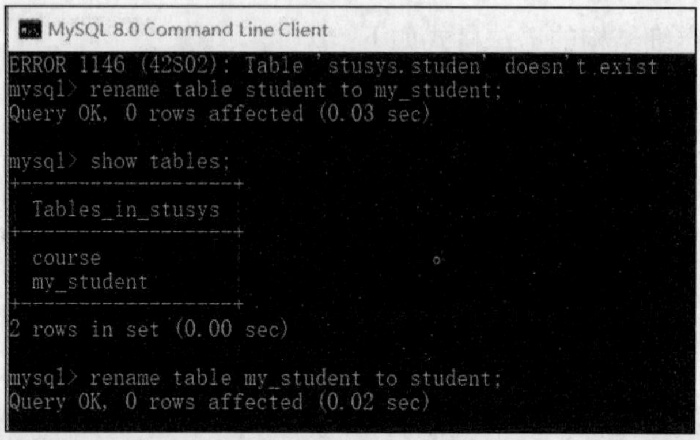

图 3.2.8 修改数据表的名称

3.2.3 查看表结构

使用 describe 命令可以查看表结构的相关信息，语法格式如下：

```
{ describe | desc }<表名>[字段名];
```

（1）语法格式 1：查看所有字段的信息。

```
{ describe | desc } 数据表名;
```

（2）语法格式 2：查看指定字段的信息。

```
{ describe | desc } 数据表名 字段名;
```

说明：

（1）describe 命令可以简写为 desc。

（2）desc 命令可以查看数据表的字段信息，也可以查看指定字段的信息。

例 3.4 查看 stusys 数据库中 student 表的表结构的详细信息。

SQL 语句如下：

```
desc student;
```

执行结果如图 3.2.9 所示，可以看到 student 表的表结构所有字段的详细信息。

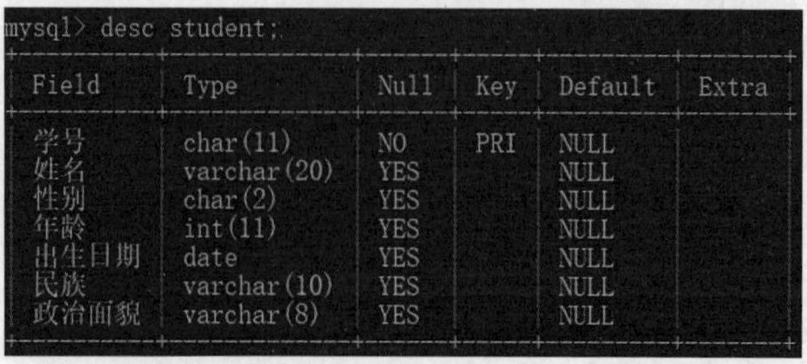

图 3.2.9 student 表的表结构的详细信息

例 3.5 查看 stusys 数据库中 student 表的表结构的“姓名”字段信息。

SQL 语句如下：

```
desc student '姓名';
```

执行结果如图 3.2.10 所示，可以看到 student 表的表结构指定字段的详细信息。

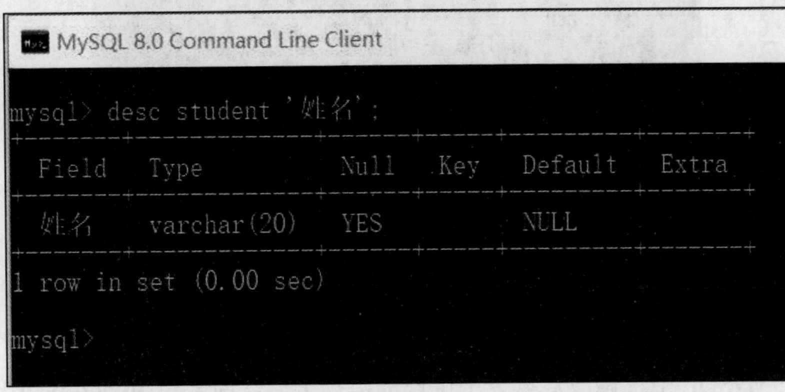

图 3.2.10 查看 student 表的表结构中“姓名”字段信息

说明：

（1）Field：表示字段名称。

（2）Type：表示字段的数据类型。

（3）Null：表示该字段是否可以为空值。

（4）Key：表示该字段是否已设置了索引。

（5）Default：表示该字段是否有默认值。

（6）Extra：表示获取到的与该字段相关的附加信息。

修改表结构

3.2.4 修改表结构

1. 修改字段名

修改数据表中的字段名的语法格式如下：

```
alter table 数据表名 change [column] 旧字段名 新字段名 数据类型 [字段属性];
```

说明：

（1）旧字段名：指字段修改前的名称。

（2）新字段名：指字段修改后的名称。

（3）数据类型：表示新字段名的数据类型，不能为空，即使与旧字段的数据类型相同，也必须重新设置。

例 3.6 将 student 数据表中名称为“姓名”的字段修改为 name。

SQL 语句如下：

```
alter table student change 姓名 name varchar(20);
```

执行结果如图 3.2.11 所示，可以看到 student 表中的“姓名”字段的名称更改为 name。

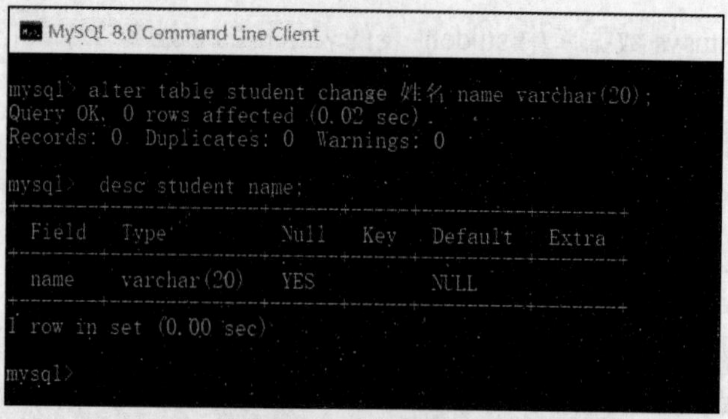

图 3.2.11　修改字段名

2. 修改数据类型

修改数据表的数据类型的语法格式如下：

```
alter table 数据表名 modify [column] 字段名 新类型 [字段属性];
```

说明：

（1）在 MySQL 中仅修改数据表中字段的数据类型，通常使用 modify 实现。

（2）column：代表列，可以省略。

（3）新类型：表示新定义的数据类型，不能为空，即使与旧字段的数据类型相同，也必须重新设置。

（4）长度：可以在修改数据类型的同时，修改长度值；也可以在数据类型不变的情况下，仅修改长度值。

例 3.7　将 student 表中 name 字段的数据类型 varchar (20)修改为 char(50)。

SQL 语句如下：

```
alter table student modify name char(50);
```

执行结果如图 3.2.12 所示，可以看到 student 表中 name 字段的数据类型更改为 char(50)。

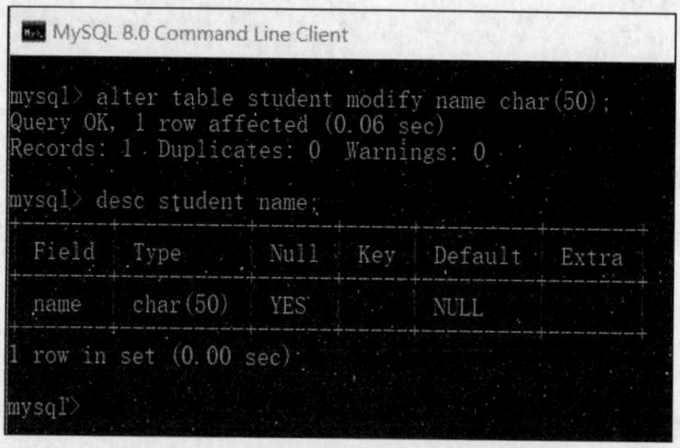

图 3.2.12　修改 name 字段的数据类型

3. 修改字段的位置

修改数据表中的字段的位置的语法格式如下：

```
alter table 数据表名 modify [column] 字段名 1 数据类型 [字段属性] [first | after 字段名 2];
```

说明：

（1）first：表示将字段名 1 调整为数据表的第 1 个字段。

（2）after 字段名 2：表示将字段名 1 插入字段名 2 的后面。

例 3.8 将 student 表中的“性别”字段移到“年龄”字段后。

SQL 语句如下：

```
alter table student modify 性别 char(2) after 年龄;
```

执行结果如图 3.2.13 所示，可以看到 student 表中的“性别”字段的位置已经改变。

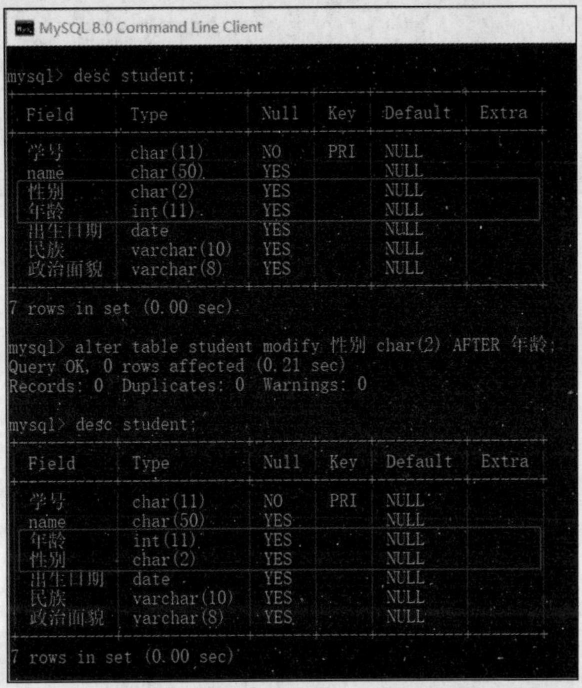

图 3.2.13 修改字段的位置

4. 新增字段

在数据表中新增字段有以下两种语法格式：

（1）语法格式 1：新增一个字段，并可指定其位置。

```
alter table 数据表名 add [column] 新字段名 字段类型 [first | after 字段名];
```

（2）语法格式 2：同时新增多个字段。

```
alter table 数据表名 add [column] (新字段名 1 字段类型 1, 新字段名 2 字段类型 2,…);
```

说明：

（1）在不指定位置的情况下，新增的字段默认添加到表的最后。

（2）新增多个字段时不能指定字段的位置。

（3）column：代表列，可以省略。

例 3.9 在 student 表中新增一个“家庭地址”字段。

SQL 语句如下：

```
alter table student add 家庭地址 varchar(50);
```

执行结果如图 3.2.14 所示，可以看到 student 表中新增了一个“家庭地址”字段。

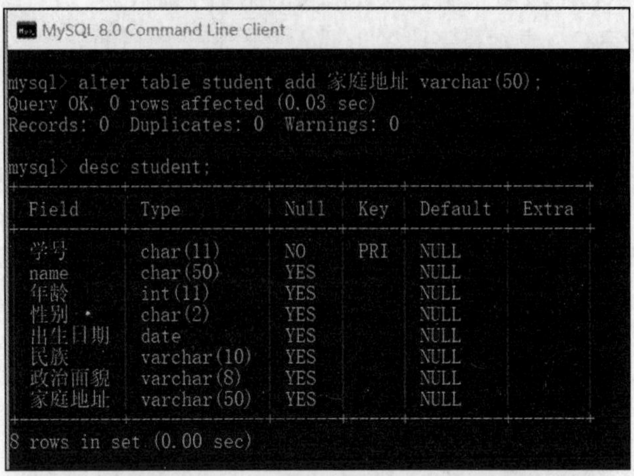

```
mysql> alter table student add 家庭地址 varchar(50);
Query OK, 0 rows affected (0.03 sec)
Records: 0  Duplicates: 0  Warnings: 0

mysql> desc student;
+----------+-------------+------+-----+---------+-------+
| Field    | Type        | Null | Key | Default | Extra |
+----------+-------------+------+-----+---------+-------+
| 学号     | char(11)    | NO   | PRI | NULL    |       |
| name     | char(50)    | YES  |     | NULL    |       |
| 年龄     | int(11)     | YES  |     | NULL    |       |
| 性别     | char(2)     | YES  |     | NULL    |       |
| 出生日期 | date        | YES  |     | NULL    |       |
| 民族     | varchar(10) | YES  |     | NULL    |       |
| 政治面貌 | varchar(8)  | YES  |     | NULL    |       |
| 家庭地址 | varchar(50) | YES  |     | NULL    |       |
+----------+-------------+------+-----+---------+-------+
8 rows in set (0.00 sec)
```

图 3.2.14　新增“家庭地址”字段

5. 删除字段

删除字段指的是将某个字段从数据表中删除，语法格式如下：

```
alter table 数据表名 drop [column] 字段名;
```

例 3.10　删除 student 表中的“家庭地址”字段。

SQL 语句如下：

```
alter table student drop 家庭地址;
```

执行结果如图 3.2.15 所示，可以看到 student 表中的“家庭地址”字段被删除。

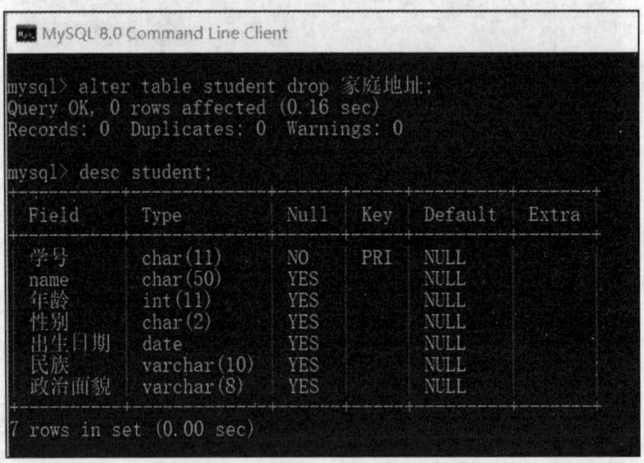

```
mysql> alter table student drop 家庭地址;
Query OK, 0 rows affected (0.16 sec)
Records: 0  Duplicates: 0  Warnings: 0

mysql> desc student;
+----------+-------------+------+-----+---------+-------+
| Field    | Type        | Null | Key | Default | Extra |
+----------+-------------+------+-----+---------+-------+
| 学号     | char(11)    | NO   | PRI | NULL    |       |
| name     | char(50)    | YES  |     | NULL    |       |
| 年龄     | int(11)     | YES  |     | NULL    |       |
| 性别     | char(2)     | YES  |     | NULL    |       |
| 出生日期 | date        | YES  |     | NULL    |       |
| 民族     | varchar(10) | YES  |     | NULL    |       |
| 政治面貌 | varchar(8)  | YES  |     | NULL    |       |
+----------+-------------+------+-----+---------+-------+
7 rows in set (0.00 sec)
```

图 3.2.15　删除“家庭地址”字段

3.2.5　复制数据表

1. 复制原表的表结构

复制原表的表结构的基本语法格式如下：

```
create table 新表名 like 原表名;
```

例 3.11 将 student 表的表结构完整地复制到新表 student2 中。

SQL 语句如下：

```
create table student2 like student;
```

执行结果如图 3.2.16 所示。

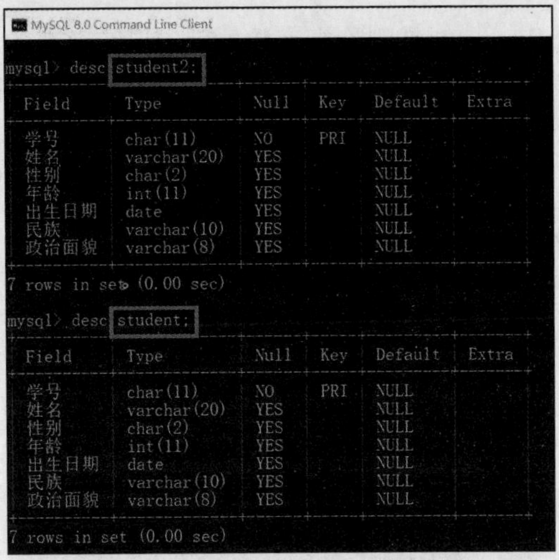

```
mysql> desc student2;
+----------+-------------+------+-----+---------+-------+
| Field    | Type        | Null | Key | Default | Extra |
+----------+-------------+------+-----+---------+-------+
| 学号     | char(11)    | NO   | PRI | NULL    |       |
| 姓名     | varchar(20) | YES  |     | NULL    |       |
| 性别     | char(2)     | YES  |     | NULL    |       |
| 年龄     | int(11)     | YES  |     | NULL    |       |
| 出生日期 | date        | YES  |     | NULL    |       |
| 民族     | varchar(10) | YES  |     | NULL    |       |
| 政治面貌 | varchar(8)  | YES  |     | NULL    |       |
+----------+-------------+------+-----+---------+-------+
7 rows in set (0.00 sec)

mysql> desc student;
+----------+-------------+------+-----+---------+-------+
| Field    | Type        | Null | Key | Default | Extra |
+----------+-------------+------+-----+---------+-------+
| 学号     | char(11)    | NO   | PRI | NULL    |       |
| 姓名     | varchar(20) | YES  |     | NULL    |       |
| 性别     | char(2)     | YES  |     | NULL    |       |
| 年龄     | int(11)     | YES  |     | NULL    |       |
| 出生日期 | date        | YES  |     | NULL    |       |
| 民族     | varchar(10) | YES  |     | NULL    |       |
| 政治面貌 | varchar(8)  | YES  |     | NULL    |       |
+----------+-------------+------+-----+---------+-------+
7 rows in set (0.00 sec)
```

图 3.2.16　复制 student 表的表结构

2. 复制原表的表结构和所有数据

复制原表的表结构和所有数据的语法格式如下：

```
create table 新表名 select * from 原表名;
```

例 3.12 将 student 表的表结构和所有数据复制到新表 student1 中。

SQL 语句如下：

```
create table student1 select * from student;
```

执行结果如图 3.2.17 所示。

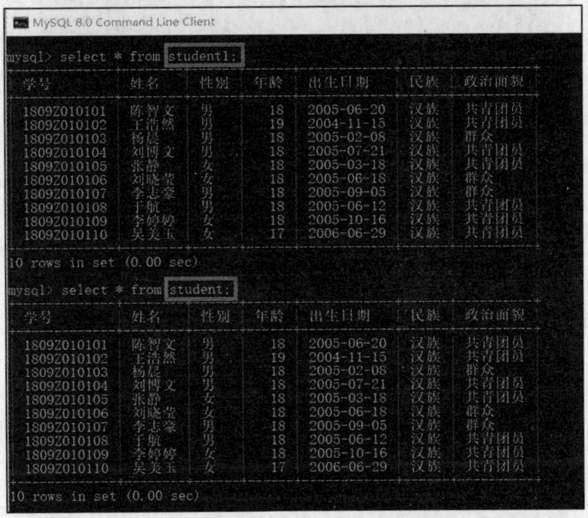

```
mysql> select * from student1;
+-------------+--------+------+------+------------+------+----------+
| 学号        | 姓名   | 性别 | 年龄 | 出生日期   | 民族 | 政治面貌 |
+-------------+--------+------+------+------------+------+----------+
| 1809Z010101 | 陈智文 | 男   |   18 | 2005-06-20 | 汉族 | 共青团员 |
| 1809Z010102 | 王浩然 | 男   |   19 | 2004-11-15 | 汉族 | 共青团员 |
| 1809Z010103 | 杨晨   | 男   |   18 | 2005-02-08 | 汉族 | 群众     |
| 1809Z010104 | 刘博文 | 男   |   18 | 2005-07-21 | 汉族 | 共青团员 |
| 1809Z010105 | 张静   | 女   |   18 | 2005-03-18 | 汉族 | 共青团员 |
| 1809Z010106 | 刘晓莹 | 女   |   18 | 2005-06-18 | 汉族 | 群众     |
| 1809Z010107 | 李志豪 | 男   |   18 | 2005-09-05 | 汉族 | 群众     |
| 1809Z010108 | 于航   | 男   |   18 | 2005-06-12 | 汉族 | 共青团员 |
| 1809Z010109 | 李婷婷 | 女   |   18 | 2005-10-16 | 汉族 | 共青团员 |
| 1809Z010110 | 吴美玉 | 女   |   17 | 2006-06-29 | 汉族 | 共青团员 |
+-------------+--------+------+------+------------+------+----------+
10 rows in set (0.00 sec)

mysql> select * from student;
+-------------+--------+------+------+------------+------+----------+
| 学号        | 姓名   | 性别 | 年龄 | 出生日期   | 民族 | 政治面貌 |
+-------------+--------+------+------+------------+------+----------+
| 1809Z010101 | 陈智文 | 男   |   18 | 2005-06-20 | 汉族 | 共青团员 |
| 1809Z010102 | 王浩然 | 男   |   19 | 2004-11-15 | 汉族 | 共青团员 |
| 1809Z010103 | 杨晨   | 男   |   18 | 2005-02-08 | 汉族 | 群众     |
| 1809Z010104 | 刘博文 | 男   |   18 | 2005-07-21 | 汉族 | 共青团员 |
| 1809Z010105 | 张静   | 女   |   18 | 2005-03-18 | 汉族 | 共青团员 |
| 1809Z010106 | 刘晓莹 | 女   |   18 | 2005-06-18 | 汉族 | 群众     |
| 1809Z010107 | 李志豪 | 男   |   18 | 2005-09-05 | 汉族 | 群众     |
| 1809Z010108 | 于航   | 男   |   18 | 2005-06-12 | 汉族 | 共青团员 |
| 1809Z010109 | 李婷婷 | 女   |   18 | 2005-10-16 | 汉族 | 共青团员 |
| 1809Z010110 | 吴美玉 | 女   |   17 | 2006-06-29 | 汉族 | 共青团员 |
+-------------+--------+------+------+------------+------+----------+
10 rows in set (0.00 sec)
```

图 3.2.17　复制 student 表的表结构和所有数据

3.2.6 删除数据表

删除数据表的语法格式如下：

```
drop [temporary] table [if exists] 数据表 1 [, 数据表 2] …;
```

说明：

（1）删除数据表操作，指的是删除指定数据库中已经存在的表。

（2）在删除数据表的同时，存储在数据表中的数据都将被删除。

（3）同时删除多个数据表时，多个数据表之间使用逗号分隔。

（4）可选项 if exists 用于在删除一个不存在的数据表时，防止产生错误。

例 3.13 删除 stusys 数据库中的 score 成绩数据表。

SQL 语句如下：

```
drop table score;
```

执行结果如图 3.2.18 所示，可以看到 score 数据表被删除。

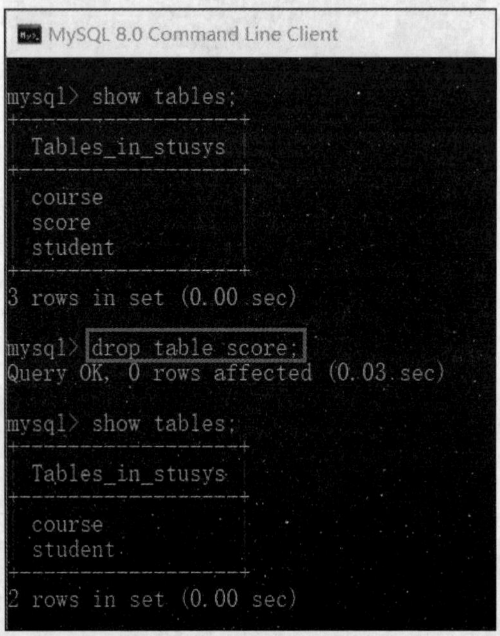

图 3.2.18 删除 score 数据表

任务实施单

<table>
<tr><td>姓名</td><td></td><td>学号</td><td></td><td>组别</td><td colspan="2">第　组</td></tr>
<tr><td>班级</td><td></td><td>专业</td><td></td><td>日期</td><td colspan="2">年　月　日</td></tr>
<tr><td>任务名称</td><td colspan="4">任务 3.2　管理数据表</td><td>学时</td><td></td></tr>
<tr><td>学生自我分析</td><td colspan="6">（1）知识基础：
（2）学习习惯：
（3）学习方法：
（4）学习能力：</td></tr>
<tr><td>学习资料</td><td colspan="6">（1）教学课件
（2）微课
（3）网络资源</td></tr>
<tr><td>序号</td><td>实施步骤</td><td colspan="5">实施内容</td></tr>
<tr><td>1</td><td>计划</td><td colspan="5"></td></tr>
<tr><td>2</td><td>准备工作</td><td colspan="5"></td></tr>
<tr><td>3</td><td>查看数据表及其表结构</td><td colspan="5"></td></tr>
<tr><td>4</td><td>修改数据表的表名及表结构</td><td colspan="5"></td></tr>
<tr><td colspan="7">遇到的问题及其解决办法：</td></tr>
</table>

任务验收单

<table>
<tr><td>姓名</td><td></td><td>学号</td><td></td><td>组别</td><td>第　　组</td></tr>
<tr><td>班级</td><td></td><td>专业</td><td></td><td>日期</td><td>年　　月　　日</td></tr>
<tr><td>任务名称</td><td colspan="5">任务 3.2　管理数据表</td></tr>
<tr><td>序号</td><td>验收内容</td><td colspan="4">完成情况</td></tr>
<tr><td>1</td><td>修改数据表的表名</td><td colspan="4"></td></tr>
<tr><td>2</td><td>查看及修改表结构</td><td colspan="4"></td></tr>
<tr><td colspan="6">评量标准</td></tr>
<tr><td>验收项目</td><td>A 级</td><td>B 级</td><td colspan="2">C 级</td><td>自评</td></tr>
<tr><td>听课情况</td><td>上课非常认真听讲，作业认真，参与讨论的态度认真</td><td>认真听课，没有出现走神、讲闲话等现象</td><td colspan="2">听课不认真，走神、讲闲话现象比较严重</td><td></td></tr>
<tr><td>知识掌握情况</td><td>能够熟练创建表结构，能熟练查看和修改表结构，课堂表现出色</td><td>能熟练查看和修改表结构，部分细节操作需在老师和同学的帮助下回忆起来，课堂表现一般</td><td colspan="2">不能熟练查看和修改表结构，课堂表现较差</td><td></td></tr>
<tr><td>课堂任务完成质量</td><td>能够完全正确地按照老师的要求完成作业</td><td>能够按照老师的要求并在同学的帮助下正确地完成作业</td><td colspan="2">不能完成老师布置的作业</td><td></td></tr>
<tr><td>完成本次任务的收获及不足</td><td colspan="5"></td></tr>
</table>

评价反馈单

<table>
<tr><td>姓名</td><td></td><td>学号</td><td></td><td>组别</td><td>第 组</td></tr>
<tr><td>班级</td><td></td><td>专业</td><td></td><td>日期</td><td>年 月 日</td></tr>
<tr><td>任务名称</td><td colspan="5">任务 3.2 管理数据表</td></tr>
<tr><td>评价类别</td><td>项目</td><td colspan="2">子项目</td><td>个人评价</td><td>教师评价</td></tr>
<tr><td rowspan="11">专业能力（60%）</td><td rowspan="2">资讯（10%）</td><td colspan="2">获取信息（5%）</td><td></td><td></td></tr>
<tr><td colspan="2">引导问题回答（5%）</td><td></td><td></td></tr>
<tr><td rowspan="2">计划（5%）</td><td colspan="2">计划可执行度（3%）</td><td></td><td></td></tr>
<tr><td colspan="2">用具材料准备（2%）</td><td></td><td></td></tr>
<tr><td rowspan="3">实施（20%）</td><td colspan="2">知识掌握的正确性（5%）</td><td></td><td></td></tr>
<tr><td colspan="2">知识运用的灵活性（10%）</td><td></td><td></td></tr>
<tr><td colspan="2">操作方法的创新性（5%）</td><td></td><td></td></tr>
<tr><td rowspan="3">过程（15%）</td><td colspan="2">规范性（5%）</td><td></td><td></td></tr>
<tr><td colspan="2">问题处理（5%）</td><td></td><td></td></tr>
<tr><td colspan="2">设备的管理（5%）</td><td></td><td></td></tr>
<tr><td>结果（10%）</td><td colspan="2">任务完成质量（10%）</td><td></td><td></td></tr>
<tr><td rowspan="4">社会能力（20%）</td><td rowspan="2">团队合作（10%）</td><td colspan="2">小组成员合作良好（5%）</td><td></td><td></td></tr>
<tr><td colspan="2">对小组的贡献（5%）</td><td></td><td></td></tr>
<tr><td rowspan="2">敬业精神（10%）</td><td colspan="2">学习纪律性（5%）</td><td></td><td></td></tr>
<tr><td colspan="2">爱岗敬业和吃苦耐劳精神（5%）</td><td></td><td></td></tr>
<tr><td rowspan="2">方法能力（20%）</td><td>计划能力（10%）</td><td colspan="2">制订计划合理（10%）</td><td></td><td></td></tr>
<tr><td>决策能力（10%）</td><td colspan="2">计划选择正确（10%）</td><td></td><td></td></tr>
<tr><td colspan="6">对本次任务的建议和意见：</td></tr>
<tr><td rowspan="2">评价评语</td><td>教师签字</td><td></td><td>组长签字</td><td></td><td>总评</td></tr>
<tr><td colspan="5"></td></tr>
</table>

任务 3.3　创建数据表的约束

任务目标

1．了解数据完整性的概念。
2．了解约束的分类。
3．掌握添加各种约束的方法。

创建数据表的约束

课程指导

1．任务要求：

（1）结合表 3.1.2，在 course 表中指定“课程代码”字段为主键约束，删除主键约束。

（2）在 course 表中，指定“课时”字段不能为空值。

（3）在 course 表中，为“课程名称”字段添加唯一约束。

（4）修改 course 表，指定“开课学期”字段的默认值约束为“1”。

2．学生分组研讨：

（1）如何添加主键约束。

（2）如何添加非空约束。

（3）如何添加唯一约束。

（4）如何添加外键约束。

3．教师启发指导：为 course 表中的字段添加主键约束、非空约束、唯一约束和默认约束，结果如图 3.3.1 所示。

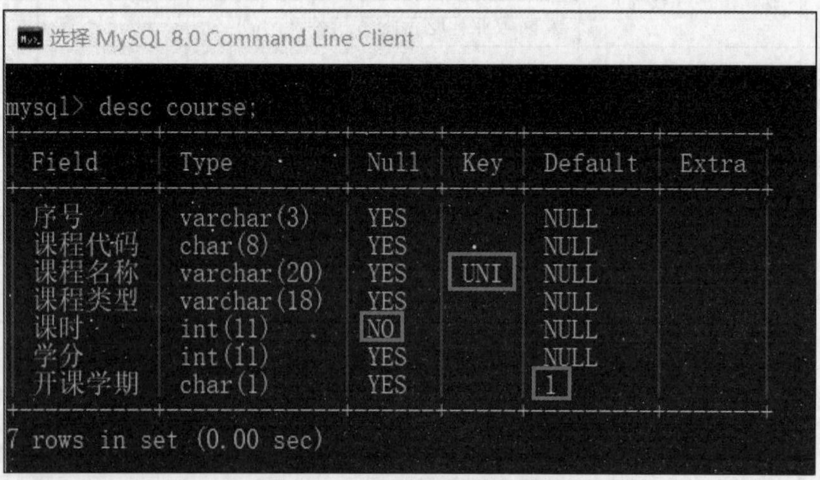

图 3.3.1　为 course 表添加约束

思维导图

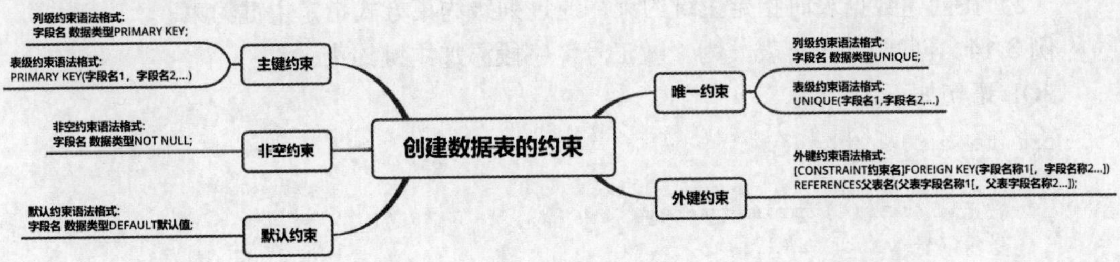

知 识 储 备

数据完整性是指数据的准确性和一致性，防止数据表中插入错误数据，或者存在不符合语义规定的数据。一般在创建数据表的时候，可以为表中的字段添加各种约束，例如某个字段不能为空值；某个字段的值（如年龄）不能小于零等。约束也可以在创建数据表之后通过 alter 命令进行创建，从而保证添加到表中的数据是正确的，保证数据的正确性、完整性、有效性。违反约束的数据不能添加到数据表中，如果数据表已经存在，并且表中已有数据，那么在添加约束的时候，如果表中的数据违反了将要添加的约束，约束会添加失败。

常见约束分为 5 种，分别是主键约束、非空约束、唯一约束、默认约束和外键约束，如表 3.3.1 所示。

表 3.3.1　约束的种类

约束名	约束关键字	说明
主键约束	primary key	该字段的值具有唯一性，并且非空
非空约束	not null	该字段值不能为空
唯一约束	unique	该字段的值具有唯一性，可以为空，不能重复
默认约束	default	没有输入值，使用默认值
外键约束	foreign key ... references	用于限制两个数据表的关系，保证该字段的值必须来自主表的关联列的值，然后为表中的字段添加外键约束，用于引用主表中某列的值

3.3.1　主键约束

主键约束通过 primary key 定义，用来唯一标识数据表中的每一行记录。主键约束相当于唯一约束和非空约束的组合，该字段的值具有唯一性，不允许重复，不能为空。主键可以不止一个字段，如果有多个字段组成的主键，则该主键为联合主键。每个数据表只能有一个主键。

（1）主键约束的创建分为列级约束和表级约束。

列级约束的语法格式如下：

```
字段名 数据类型 primary key;
```

表级约束的语法格式如下：

```
primary key (字段名1, 字段名2, …)
```

（2）在创建数据表时指定主键约束，通过列级约束方式指定主键约束。

例 3.14 创建 teacher 表，为“教工号”字段添加主键约束。

SQL 语句如下：

```
create table teacher
(
    教工号 char(4) primary key,
    身份证号 varchar(20),
    姓名 varchar(10),
    职称 varchar(10),
    学历 varchar(10),
    政治面貌 varchar(10),
    出生日期 varchar(10),
    毕业院校 varchar(10),
    工资 decimal(7,2)
);
```

（3）在创建数据表时指定主键约束，通过表级约束方式指定主键约束。

例 3.15 创建 teacher 表，在定义完所有的字段后，指定“教工号”字段为主键约束。

SQL 语句如下：

```
create table teacher
(
    教工号 char(4),
    身份证号 varchar(20),
    姓名 varchar(10),
    职称 varchar(10),
    学历 varchar(10),
    政治面貌 varchar(10),
    出生日期 varchar(10),
    毕业院校 varchar(10),
    工资 decimal(7,2)
    primary key(教工号)
);
```

（4）在修改数据表时指定主键约束，语法格式如下：

```
alter table 表名 add primary key (字段名称1 [,字段名称2, …]);
```

例 3.16 创建 teacher 表，忽略所有约束条件，在修改数据表 teacher 时指定主键约束为“教工号”。

SQL 语句如下：

```
create table teacher
(
    教工号 char(4),
    身份证号 varchar(20),
    姓名 varchar(10),
    职称 varchar(10),
```

```
    学历 varchar(10),
    政治面貌 varchar(10),
    出生日期 varchar(10),
    毕业院校 varchar(10),
    工资 decimal(7,2)
    );
alter table teacher add primary key(教工号);
```

（5）删除主键约束，语法格式如下：

```
alter table 表名 drop primary key;
```

例 3.17 删除 teacher 表中的主键约束。

SQL 语句如下：

```
alter table teacher drop primary key;
```

3.3.2 非空约束

非空约束即 not null 约束，指的是字段的值不能为 null 值。null 值不同于零（0）或长度为零的字符串（''），如果插入数据时不输入该属性的值，则表示为 null 值，通常表示未知或未定义。

1. 创建数据表时指定非空约束

创建数据表时指定非空约束的语法格式如下：

```
字段名 数据类型 not null;
```

例 3.18 创建 teacher 表，指定"教工号"字段为主键约束，并指定 "姓名"字段不能为空值。

SQL 语句如下：

```
create table teacher
(
    教工号 char(4) primary key,
    身份证号 varchar(20),
    姓名 varchar(10) not null,
    职称 varchar(10),
    学历 varchar(10),
    政治面貌 varchar(10),
    出生日期 varchar(10),
    毕业院校 varchar(10),
    工资 decimal(7,2)
);
```

2. 修改数据表时指定非空约束

修改数据表时指定非空约束的语法格式如下：

```
alter table 表名 modify [column] 字段名 数据类型 not null;
```

例 3.19 修改 teacher 表，并指定 "职称"字段不能为空值。

SQL 语句如下：

```
alter table teacher modify 职称 varchar(10) not null;
```

3.3.3 唯一约束

唯一约束即 unique 约束，用于保证数据表中的字段的值在任何时候都是唯一的，不允许重复出现。因为一个表里只能有一个主键约束，若要求数据表中的其他字段也不能重复，则可以采用唯一约束。唯一约束可以有多个，且允许为空值，但只能出现一个空值。与主键约束一样，可以在创建数据表时指定唯一约束，也可以在修改数据表时指定唯一约束。

（1）唯一约束的创建分为列级约束和表级约束。

列级约束的语法格式如下：

```
字段名 数据类型 unique;
```

表级约束的语法格式如下：

```
unique(字段名1, 字段名2, …);
```

（2）在创建数据表时指定唯一约束，通过列级约束方式指定唯一约束。

例 3.20 创建 teacher 表，为“职称”字段添加唯一约束。

SQL 语句如下：

```
create table teacher
(
    教工号 char(4) primary key,
    身份证号 varchar(20) unique,
    姓名 varchar(10) not null,
    职称 varchar(10) not null,
    学历 varchar(10),
    政治面貌 varchar(10),
    出生日期 varchar(10),
    毕业院校 varchar(10),
    工资 decimal(7,2)
);
```

（3）在创建数据表时指定唯一约束，通过表级约束方式指定唯一约束。

例 3.21 创建 teacher 表，在定义完所有的字段后，指定“教工号”字段为主键约束。

SQL 语句如下：

```
create table teacher
(
    教工号 char(4) primary key,
    身份证号 varchar(20),
    姓名 varchar(10) not null,
    职称 varchar(10) not null,
    学历 varchar(10),
    政治面貌 varchar(10),
    出生日期 varchar(10),
    毕业院校 varchar(10),
    工资 decimal(7,2),
    unique (身份证号)
);
```

（4）在修改数据表时指定唯一约束，语法格式如下：

```
alter table 表名 add unique (字段名称1 [,字段名称2,…]);
```

例 3.22 修改数据表 teacher 时，指定“身份证号”字段为唯一约束。

SQL 语句如下：

```
alter table teacher add unique(身份证号);
```

（5）删除唯一约束，语法格式如下：

```
alter table 表名 drop index 唯一约束名;
```

例 3.23 删除 teacher 表中的唯一约束“身份证号”。

SQL 语句如下：

```
alter table teacher drop index 身份证号;
```

3.3.4 默认约束

默认约束通过 default 定义，它是为数据表中的字段指定默认值。当在表中添加一条新记录时，如果没有给该字段赋值，系统会自动为这个字段指定默认值，可以通过 default 设置默认值约束。默认值在不允许接受 null 值的属性中更能显示其重要性。

1. 创建数据表时指定默认值约束

创建数据表时指定默认值约束的语法格式如下：

```
字段名 数据类型 default 默认值;
```

例 3.24 创建 teacher 表，指定“学历”字段的默认值约束为“本科”。

SQL 语句如下：

```
create table teacher
(
    教工号 char(4) primary key,
    身份证号 varchar(20) unique,
    姓名 varchar(10) not null,
    职称 varchar(10) not null,
    学历 varchar(10) default '本科',
    政治面貌 varchar(10),
    出生日期 varchar(10),
    毕业院校 varchar(10),
    工资 decimal(7,2),
);
```

2. 修改数据表时指定默认值约束

修改数据表时指定默认值约束的语法格式如下：

```
alter table 表名 modify [column] 字段名 数据类型 default 默认值;
```

例 3.25 修改 teacher 表，指定“政治面貌”字段的默认值约束为“中共党员”。

SQL 语句如下：

```
alter table teacher modify 政治面貌 varchar(10) default '中共党员';
```

3.3.5　外键约束

外键约束即 foreign key 约束，它定义了表之间的关系，用于让两个相关联的数据表之间保持数据的一致性和完整性，外键为表中一列或多列的组合。例如，专业与学生之间是一对多的关系，即一个专业对应多名学生，一名学生属于一个专业。专业是主表，学生是从表。外键出现在从表中，可通过定义 foreign key 约束来建立外键。

创建外键约束的语法格式如下：

```
[constraint 约束名] foreign key (字段名称 1 [,字段名称 2,…])
references 父表名(父表字段名称 1 [,父表字段名称 2,…]);
```

例 3.26　在 score 成绩数据表中，创建一个与 student 表关联的 foreign key 约束。

SQL 语句如下：

```
create table score
(
    学号 char(11) primary key,
    课程代码 varchar(20),
    课程名称 varchar(30),
    成绩 int,
    foreign key(学号) references student(学号)
);
```

任务实施单

<table>
<tr><td>姓名</td><td></td><td>学号</td><td></td><td>组别</td><td colspan="2">第　　组</td></tr>
<tr><td>班级</td><td></td><td>专业</td><td></td><td>日期</td><td colspan="2">年　　月　　日</td></tr>
<tr><td>任务名称</td><td colspan="4">任务 3.3　创建数据表的约束</td><td>学时</td><td></td></tr>
<tr><td>学生自我分析</td><td colspan="6">（1）知识基础：
（2）学习习惯：
（3）学习方法：
（4）学习能力：</td></tr>
<tr><td>学习资料</td><td colspan="6">（1）教学课件
（2）微课
（3）网络资源</td></tr>
<tr><td>序号</td><td>实施步骤</td><td colspan="5">实施内容</td></tr>
<tr><td>1</td><td>计划</td><td colspan="5"></td></tr>
<tr><td>2</td><td>准备工作</td><td colspan="5"></td></tr>
<tr><td>3</td><td>添加数据表的约束</td><td colspan="5"></td></tr>
<tr><td>4</td><td>删除数据表的约束</td><td colspan="5"></td></tr>
<tr><td colspan="7">遇到的问题及其解决办法：</td></tr>
</table>

任务验收单

姓名		学号		组别	第　组
班级		专业		日期	年　月　日
任务名称	任务 3.3　创建数据表的约束				

序号	验收内容	完成情况
1	约束的类型	
2	添加及删除数据表的约束	

评量标准

验收项目	A 级	B 级	C 级	自评
听课情况	上课非常认真听讲，作业认真，参与讨论态度认真	认真听课，没有出现走神、讲闲话等现象	听课不认真，走神、讲闲话现象比较严重	
知识掌握情况	熟知约束的类型及作用，能熟练添加、修改、删除约束，课堂表现出色	了解约束的类型及作用，部分细节操作需在老师和同学的帮助下完成，课堂表现一般	不了解约束的类型及作用，不能独立完成约束的添加、修改和删除，课堂表现较差	
课堂任务完成质量	代码书写规范、严谨、整齐，并且能够自主设计更多的内容	代码书写较为规范、严谨、整齐美观	不能正确、完整地完成老师布置的作业	
完成本次任务的收获及不足				

评价反馈单

<table>
<tr><td>姓名</td><td></td><td>学号</td><td></td><td>组别</td><td colspan="2">第　组</td></tr>
<tr><td>班级</td><td></td><td>专业</td><td></td><td>日期</td><td colspan="2">年　月　日</td></tr>
<tr><td>任务名称</td><td colspan="6">任务 3.3　创建数据表的约束</td></tr>
<tr><td>评价类别</td><td colspan="2">项目</td><td colspan="2">子项目</td><td>个人评价</td><td>教师评价</td></tr>
<tr><td rowspan="11">专业能力（60%）</td><td colspan="2" rowspan="2">资讯（10%）</td><td colspan="2">获取信息（5%）</td><td></td><td></td></tr>
<tr><td colspan="2">引导问题回答（5%）</td><td></td><td></td></tr>
<tr><td colspan="2" rowspan="2">计划（5%）</td><td colspan="2">计划可执行度（3%）</td><td></td><td></td></tr>
<tr><td colspan="2">用具材料准备（2%）</td><td></td><td></td></tr>
<tr><td colspan="2" rowspan="3">实施（20%）</td><td colspan="2">知识掌握的正确性（5%）</td><td></td><td></td></tr>
<tr><td colspan="2">知识运用的灵活性（10%）</td><td></td><td></td></tr>
<tr><td colspan="2">操作方法的创新性（5%）</td><td></td><td></td></tr>
<tr><td colspan="2" rowspan="3">过程（15%）</td><td colspan="2">规范性（5%）</td><td></td><td></td></tr>
<tr><td colspan="2">问题处理（5%）</td><td></td><td></td></tr>
<tr><td colspan="2">设备的管理（5%）</td><td></td><td></td></tr>
<tr><td colspan="2">结果（10%）</td><td colspan="2">任务完成质量（10%）</td><td></td><td></td></tr>
<tr><td rowspan="4">社会能力（20%）</td><td colspan="2" rowspan="2">团队合作（10%）</td><td colspan="2">小组成员合作良好（5%）</td><td></td><td></td></tr>
<tr><td colspan="2">对小组的贡献（5%）</td><td></td><td></td></tr>
<tr><td colspan="2" rowspan="2">敬业精神（10%）</td><td colspan="2">学习纪律性（5%）</td><td></td><td></td></tr>
<tr><td colspan="2">爱岗敬业和吃苦耐劳精神（5%）</td><td></td><td></td></tr>
<tr><td rowspan="2">方法能力（20%）</td><td colspan="2">计划能力（10%）</td><td colspan="2">制订计划合理（10%）</td><td></td><td></td></tr>
<tr><td colspan="2">决策能力（10%）</td><td colspan="2">计划选择正确（10%）</td><td></td><td></td></tr>
<tr><td colspan="7">对本次任务的建议和意见：</td></tr>
<tr><td rowspan="2">评价评语</td><td>教师签字</td><td></td><td>组长签字</td><td></td><td>总评</td><td></td></tr>
<tr><td colspan="6"></td></tr>
</table>

课后习题

一、选择题

1. 下列选项中，适合存储文章内容或评论的数据类型是（　　）。
   A. CHAR　　B. VARCHAR
   C. TEXT　　D. VARBINARY
2. 下面关于 DECIMAL(6,2)的说法，正确的是（　　）。
   A. 它不可以存储小数
   B. 6 表示数据的长度，2 表示小数点后的位数
   C. 6 表示最多的整数位数，2 表示小数点后的位数
   D. 最多允许存储 8 位数字
3. MySQL 中，以下（　　）是错误的数据类型。
   A. CHAR　　B. DECIMAL　　C. VARCHAR　　D. VARCHAR2
4. 新建表的语句是（　　）。
   A. CREATE SCHEMA　　B. CREATE TABLE
   C. CREATE VIEW　　D. CREATE
5. MySQL 中查看表结构的命令是（　　）。
   A. desc　　B. sp_help　　C. select　　D. update
6. NULL 的含义是（　　）。
   A. 0　　B. ' '　　C. 不确定　　D. 以上都不正确
7. MySQL 中使用数据库的命令是（　　）。
   A. use　　B. apply　　C. open　　D. start
8. 修改表结构，给字段重命名的关键字是（　　）。
   A. add　　B. modify　　C. rename　　D. change
9. 下列选项中，不属于表中数据维护的操作的是（　　）。
   A. 设计表结构　　B. 插入数据
   C. 修改数据　　D. 删除数据
10. 下列关于主键的说法，正确的是（　　）。
    A. 主键允许为 NULL 值
    B. 主键允许有重复值
    C. 主键必须来自另一个表中的值
    D. 主键具有非空性、唯一性

二、操作题

1. 创建 customers 表。customers 表的表结构如题表 1 所示。

题表 1　customers 表的表结构

字段名	数据类型	字段含义
cid	varchar (10)	顾客编号
name	varchar (10)	姓名
phone	varchar (12)	电话号码
car_id	varchar (10)	汽车编号

2. 创建 cars 表。cars 表的表结构如题表 2 所示。

题表 2　cars 表的表结构

字段名	数据类型	字段含义
car_id	varchar (10)	汽车编号
producer	varchar (12)	制造商
model	varchar (10)	品牌型号
price	int	价格
produce_date	date	出厂日期

3. 查看 customers 表、cars 表的表结构。

4. 修改表结构。

（1）为 customers 表增加一个 e-mail 字段，类型为字符型，宽度为 20。

（2）为 cars 表增加“品牌简介”字段。

（3）将 cars 表中 producer 字段的宽度调整为 20。

（4）将 customers 表中 cid 字段的类型更改为 char。

（5）将 produce_date 字段重命名为 date。

（6）删除 cars 表中的“品牌简介”字段。

项目4 数据操作

教学目标

1. 知识目标：

（1）掌握DML的语法结构。

（2）掌握insert、update和delete命令。

（3）掌握数据的添加、查询、修改和删除操作。

2. 能力目标：

（1）熟练使用DML进行数据的添加、修改和删除操作。

（2）了解数据完整性约束对数据操作结果的影响。

3. 素养目标：

（1）增强实际动手能力。

（2）养成遵守职业规范的习惯。

4. 思政目标：

培养学生遵守规则，养成良好的职业习惯和勇于探索的精神。

教学重点

1. 添加数据。
2. 修改数据。

教学难点

1. 添加数据。
2. 修改数据。

学习任务

1. 添加数据。
2. 查询数据。
3. 修改数据。
4. 删除数据。

任务 4.1　管 理 数 据

任务目标

1．掌握 insert 命令。
2．掌握 select 命令。
3．掌握 update 命令。
4．掌握 delete 命令。

课程指导

1．任务要求：

（1）为 course 表添加全部数据，数据如表 3.1.2 所示。

（2）将 course 表中“Python 程序设计”课程的开课学期改为第“1”学期。

（3）将 course 表中所有课程的学分加 1。

（4）删除 course 表中的“网络应用技术”课程。

（5）查询 course 表的全部数据。

2．学生分组研讨：

（1）insert 命令的使用方法。

（2）select 命令的使用方法。

（3）update 命令的使用方法。

（4）delete 命令的使用方法。

3．教师启发指导：任务的执行结果如图 4.1.1 所示。

```
MySQL 8.0 Command Line Client
mysql> select * from course;
+------+----------+--------------------+--------------+------+------+----------+
| 序号 | 课程代码 | 课程名称           | 课程类型     | 课时 | 学分 | 开课学期 |
+------+----------+--------------------+--------------+------+------+----------+
| 2    | 09Z00007 | MySQL数据库应用技术 | 专业基础课程 |   48 |    4 | 2        |
| 3    | 09Z01060 | Linux应用技术      | 专业基础课程 |   64 |    5 | 2        |
| 4    | 09Z01061 | Python程序设计     | 专业基础课程 |   64 |    5 | 1        |
| 5    | 09Z01068 | 云平台应用技术     | 专业基础课程 |   64 |    5 | 3        |
+------+----------+--------------------+--------------+------+------+----------+
4 rows in set (0.00 sec)
```

图 4.1.1　course 表中的数据操作

思维导图

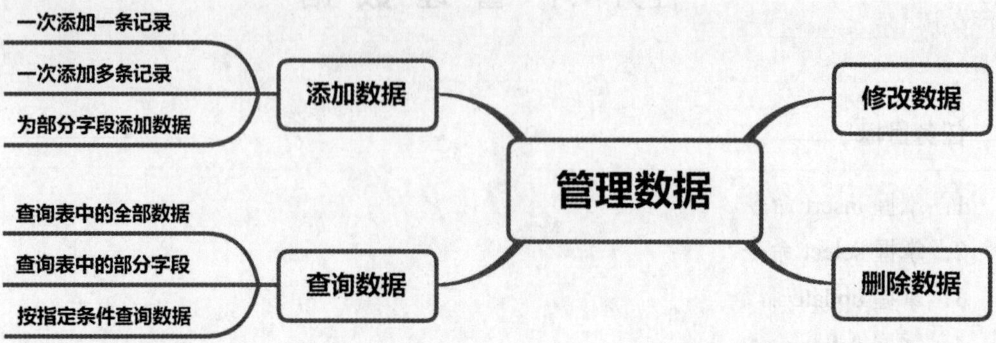

知 识 储 备

数据操作是指在数据库中对数据进行检索、更新、删除和管理的过程。数据操作建立在数据库的基础上，是实现信息系统的核心步骤，也是数据库软件设计中最重要的组成部分。

DML 提供了添加、查询、修改及删除记录的语法和语义，它可以对数据进行管理和处理，建立在数据库模型的概念上，如实体、属性及关系之上，可以把命令发送给数据库管理系统，从而改变数据库中的数据内容。数据操作主要包括对数据表中的数据进行添加（insert）、查询（select）、修改（update）和删除（delete）等操作。

添加数据时，根据不同的数据类型，添加数据的格式也不一样，数据能否添加成功，与数据类型和存储空间有着直接的关系，应严格遵守数据的添加规则。

4.1.1 添加数据

添加数据

创建数据表，仅是创建了表结构，还要向表中添加数据，使用 insert 命令向数据表中添加数据，语法格式如下：

```
insert [into] 数据表名 {values | value}(值1[, 值2] …);
```

说明：

（1）严格按照数据表结构（字段的位置）插入对应的值。

（2）值列表“值 1 [,值 2] ...”中多个值之间使用逗号分隔。

1. 一次添加一条记录

例 4.1 将学号为“1809Z010101”的一条记录添加到 student 表中，数据如表 4.1.1 所示。

SQL 语句如下：

```
insert into student values
('1809Z010101','陈智文','男',18,'2005-06-20','汉族','共青团员');
```

表 4.1.1　学生信息表

学号	姓名	性别	年龄	出生日期	民族	政治面貌
1809Z010101	陈智文	男	18	2005-06-20	汉族	共青团员
1809Z010102	王浩然	男	19	2004-11-15	汉族	共青团员
1809Z010103	杨晨	男	18	2005-02-08	汉族	共青团员
1809Z010104	刘博文	男	18	2005-07-21	汉族	共青团员
1809Z010105	张静	女	18	2005-03-18	汉族	共青团员
1809Z010106	刘晓莹	女	18	2005-05-23	汉族	共青团员
1809Z010107	李志豪	男	18	2005-09-05	汉族	共青团员
1809Z010108	于航	男	18	2005-06-12	汉族	共青团员
1809Z010109	李婷婷	女	18	2005-10-16	汉族	共青团员
1809Z010110	吴美玉	女	17	2006-06-29	汉族	共青团员

如图 4.1.2 所示，向 student 表中成功添加学号为 1809Z010101 的一条学生记录。

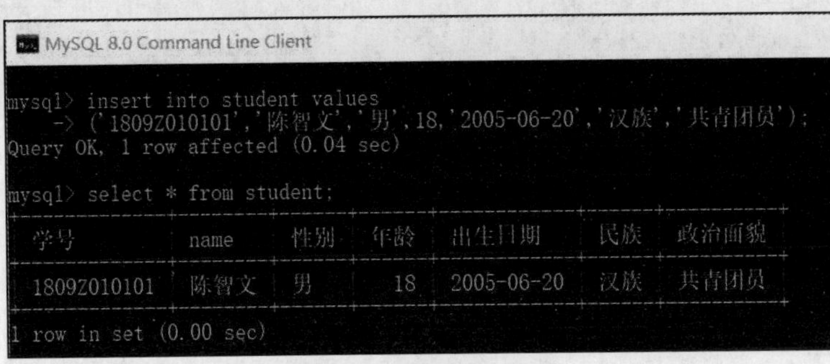

图 4.1.2　添加学生记录

2. 一次添加多条记录

向数据表中一次添加多条记录的语法格式如下：

```
insert [into] 数据表名 [(字段列表)]
{values | value} (值列表) [, (值列表)] …;
```

说明：

（1）多个值列表中多个值之间使用逗号（,）分割。

（2）省略字段列表时，插入数据需严格按照数据表创建的顺序插入。

（3）添加字段列表时，值列表插入的数据仅需与字段列表中的字段相对应。

注意：在同时插入多条数据时，若一条数据插入失败，则整条插入语句都会失败。

例 4.2　将学号为 1809Z010102 至学号为 1809Z010110 的多条记录添加到 student 表中，数据如表 4.1.1 所示。

SQL 语句如下：

```
insert into student values
('1809Z010102','王浩然','男',19,'2004-11-15','汉族','共青团员'),
('1809Z010103','杨晨','男',18,'2005-02-08','汉族','共青团员'),
```

```
('1809Z010104','刘博文','男',18,'2005-07-21','汉族','共青团员'),
('1809Z010105','张静','女',18,'2005-03-18','汉族','共青团员'),
('1809Z010106','刘晓莹','女',18,'2005-05-23','汉族','共青团员'),
('1809Z010107','李志豪','男',18,'2005-09-05','汉族','共青团员'),
('1809Z010108','于航','男',18,'2005-06-12','汉族','共青团员'),
('1809Z010109','李婷婷','女',18,'2005-10-16','汉族','共青团员'),
('1809Z010110','吴美玉','女',17,'2006-06-29','汉族','共青团员');
```

如图 4.1.3 所示，向 student 表中同时添加多条学生记录。

```
mysql> select * from student;
+-------------+--------+------+------+------------+------+----------+
| 学号        | name   | 性别 | 年龄 | 出生日期   | 民族 | 政治面貌 |
+-------------+--------+------+------+------------+------+----------+
| 1809Z010101 | 陈智文 | 男   |   18 | 2005-06-20 | 汉族 | 共青团员 |
| 1809Z010102 | 王浩然 | 男   |   19 | 2004-11-15 | 汉族 | 共青团员 |
| 1809Z010103 | 杨晨   | 男   |   18 | 2005-02-08 | 汉族 | 共青团员 |
| 1809Z010104 | 刘博文 | 男   |   18 | 2005-07-21 | 汉族 | 共青团员 |
| 1809Z010105 | 张静   | 女   |   18 | 2005-03-18 | 汉族 | 共青团员 |
| 1809Z010106 | 刘晓莹 | 女   |   18 | 2005-05-23 | 汉族 | 共青团员 |
| 1809Z010107 | 李志豪 | 男   |   18 | 2005-09-05 | 汉族 | 共青团员 |
| 1809Z010108 | 于航   | 男   |   18 | 2005-06-12 | 汉族 | 共青团员 |
| 1809Z010109 | 李婷婷 | 女   |   18 | 2005-10-16 | 汉族 | 共青团员 |
| 1809Z010110 | 吴美玉 | 女   |   17 | 2006-06-29 | 汉族 | 共青团员 |
+-------------+--------+------+------+------------+------+----------+
10 rows in set (0.04 sec)
```

图 4.1.3 添加多条学生记录

3. 为部分字段添加数据

可以通过下述两种语法格式为部分字段添加数据。

（1）语法格式 1：

```
insert [into] 数据表名 (字段名 1 [, 字段名 2] …) {values | value} (值 1[, 值 2] …);
```

（2）语法格式 2：

```
insert [into] 数据表名 set 字段名 1 = 值 1 [, 字段名 2 = 值 2] …;
```

说明：

（1）字段名必须与数据相对应。

（2）insert [into]… set 一次仅能添加一条记录。

例 4.3 将学号为 1809Z0101111，姓名为“张佳”的学生信息添加到 student 表中。

SQL 语句如下：

```
insert into student (学号, name) values ('1809Z010111','张佳');
```

例 4.4 将学号为 1809Z0101112，姓名为“宋佳琪”的学生信息添加到 student 表中。

SQL 语句如下：

```
insert into student set 学号='1809Z010112',name='宋佳琪';
```

4.1.2 查询数据

数据被添加后，按照指定的查询条件，可以快速地从表中检索出需要的数据。可以使用 select 命令进行数据查询。

1. 查询表中的全部数据

查询表中的全部数据的语法格式如下：

```
select * from 数据表名;
```

说明：“*”通配符代替数据表中的所有字段名。

例 4.5　查询 student 表中学生的全部信息。

SQL 语句如下：

```
select * from student;
```

执行结果如图 4.1.4 所示。

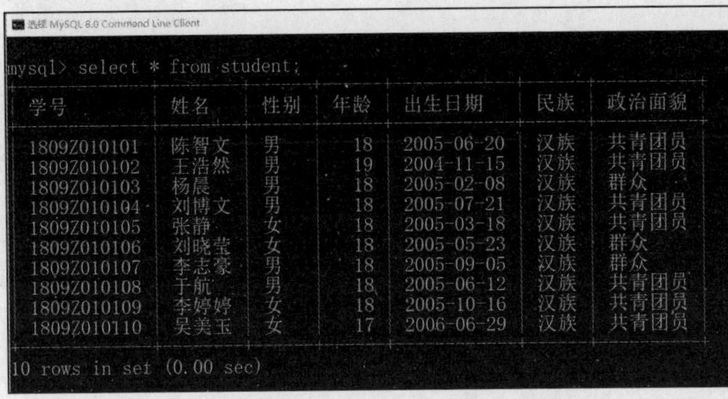

mysql> select * from student;

学号	姓名	性别	年龄	出生日期	民族	政治面貌
1809Z010101	陈智文	男	18	2005-06-20	汉族	共青团员
1809Z010102	王浩然	男	19	2004-11-15	汉族	共青团员
1809Z010103	杨晨	男	18	2005-02-08	汉族	群众
1809Z010104	刘博文	男	18	2005-07-21	汉族	共青团员
1809Z010105	张静	女	18	2005-03-18	汉族	共青团员
1809Z010106	刘晓莹	女	18	2005-05-23	汉族	群众
1809Z010107	李志豪	男	18	2005-09-05	汉族	群众
1809Z010108	于航	男	18	2005-06-12	汉族	共青团员
1809Z010109	李婷婷	女	18	2005-10-16	汉族	共青团员
1809Z010110	吴美玉	女	17	2006-06-29	汉族	共青团员

10 rows in set (0.00 sec)

图 4.1.4　查询 student 表中的全部数据

2. 查询表中的部分字段

查询表中的部分字段的语法格式如下：

```
select {字段名 1, 字段名 2, 字段名 3, …} from 数据表名;
```

例 4.6　查询 student 表中的“学号”和 name 字段。

SQL 语句如下：

```
select 学号, name from student;
```

执行结果如图 4.1.5 所示。

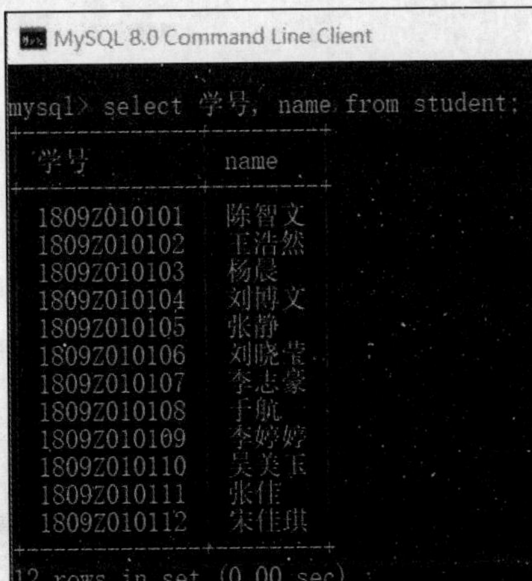

mysql> select 学号, name from student;

学号	name
1809Z010101	陈智文
1809Z010102	王浩然
1809Z010103	杨晨
1809Z010104	刘博文
1809Z010105	张静
1809Z010106	刘晓莹
1809Z010107	李志豪
1809Z010108	于航
1809Z010109	李婷婷
1809Z010110	吴美玉
1809Z010111	张佳
1809Z010112	宋佳琪

12 rows in set (0.00 sec)

图 4.1.5　查询 student 表中的部分字段

3. 按指定条件查询数据

按指定条件查询数据的语法格式如下：

```
select * | {字段名1, 字段名2, 字段名3, …} from 数据表名 where 字段名 = 值;
```

说明：where 子句用来指定查询的条件，按照指定条件筛选数据。

例 4.7 查询 student 表中学号为 1809Z010106 学生的信息。

SQL 语句如下：

```
select * from student where 学号='1809Z010106';
```

执行结果如图 4.1.6 所示。

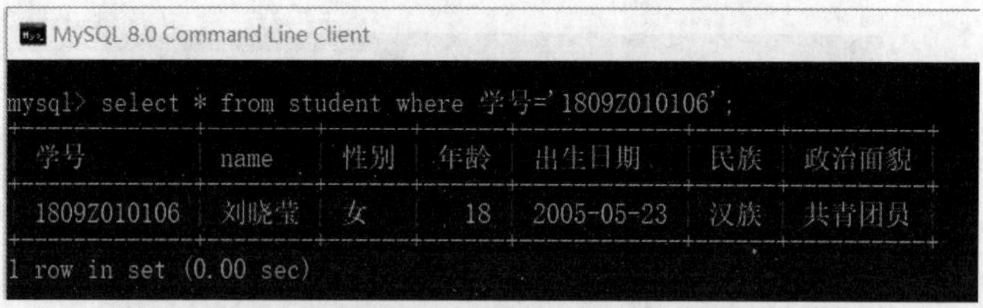

```
MySQL 8.0 Command Line Client
mysql> select * from student where 学号='1809Z010106';
+-------------+--------+------+------+------------+------+----------+
| 学号        | name   | 性别 | 年龄 | 出生日期   | 民族 | 政治面貌 |
+-------------+--------+------+------+------------+------+----------+
| 1809Z010106 | 刘晓莹 | 女   |   18 | 2005-05-23 | 汉族 | 共青团员 |
+-------------+--------+------+------+------------+------+----------+
1 row in set (0.00 sec)
```

图 4.1.6 查询 student 表中学号为 1809Z010106 的学生信息

4.1.3 修改数据

更新数据

向数据表中添加数据后，使用 update 命令修改数据，用于对表中的记录进行修改，语法格式如下：

```
update 数据表名 set 字段名1 = 值1 [, 字段名2 = 值2, …] [where 条件表达式];
```

说明：

（1）set 子句：指定修改的值。

（2）有 where 条件，修改符合要求的对应字段。

（3）无 where 条件，修改表中所有对应的字段。因此，在修改数据时，请谨慎操作。

例 4.8 将 student 表中学号为 1809Z010106 学生的出生日期，由原来的 2005-05-23 修改为 2005-06-18。

SQL 语句如下：

```
update student set 出生日期='2005-06-18' where 学号='1809Z010106';
```

执行结果如图 4.1.7 所示。

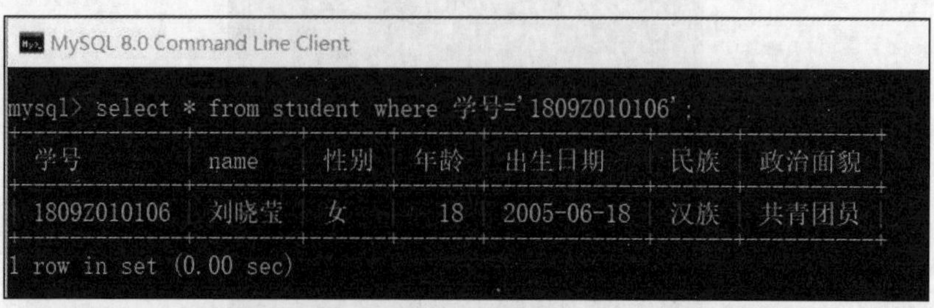

```
MySQL 8.0 Command Line Client
mysql> select * from student where 学号='1809Z010106';
+-------------+--------+------+------+------------+------+----------+
| 学号        | name   | 性别 | 年龄 | 出生日期   | 民族 | 政治面貌 |
+-------------+--------+------+------+------------+------+----------+
| 1809Z010106 | 刘晓莹 | 女   |   18 | 2005-06-18 | 汉族 | 共青团员 |
+-------------+--------+------+------+------------+------+----------+
1 row in set (0.00 sec)
```

图 4.1.7 修改 student 表中学号为 1809Z010106 的学生的出生日期

4.1.4 删除数据

在数据表中，可以对表中无效的数据进行删除，需使用 where 子句来指定要删除的数据应满足的条件，凡符合删除条件的数据将被删除，使用 delete 命令进行删除，语法格式如下：

```
delete from 数据表名 [where 条件表达式];
```

说明：

（1）有 where 条件，删除满足条件的记录。

（2）无 where 条件，系统就会自动删除该表中所有的记录，因此在操作时需要慎重。

例 4.9 删除 student 表中学号为 1809Z010111 的学生信息。

SQL 语句如下：

```
delete from student where 学号='1809Z010111';
```

执行结果如图 4.1.8 所示。

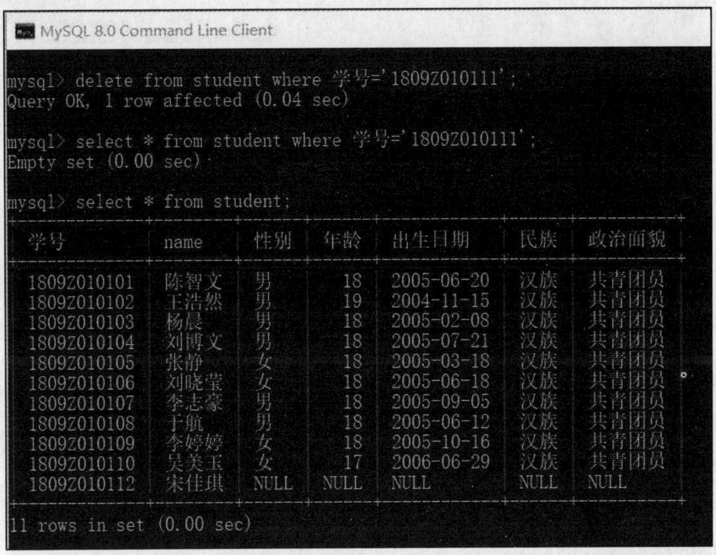

MySQL 8.0 Command Line Client

```
mysql> delete from student where 学号='1809Z010111';
Query OK, 1 row affected (0.04 sec)

mysql> select * from student where 学号='1809Z010111';
Empty set (0.00 sec)

mysql> select * from student;
```

学号	name	性别	年龄	出生日期	民族	政治面貌
1809Z010101	陈智文	男	18	2005-06-20	汉族	共青团员
1809Z010102	王浩然	男	19	2004-11-15	汉族	共青团员
1809Z010103	杨晨	男	18	2005-02-08	汉族	共青团员
1809Z010104	刘博文	男	18	2005-07-21	汉族	共青团员
1809Z010105	张静	女	18	2005-03-18	汉族	共青团员
1809Z010106	刘晓莹	女	18	2005-06-18	汉族	共青团员
1809Z010107	李志豪	男	18	2005-09-05	汉族	共青团员
1809Z010108	于航	男	18	2005-06-12	汉族	共青团员
1809Z010109	李婷婷	女	18	2005-10-16	汉族	共青团员
1809Z010110	吴美玉	女	17	2006-06-29	汉族	共青团员
1809Z010112	宋佳琪	NULL	NULL	NULL	NULL	NULL

```
11 rows in set (0.00 sec)
```

图 4.1.8 删除 student 表中学号为 1809Z010111 的学生信息

例 4.10 删除 student 表中的所有数据。

SQL 语句如下：

```
delete from student;
```

例 4.11 删除 student 数据表。

SQL 语句如下：

```
drop table student;
```

注意：

（1）使用 delete 命令删除数据时，会删除数据表中的所有数据，但在数据库中依然保留数据表，数据表为空表，操作时需慎重。

（2）使用 drop 命令删除数据表时，表将从数据库中删除。

任务实施单

<table>
<tr><td>姓名</td><td></td><td>学号</td><td></td><td>组别</td><td colspan="2">第　　组</td></tr>
<tr><td>班级</td><td></td><td>专业</td><td></td><td>日期</td><td colspan="2">年　月　日</td></tr>
<tr><td>任务名称</td><td colspan="4">任务 4.1　管理数据</td><td>学时</td><td></td></tr>
<tr><td>学生自我分析</td><td colspan="6">（1）知识基础：
（2）学习习惯：
（3）学习方法：
（4）学习能力：</td></tr>
<tr><td>学习资料</td><td colspan="6">（1）教学课件
（2）微课
（3）网络资源</td></tr>
<tr><td>序号</td><td>实施步骤</td><td colspan="5">实施内容</td></tr>
<tr><td>1</td><td>计划</td><td colspan="5"></td></tr>
<tr><td>2</td><td>准备工作</td><td colspan="5"></td></tr>
<tr><td>3</td><td>数据的添加及查询</td><td colspan="5"></td></tr>
<tr><td>4</td><td>数据的修改及删除</td><td colspan="5"></td></tr>
<tr><td colspan="7">遇到的问题及其解决办法：</td></tr>
</table>

任务验收单

<table>
<tr><td>姓名</td><td></td><td>学号</td><td></td><td>组别</td><td>第　组</td></tr>
<tr><td>班级</td><td></td><td>专业</td><td></td><td>日期</td><td>年　月　日</td></tr>
<tr><td>任务名称</td><td colspan="5">任务 4.1　管理数据</td></tr>
<tr><td>序号</td><td>验收内容</td><td colspan="4">完成情况</td></tr>
<tr><td>1</td><td>数据的添加及查询</td><td colspan="4"></td></tr>
<tr><td>2</td><td>数据的修改及删除</td><td colspan="4"></td></tr>
<tr><td colspan="6">评量标准</td></tr>
<tr><td>验收项目</td><td>A 级</td><td colspan="2">B 级</td><td>C 级</td><td>自评</td></tr>
<tr><td>听课情况</td><td>上课非常认真听讲，作业认真，参与讨论态度认真</td><td colspan="2">认真听课，没有出现走神、讲闲话等现象</td><td>听课不认真，走神、讲闲话现象比较严重</td><td></td></tr>
<tr><td>沟通合作</td><td>在小组的分工和协作下出色完成任务，并通过小组的讨论交流获得新的想法</td><td colspan="2">在小组的分工和协作下基本完成任务，能达到预期的目标</td><td>缺乏沟通，不能有效进行交流，没有体现分工和协作的合作精神</td><td></td></tr>
<tr><td>课堂任务完成质量</td><td>能够完全正确地按照老师的要求完成作业</td><td colspan="2">能够按照老师的要求并在同学的帮助下正确地完成作业</td><td>不能完成老师布置的作业</td><td></td></tr>
<tr><td>完成本次任务的收获及不足</td><td colspan="5"></td></tr>
</table>

评价反馈单

姓名		学号		组别	第　组
班级		专业		日期	年　月　日
任务名称	任务 4.1　管理数据				

评价类别	项目	子项目	个人评价	教师评价
专业能力（60%）	资讯（10%）	获取信息（5%）		
		引导问题回答（5%）		
	计划（5%）	计划可执行度（3%）		
		用具材料准备（2%）		
	实施（20%）	知识掌握的正确性（5%）		
		知识运用的灵活性（10%）		
		操作方法的创新性（5%）		
	过程（15%）	规范性（5%）		
		问题处理（5%）		
		设备的管理（5%）		
	结果（10%）	任务完成质量（10%）		
社会能力（20%）	团队合作（10%）	小组成员合作良好（5%）		
		对小组的贡献（5%）		
	敬业精神（10%）	学习纪律性（5%）		
		爱岗敬业和吃苦耐劳精神（5%）		
方法能力（20%）	计划能力（10%）	制订计划合理（10%）		
	决策能力（10%）	计划选择正确（10%）		

对本次任务的建议和意见：

评价评语	教师签字		组长签字		总评	

课 后 习 题

一、选择题

1．以下（　　）不是 DML 操作。

A．delete　　B．insert　　C．drop　　D．update

2．以下命令中（　　）可以实现插入一条信息到数据表中。

A．insert　　B．add　　C．update　　D．addinfo

3．select 语句中至少包括的部分是（　　）。

A．select　　B．select, from

C．select, group　　D．select, into

4．SQL 语句中的条件用（　　）来表达。

A．then　　B．while　　C．where　　D．if

5．查询 student 表中“李小明”学生的基本信息，下列 SQL 语句正确的是（　　）。

A．select * from student where 姓名='李小明';

B．select * from student where 姓名='李%'

C．select * from student where 姓名 like is '李%'

D．select * from student where 姓名 like'李_'

6．删除数据表中指定条件数据的命令是（　　）。

A．drop　　B．insert　　C．select　　D．delete

7．下列关于 insert 命令的描述，错误的是（　　）。

A．可以用来插入表的字段

B．可以用来插入表的一条记录

C．可以用来插入表的多条记录

D．当省略所有字段名称时，表示插入表的全部字段

8．在 MySQL 中，删除外键约束的语法规则是（　　）。

A．alter table <表名> drop <字段名>;

B．alter table <表名> drop key<外键约束名>

C．alter table <表名> drop foreign key<外键约束名>

D．alter table <表名> drop <外键约束名>

9．update 命令的功能是（　　）。

A．定义数据　　B．修改数据　　C．查询数据　　D．删除数据

10．查询所有男生的信息，下列 SQL 语句正确的是（　　）。

A．select * from xsqk where 性别=男

B．select * from ke where 性别="男"

C．select * from xsqk where 性别='男'

D．select * from cj where '男'

二、操作题

1．为客户表添加数据，数据如题表 1 所示。

题表 1 customers 数据表

cid	name	phone	car_id
1	悠悠	010-67820675	c039
2	毛毛	010-82662288	c006
3	灿灿	13164567898	c002
4	叶子	010-64532199	null
5	冉冉	010-62931135	null
6	科科	010-87820328	null

2．为汽车表添加数据，数据如题表 2 所示。

题表 2 cars 数据表

car_id	producer	model	price	produce_date
c021	上海大众	普通桑塔纳	175000	1995-05-28
c002	德国大众	奥迪 100	440000	1999-11-17
c006	一汽大众	奥迪 A6	540000	2006-08-09
c039	东风悦达起亚	千里马	132000	2003-08-23
c095	北京奔驰	奔驰 280	420000	2008-12-24

3．修改数据。

（1）将奥迪 100 的价格降低 10%。

（2）将毛毛的电话号码更改为 13100918877。

4．删除数据。

（1）将所有没有购买汽车的客户信息删除。

（2）将 1996 年 1 月 1 日之前出厂的汽车信息删除。

项目5 单表查询

教学目标

1. 知识目标:

（1）了解 SQL 执行的工作过程。

（2）掌握 SQL 查询的基本语法结构。

2. 能力目标:

（1）能熟练进行单表查询。

（2）能熟练进行复杂查询。

（3）能熟练地对查询进行优化。

3. 素养目标:

（1）增强实际动手能力。

（2）养成遵守职业规范的习惯。

4. 思政目标:

培养学生一丝不苟、精益求精的工匠精神。

教学重点

1. 比较查询。
2. 模糊查询。

教学难点

1. 逻辑运算符查询。
2. 模糊查询。

学习任务

1. 简单查询。
2. 条件查询。
3. 高级查询。

任务 5.1　简 单 查 询

任务目标

1．掌握 select 语句的语法格式。
2．掌握数据的限制查询。
3．掌握数据的排序。

课程指导

1．任务要求：
（1）结合表 3.1.2，查询 course 表中的开课学期和课程名称。
（2）查询 course 表中的课程代码、课程名称和学分，学分从高到低排序。
（3）查询 course 表中的课程类型，过滤重复数据。
（4）查询 course 表中的前两条记录。
（5）查询 course 表中从第 3 条记录开始的两门课程的信息。
2．学生分组研讨：
（1）如何使用 select 语句进行简单查询。
（2）如何使用 limit 子句限制查询结果中的记录数量。
（3）如何对查询结果进行排序。
3．教师启发指导：查询结果如图 5.1.1 所示。

图 5.1.1　查询 course 表的结果

思维导图

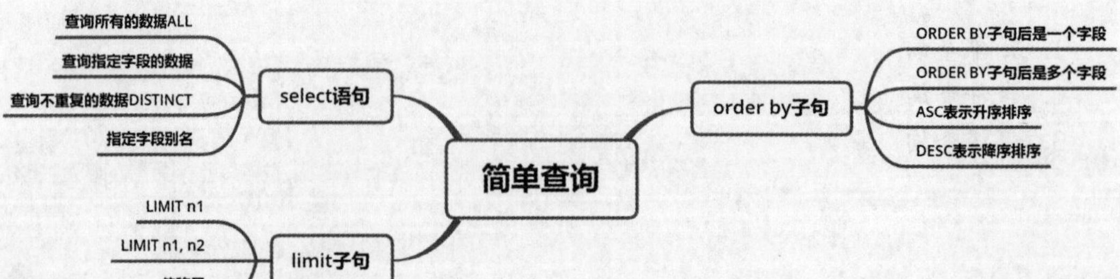

知 识 储 备

查询是对数据库中的数据进行检索的过程，通过对数据的查询可以获得用户所需的数据信息。单表查询，是一种最简单的查询操作，仅涉及一个表。

查询可以分为简单查询、复合查询和嵌套查询。简单查询是最基本的查询方式，它是通过对单表进行简单的条件查询。查询语句通常使用 SQL 来实现。SQL 是结构化查询语言，它提供了一系列的操作符、函数和关键字来操作和查询数据库中的数据。常见的 SQL 查询语句包括 select、from、where、order by 等。下面主要介绍 select、limit 和 order by。

简单查询

5.1.1 select 语句

可以用 select 语句来查询不重复的数据，语法格式如下：

```
select [ all | distinct ] 字段名称 1 或表达式 1 [ ,字段名称 2 或表达式 2…] from 表名;
```

使用 distinct 参数可以过滤重复数据。

例 5.1 查询 student 表中的“年龄”字段，“年龄”字段输出时不重复。

SQL 语句如下：

```
select distinct 年龄 from student;
```

查询结果如图 5.1.2 所示。

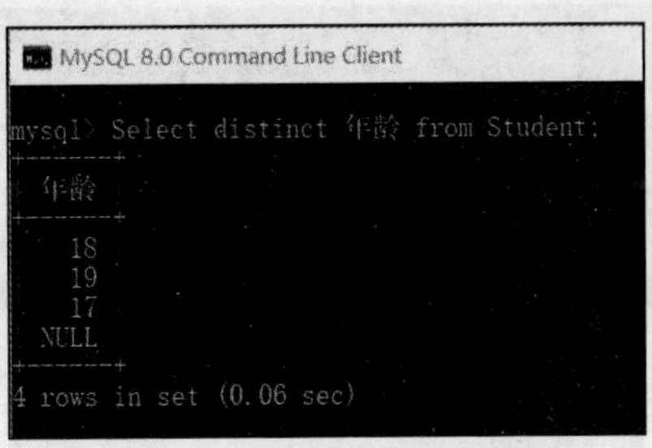

图 5.1.2 查询不重复的数据

5.1.2 limit 子句

使用 limit 子句限制查询结果中的记录数量，语法格式如下：

```
select [ all | distinct ] 字段名称 1 或表达式 1 [ ,字段名称 2 或表达式 2…]
from 表名 [ limit n1 [,n2] ];
```

说明：

（1）limit：限度、限制，使用 limit 限制查询结果中的记录数量。

（2）number（n）：代表需要查询的记录数量。

（3）limit n1：表示返回前 n1 条记录。假设 n1=2，查询的是数据表中的前两条记录。

（4）limit n1,n2：表示从第 n1 条记录后面的记录开始取值，n2 的值是偏移量，截取数据表中第 n1 条记录之后的 n2 条记录。假设 n1=3，n2=3，也就是查询数据表中从第 4 条记录开始的 3 条记录，即第 4、5、6 条记录。

例 5.2 查询 student 表中的前 5 条记录。

SQL 语句如下：

```
select * from student limit 5;
```

查询结果如图 5.1.3 所示。

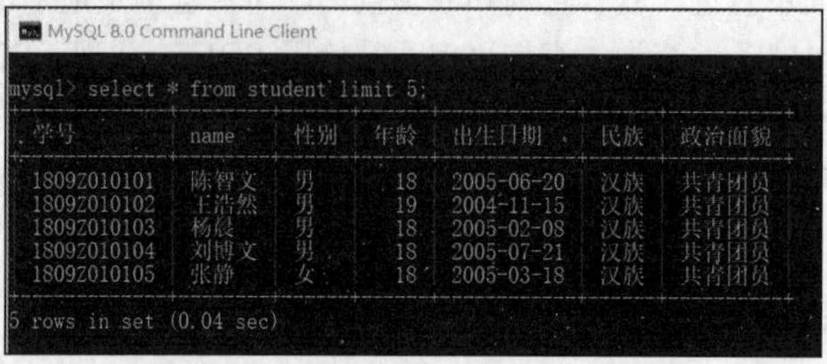

```
MySQL 8.0 Command Line Client
mysql> select * from student limit 5;
+------------+--------+------+------+------------+------+----------+
| 学号       | name   | 性别 | 年龄 | 出生日期   | 民族 | 政治面貌 |
+------------+--------+------+------+------------+------+----------+
| 1809Z010101 | 陈智文 | 男 | 18 | 2005-06-20 | 汉族 | 共青团员 |
| 1809Z010102 | 王浩然 | 男 | 19 | 2004-11-15 | 汉族 | 共青团员 |
| 1809Z010103 | 杨晨   | 男 | 18 | 2005-02-08 | 汉族 | 共青团员 |
| 1809Z010104 | 刘博文 | 男 | 18 | 2005-07-21 | 汉族 | 共青团员 |
| 1809Z010105 | 张静   | 女 | 18 | 2005-03-18 | 汉族 | 共青团员 |
+------------+--------+------+------+------------+------+----------+
5 rows in set (0.04 sec)
```

图 5.1.3 查询 student 表中的前 5 条记录

例 5.3 查询 student 表中的前两名学生的姓名、学号、出生日期，为 name 字段指定中文别名为“姓名”。

SQL 语句如下：

```
select name as 姓名,学号,出生日期 from student limit 2;
```

查询结果如图 5.1.4 所示。

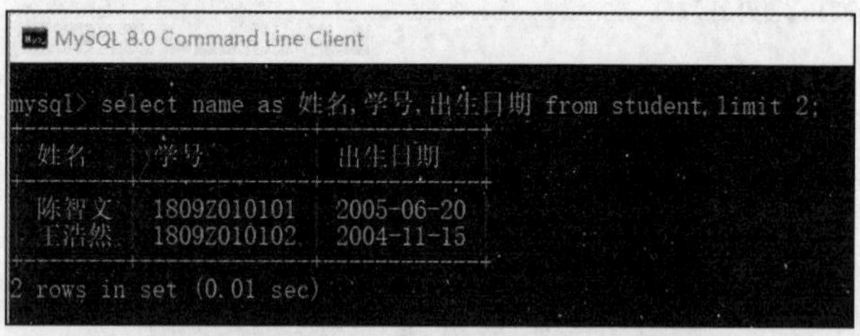

```
MySQL 8.0 Command Line Client
mysql> select name as 姓名,学号,出生日期 from student limit 2;
+--------+------------+------------+
| 姓名   | 学号       | 出生日期   |
+--------+------------+------------+
| 陈智文 | 1809Z010101 | 2005-06-20 |
| 王浩然 | 1809Z010102 | 2004-11-15 |
+--------+------------+------------+
2 rows in set (0.01 sec)
```

图 5.1.4 按照指定字段查询 student 表中的前两条记录

注意：此前经过数据更新，已将刘晓莹的出生日期更新为 2005-06-18。

例 5.4 查询 student 表中从第 3 行开始的 5 条记录。

SQL 语句如下：

```
select * from student limit 2,5;
```

查询结果如图 5.1.5 所示。

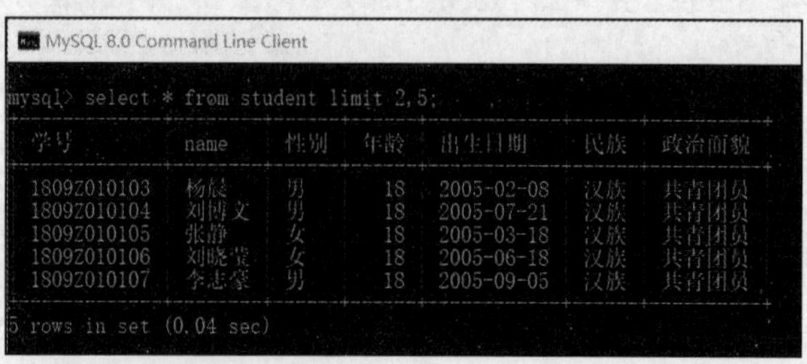

```
MySQL 8.0 Command Line Client
mysql> select * from student limit 2,5;
+------------+--------+------+------+------------+------+----------+
| 学号       | name   | 性别 | 年龄 | 出生日期   | 民族 | 政治面貌 |
+------------+--------+------+------+------------+------+----------+
| 1809Z010103 | 杨晨   | 男 | 18 | 2005-02-08 | 汉族 | 共青团员 |
| 1809Z010104 | 刘博文 | 男 | 18 | 2005-07-21 | 汉族 | 共青团员 |
| 1809Z010105 | 张静   | 女 | 18 | 2005-03-18 | 汉族 | 共青团员 |
| 1809Z010106 | 刘晓莹 | 女 | 18 | 2005-06-18 | 汉族 | 共青团员 |
| 1809Z010107 | 李志豪 | 男 | 18 | 2005-09-05 | 汉族 | 共青团员 |
+------------+--------+------+------+------------+------+----------+
5 rows in set (0.04 sec)
```

图 5.1.5 查询 student 表中从第 3 行开始的 5 条记录

5.1.3 order by 子句

对查询结果进行排序，语法格式如下：

```
select [ all | distinct ] 字段名称 1 或表达式 1 [ ,字段名称 2 或表达式 2…]
from 表名 order by 字段名 [ asc|desc ][,…];
```

说明：

（1）order by 子句用于对查询结果进行排序。

（2）order by 子句后可以是一个或多个字段。

（3）asc 表示升序排序，是系统默认的排序方式；desc 表示降序排序。

例 5.5 查询 student 表中的全部数据，将查询结果按“出生日期”字段升序排序。

SQL 语句如下：

```
select * from student order by 出生日期;
```

查询结果如图 5.1.6 所示。

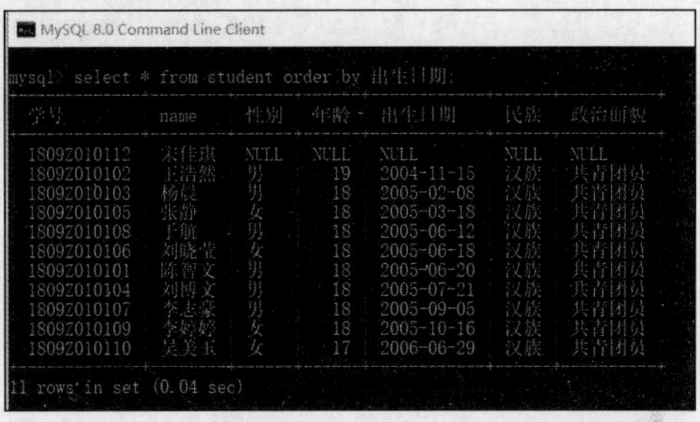

MySQL 8.0 Command Line Client

mysql> select * from student order by 出生日期;

学号	name	性别	年龄	出生日期	民族	政治面貌
1809Z010112	宋佳琪	NULL	NULL	NULL	NULL	NULL
1809Z010102	王浩然	男	19	2004-11-15	汉族	共青团员
1809Z010103	杨晨	男	18	2005-02-08	汉族	共青团员
1809Z010105	张静	女	18	2005-03-18	汉族	共青团员
1809Z010108	于航	男	18	2005-06-12	汉族	共青团员
1809Z010106	刘晓萱	女	18	2005-06-18	汉族	共青团员
1809Z010101	陈智文	男	18	2005-06-20	汉族	共青团员
1809Z010104	刘博文	男	18	2005-07-21	汉族	共青团员
1809Z010107	李志豪	男	18	2005-09-05	汉族	共青团员
1809Z010109	李婷婷	女	18	2005-10-16	汉族	共青团员
1809Z010110	吴美玉	女	17	2006-06-29	汉族	共青团员

11 rows in set (0.04 sec)

图 5.1.6 对 student 表的查询结果按“出生日期”字段进行升序排序

例 5.6 查询 student 表中的全部数据，将查询结果先按照“性别”字段升序排序，性别相同时按照“出生日期”字段降序排序。

SQL 语句如下：

```
select * from student order by 性别,出生日期 desc;
```

查询结果如图 5.1.7 所示。

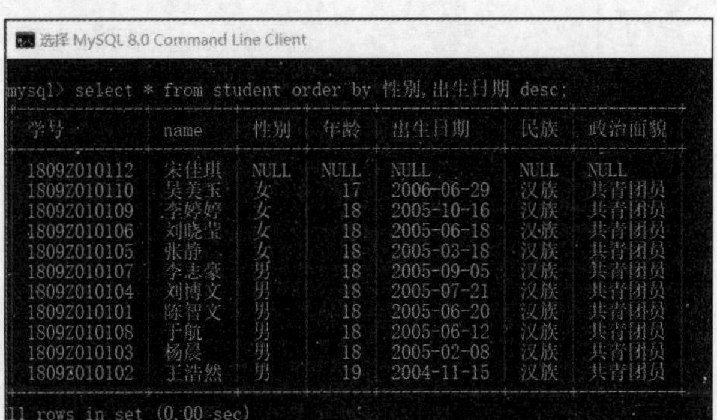

选择 MySQL 8.0 Command Line Client

mysql> select * from student order by 性别,出生日期 desc;

学号	name	性别	年龄	出生日期	民族	政治面貌
1809Z010112	宋佳琪	NULL	NULL	NULL	NULL	NULL
1809Z010110	吴美玉	女	17	2006-06-29	汉族	共青团员
1809Z010109	李婷婷	女	18	2005-10-16	汉族	共青团员
1809Z010106	刘晓萱	女	18	2005-06-18	汉族	共青团员
1809Z010105	张静	女	18	2005-03-18	汉族	共青团员
1809Z010107	李志豪	男	18	2005-09-05	汉族	共青团员
1809Z010104	刘博文	男	18	2005-07-21	汉族	共青团员
1809Z010101	陈智文	男	18	2005-06-20	汉族	共青团员
1809Z010108	于航	男	18	2005-06-12	汉族	共青团员
1809Z010103	杨晨	男	18	2005-02-08	汉族	共青团员
1809Z010102	王浩然	男	19	2004-11-15	汉族	共青团员

11 rows in set (0.00 sec)

图 5.1.7 对 student 表的查询结果按多个字段进行排序

任务实施单

<table>
<tr><td>姓名</td><td></td><td>学号</td><td></td><td>组别</td><td colspan="2">第　　组</td></tr>
<tr><td>班级</td><td></td><td>专业</td><td></td><td>日期</td><td colspan="2">年　月　日</td></tr>
<tr><td>任务名称</td><td colspan="4">任务 5.1　简单查询</td><td>学时</td><td></td></tr>
<tr><td>学生自我分析</td><td colspan="6">（1）知识基础：
（2）学习习惯：
（3）学习方法：
（4）学习能力：</td></tr>
<tr><td>学习资料</td><td colspan="6">（1）教学课件
（2）微课
（3）网络资源</td></tr>
<tr><td>序号</td><td>实施步骤</td><td colspan="5">实施内容</td></tr>
<tr><td>1</td><td>计划</td><td colspan="5"></td></tr>
<tr><td>2</td><td>准备工作</td><td colspan="5"></td></tr>
<tr><td>3</td><td>select 语句</td><td colspan="5"></td></tr>
<tr><td>4</td><td>limit 子句</td><td colspan="5"></td></tr>
<tr><td>5</td><td>order by 子句</td><td colspan="5"></td></tr>
<tr><td colspan="7">遇到的问题及其解决办法：</td></tr>
</table>

任务验收单

姓名		学号		组别	第　组
班级		专业		日期	年　月　日
任务名称	任务 5.1　简单查询				
序号	验收内容	完成情况			
1	select 语句				
2	limit 子句				
3	order by 子句				

评量标准				
验收项目	A 级	B 级	C 级	自评
听课情况	上课非常认真听讲，作业认真，参与讨论态度认真	认真听课，没有出现走神、讲闲话等现象	听课不认真，走神、讲闲话现象比较严重	
沟通合作	在小组的分工和协作下出色完成任务，并通过小组的讨论交流获得新的想法	在小组的分工和协作下基本完成任务，能达到预期的目标	缺乏沟通，不能有效进行交流，没有体现分工和协作的合作精神	
课堂任务完成质量	能够完全正确地按照老师的要求完成作业	能够按照老师的要求并在同学的帮助下正确地完成作业	不能完成老师布置的作业	
完成本次任务的收获及不足				

评价反馈单

姓名		学号		组别	第　组
班级		专业		日期	年　月　日
任务名称	任务 5.1　简单查询				

评价类别	项目	子项目	个人评价	教师评价
专业能力（60%）	资讯（10%）	获取信息（5%）		
		引导问题回答（5%）		
	计划（5%）	计划可执行度（3%）		
		用具材料准备（2%）		
	实施（20%）	知识掌握的正确性（5%）		
		知识运用的灵活性（10%）		
		操作方法的创新性（5%）		
	过程（15%）	规范性（5%）		
		问题处理（5%）		
		设备的管理（5%）		
	结果（10%）	任务完成质量（10%）		
社会能力（20%）	团队合作（10%）	小组成员合作良好（5%）		
		对小组的贡献（5%）		
	敬业精神（10%）	学习纪律性（5%）		
		爱岗敬业和吃苦耐劳精神（5%）		
方法能力（20%）	计划能力（10%）	制订计划合理（10%）		
	决策能力（10%）	计划选择正确（10%）		

对本次任务的建议和意见：

评价评语	教师签字		组长签字		总评	

任务5.2 条件查询

任务目标

1．掌握 where 子句筛选条件的方法。

2．了解条件表达式的分类。

3．掌握比较查询、逻辑运算符查询、范围查询、模糊查询、空值判断查询。

4．掌握常用运算符的使用方法。

课程指导

1．任务要求：

（1）结合表 3.1.2，查询成绩在 85 分以上的课程信息。查询结果如图 5.2.1 所示。

成绩
90
88
92
86

4 rows in set (0.00 sec)

图 5.2.1 查询 course 表中成绩在 85 分以上的课程信息

（2）查询 course 表中“MySQL 数据库应用技术”和“云平台应用技术”两门课程的信息。查询结果如图 5.2.2 所示。

序号	课程代码	课程名称	课程类型	课时	学分	开课学期
2	09Z00007	MySQL数据库应用技术	专业基础课程	48	3	2
5	09Z01068	云平台应用技术	专业基础课程	64	4	3

2 rows in set (0.04 sec)

图 5.2.2 查询 course 表中两门课程的信息

（3）查询 course 表中课程名称为 Python 开头的课程信息。查询结果如图 5.2.3 所示。

序号	课程代码	课程名称	课程类型	课时	学分	开课学期
4	09Z01061	Python程序设计	专业基础课程	64	4	3

1 row in set (0.04 sec)

图 5.2.3 查询 course 表中课程名称为 Python 开头的课程信息

（4）查询 course 表中开课学期为空的课程的名称、课时和学分。查询结果如图 5.2.4 所示。

```
Empty set (0.00 sec)
```

图 5.2.4　查询 course 表中开课学期为空的课程的名称、课时和学分

（5）查询 course 表中第一学期到第三学期的开课信息。查询结果如图 5.2.5 所示。

序号	课程代码	课程名称	课程类型	课时	学分	开课学期
1	09Z00003	网络应用技术	专业基础课程	48	3	1
2	09Z00007	MySQL数据库应用技术	专业基础课程	48	3	2
3	09Z01060	Linux应用技术	专业基础课程	64	4	2
4	09Z01061	Python程序设计	专业基础课程	64	4	3
5	09Z01068	云平台应用技术	专业基础课程	64	4	3

5 rows in set (0.00 sec)

图 5.2.5　查询 course 表中第一学期到第三学期的开课信息

（6）查询 course 表中课时大于 72 学时、小于 50 学时的课程信息，按课程代码降序排序。查询结果如图 5.2.6 所示。

序号	课程代码	课程名称	课程类型	课时	学分	开课学期
2	09Z00007	MySQL数据库应用技术	专业基础课程	48	3	2
1	09Z00003	网络应用技术	专业基础课程	48	3	1

2 rows in set (0.00 sec)

图 5.2.6　查询 course 表中课时大于 72 学时、小于 50 学时的课程信息，按课程代码降序排序

2．学生分组研讨：

（1）如何设置查询条件来对数据进行筛选。

（2）如何使用 between and 语句指定条件。

（3）如何使用 like 关键字指定条件。

（4）如何使用空值判断查询条件。

3．教师启发指导：

（1）提示学习重点、难点。

（2）学生分组学习并互评：各小组进行互评，指出各自的问题，并提出改进的措施。

（3）教师引导并总结：教师针对学生在汇报过程中普遍出现的问题进行统一讲解，对各小组同学的优、缺点进行点评。

思维导图

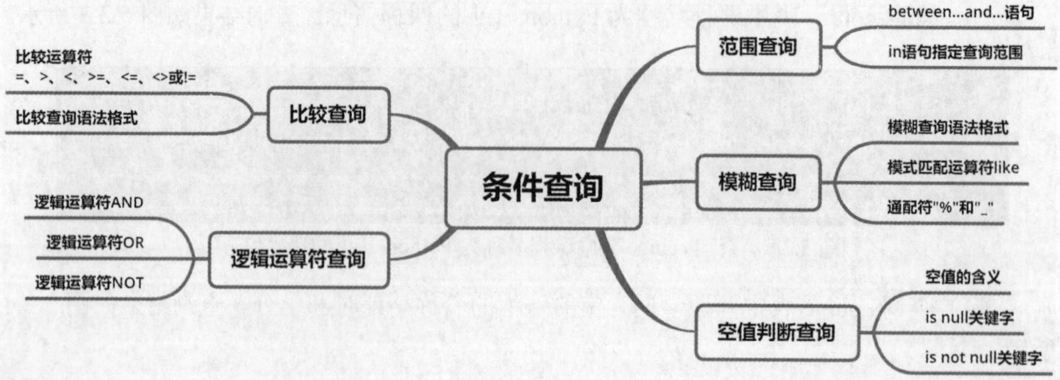

知 识 储 备

条件查询就是对已有数据表中的数据按照某种条件进行筛选，将满足条件的数据筛选出来形成一个新的记录集进行显示，该记录集也称为查询结果记录集。通过在 select 命令后使用 where 子句来实现，where 子句在 from 子句之后。

where 子句中的条件表达式包含比较运算符、逻辑运算符、指定范围、模式匹配、空值判断等。当满足查询条件时，返回 TRUE，显示查询结果；否则返回 FALSE，无任何结果显示。

5.2.1 比较查询

比较查询

比较查询的条件中要包含比较运算符，比较运算符用来比较两个表达式的值，where 子句先于 select 子句执行。常用的比较运算符如表 5.2.1 所示。

表 5.2.1 常用的比较运算符

运算符	说明	表达式	运算符	说明	表达式
=	等于	x=y	>=	大于或等于	x>=y
>	大于	x>y	<=	小于或等于	x<=y
<	小于	x<y	<>、!=	不等于	x!=y 或 x<>y

（1）比较查询的条件格式如下：

```
表达式 1 比较运算符 表达式 2
```

（2）比较查询的语法格式如下：

```
select [ all | distinct ] 字段名称 1 或表达式 1 [ ,字段名称 2 或表达式 2…] from 表名 where 表达式;
```

例 5.7 查询 student 表中所有女生的学生信息。

SQL 语句如下：

```
select * from student Where 性别='女';
```

查询结果如图 5.2.7 所示。

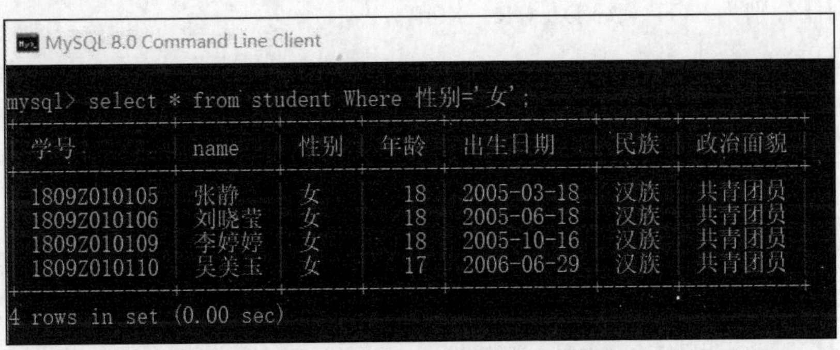

图 5.2.7 查询 student 表中所有女生的信息

例 5.8 查询 student 表中年龄在 18 岁以下的学生信息。

SQL 语句如下：

```
select * from student Where 年龄<18;
```

查询结果如图 5.2.8 所示。

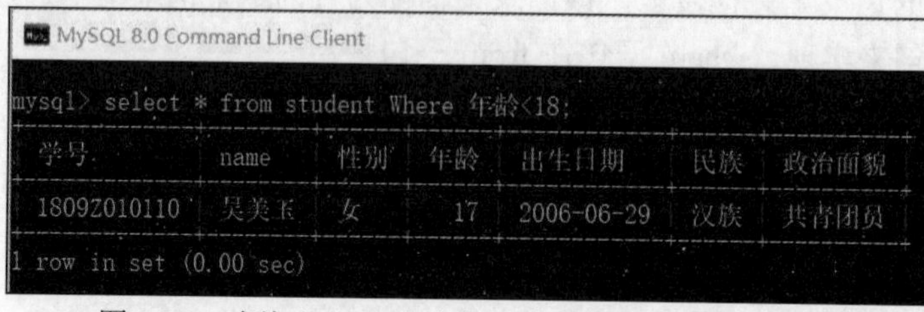

图 5.2.8 查询 student 表中年龄在 18 岁以下的学生信息

例 5.9 查询 student 表中，2005 年 7 月 1 日以后出生的学生信息，并将查询结果按照出生日期降序排序。

SQL 语句如下：

```
select * from student Where 出生日期>= '2005-07-01 ' order by 出生日期 desc;
```

查询结果如图 5.2.9 所示。

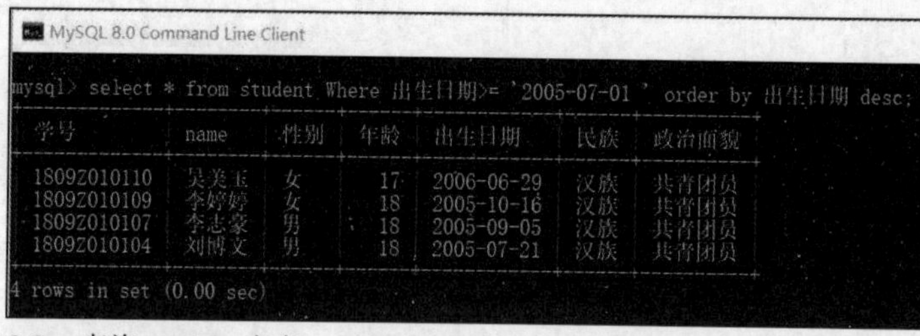

图 5.2.9 查询 student 表中，2005 年 7 月 1 日以后出生的学生信息并降序排序

5.2.2 逻辑运算符查询

逻辑运算符查询

逻辑运算符可以将多个查询条件组合在一起，通常与比较运算符结合使用。逻辑运算符如表 5.2.2 所示。参与逻辑运算的操作数及逻辑判断的结果有 3 种，分别为 1（TRUE，表示为真）、0（FALSE，表示为假）或 NULL，运算的优先级从高到低分别为 NOT、AND、OR、XOR。

表 5.2.2 逻辑运算符

运算符	说明
AND 或 &&	逻辑与，若两个表达式的值均为真，则结果为 1；否则结果为 0
OR 或 ||	逻辑或，若两个表达式的值均为假，则结果为 0；否则结果为 1
NOT 或 ！	逻辑非，若表达式的值为真，则结果为 0：否则结果为 1
XOR	逻辑异或，若表达式的值一个为真，一个为假，则结果为 1；若表达式的值全部为真或全部为假，则结果为 0

AND 用于连接两个条件，若两个条件同时满足，则返回 TRUE，否则返回 FALSE；OR 用于连接两个条件，只要其中一个条件满足，就返回 TRUE，若两个条件都不满足，则返回 FALSE；NOT 表示对条件的否定；XOR 也用于连接两个条件，只有一个条件满足时才返回 TRUE，若两个条件都满足或都不满足，则返回 FALSE。

例 5.10 查询 student 表中出生日期在 2004-09-25 至 2005-05-28 的学生信息。

SQL 语句如下：

```
select * from student Where 出生日期>='2004-09-25' and 出生日期<='2005-05-28';
```

查询结果如图 5.2.10 所示。

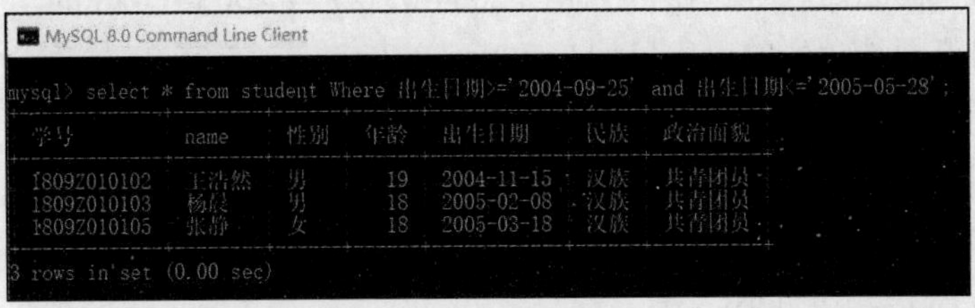

图 5.2.10 查询 student 表中出生日期在 2004-09-25 至 2005-05-28 的学生信息

例 5.11 查询 student 表中年龄为 19 岁的男同学的信息。

SQL 语句如下：

```
select * from student Where 年龄=19 and 性别='男';
```

查询结果如图 5.2.11 所示。

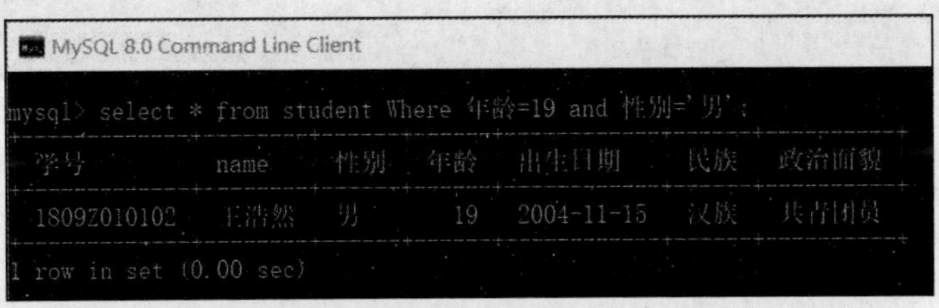

图 5.2.11 查询 student 表中年龄为 19 岁的男同学的信息

例 5.12 查询 student 表中学号为 1809Z010102、1809Z010106 的学生的学号、姓名、政治面貌。

SQL 语句如下：

```
select 学号,姓名,政治面貌 from student Where 学号='1809Z010102' or 学号=
'1809Z010106';
```

查询结果如图 5.2.12 所示。

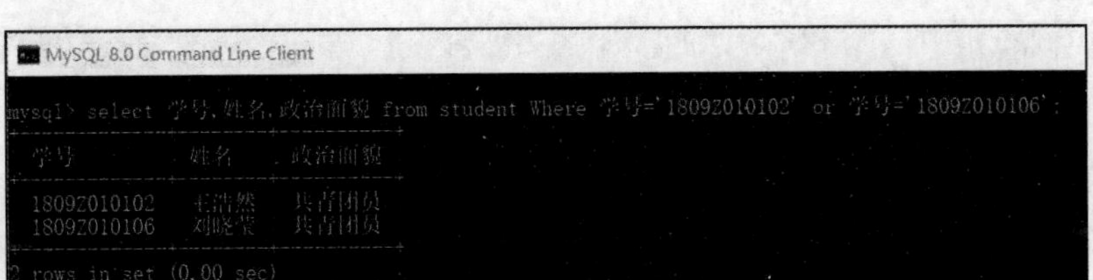

图 5.2.12 查询 student 表中学号为 1809Z010102、1809Z010106 的学生的学号、姓名、政治面貌

5.2.3 范围查询

范围查询

范围查询可以使用 between...and...语句指定范围条件，这种查询方式返回的记录在查找范围内同时包含这两个指定的值。还可以使用 in 语句指定范围条件。

1. between...and...语句指定查询范围

between...and...语句指定查询范围的语法格式如下：

```
表达式 between 表达式1 and 表达式2
```

例 5.13 查询 student 表中出生日期在 2004-09-25 至 2005-05-28 的学生信息。

说明：查询范围是学生的出生日期在 2004-09-25 和 2005-05-28 之间，包括 2004-09-25 和 2005-05-28 出生的学生。

SQL 语句如下：

```
select * from student Where 出生日期 between'2004-09-25' and '2005-05-28';
```

查询结果如图 5.2.13 所示。

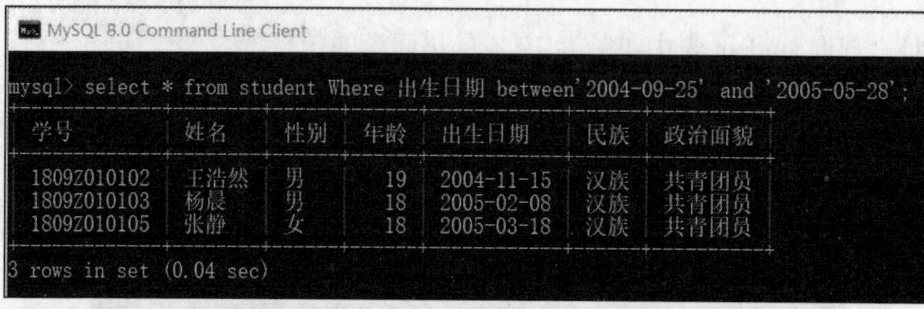

```
MySQL 8.0 Command Line Client
mysql> select * from student Where 出生日期 between'2004-09-25' and '2005-05-28';
+-------------+--------+------+------+------------+------+----------+
| 学号        | 姓名   | 性别 | 年龄 | 出生日期   | 民族 | 政治面貌 |
+-------------+--------+------+------+------------+------+----------+
| 1809Z010102 | 王浩然 | 男   |   19 | 2004-11-15 | 汉族 | 共青团员 |
| 1809Z010103 | 杨晨   | 男   |   18 | 2005-02-08 | 汉族 | 共青团员 |
| 1809Z010105 | 张静   | 女   |   18 | 2005-03-18 | 汉族 | 共青团员 |
+-------------+--------+------+------+------------+------+----------+
3 rows in set (0.04 sec)
```

图 5.2.13 student 表的范围查询（出生日期在 2004-09-25 至 2005-05-28 的学生信息）

2. in 语句指定查询范围

in 语句指定查询范围的语法格式如下：

```
表达式 in(表达式1[,表达式2...])
```

例 5.14 查询 student 表中学号为 1809Z010102、1809Z010106 的学生的学号、姓名、政治面貌。

SQL 语句如下：

```
select 学号,姓名,政治面貌 from student Where 学号 in('1809Z010102',
'1809Z010106');
```

查询结果如图 5.2.14 所示。

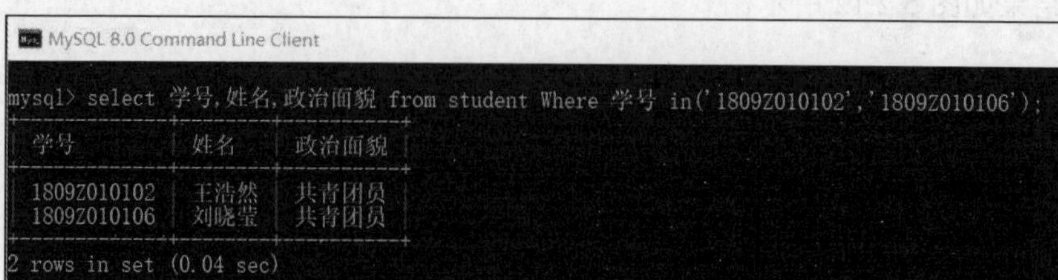

```
MySQL 8.0 Command Line Client
mysql> select 学号,姓名,政治面貌 from student Where 学号 in('1809Z010102','1809Z010106');
+-------------+--------+----------+
| 学号        | 姓名   | 政治面貌 |
+-------------+--------+----------+
| 1809Z010102 | 王浩然 | 共青团员 |
| 1809Z010106 | 刘晓莹 | 共青团员 |
+-------------+--------+----------+
2 rows in set (0.04 sec)
```

图 5.2.14 student 表的范围查询（学号为 1809Z010102、1809Z010106 的学生的学号、姓名、政治面貌）

5.2.4 模糊查询

模糊查询

通常使用 like 关键字来指定模式匹配条件。模式匹配运算符包括 like、not like，常用的通配符有“%”和“_”，“%”表示 0 个或任意多个字符，“_”表示任意一个字符。

模糊查询的语法格式如下：

```
表达式 [not] like 模式表达式
```

例 5.15 查询 student 表中姓“刘”的学生信息。

SQL 语句如下：

```
select * from student Where 姓名 like '刘%';
```

查询结果如图 5.2.15 所示。

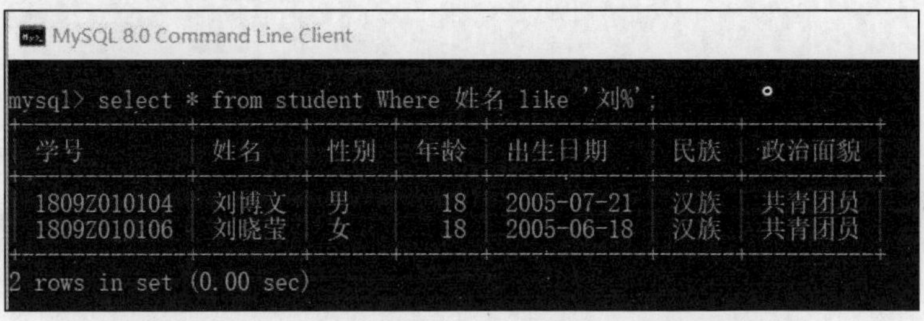

```
MySQL 8.0 Command Line Client
mysql> select * from student Where 姓名 like '刘%';
+-------------+--------+------+------+------------+------+----------+
| 学号        | 姓名   | 性别 | 年龄 | 出生日期   | 民族 | 政治面貌 |
+-------------+--------+------+------+------------+------+----------+
| 1809Z010104 | 刘博文 | 男   |   18 | 2005-07-21 | 汉族 | 共青团员 |
| 1809Z010106 | 刘晓莹 | 女   |   18 | 2005-06-18 | 汉族 | 共青团员 |
+-------------+--------+------+------+------------+------+----------+
2 rows in set (0.00 sec)
```

图 5.2.15 查询 student 表中姓“刘”的学生信息

例 5.16 查询 student 表中姓名只有两个汉字且姓“张”的女生信息。

SQL 语句如下：

```
select * from student Where 姓名 like '张_' and 性别='女';
```

查询结果如图 5.2.16 所示。

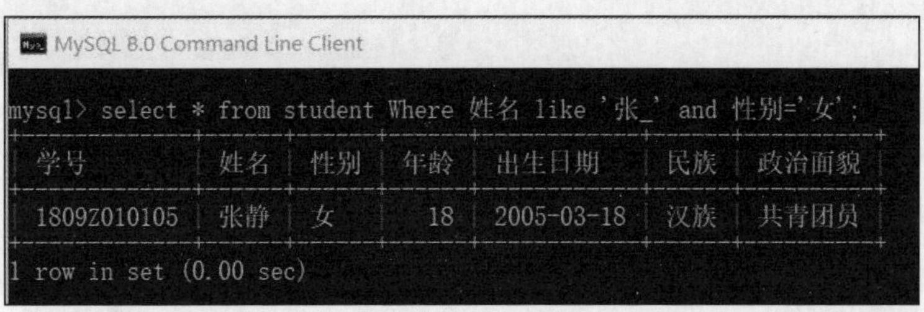

```
MySQL 8.0 Command Line Client
mysql> select * from student Where 姓名 like '张_' and 性别='女';
+-------------+------+------+------+------------+------+----------+
| 学号        | 姓名 | 性别 | 年龄 | 出生日期   | 民族 | 政治面貌 |
+-------------+------+------+------+------------+------+----------+
| 1809Z010105 | 张静 | 女   |   18 | 2005-03-18 | 汉族 | 共青团员 |
+-------------+------+------+------+------------+------+----------+
1 row in set (0.00 sec)
```

图 5.2.16 查询 student 表中姓名只有两个汉字且姓“张”的女生信息

5.2.5 空值判断查询

空值判断查询是用来查询某一字段是否有空值，使用 is null 或 is not null 关键字来指定查询条件。空值的含义是没有任何值，不是空格和 0。注意不能用“=NULL”代替 is null。

例 5.17 查询 student 表中民族为空的学生的学号、姓名、民族。

SQL 语句如下：

```
select 学号,姓名,民族 from student Where 民族 is null;
```

查询结果如图 5.2.17 所示。

```
MySQL 8.0 Command Line Client

mysql> select 学号,姓名,民族 from student Where 民族 is null;
+-------------+--------+------+
| 学号        | 姓名   | 民族 |
+-------------+--------+------+
| 1809Z010112 | 宋佳琪 | NULL |
+-------------+--------+------+
1 row in set (0.00 sec)
```

图 5.2.17　查询 student 表中民族为空的学生的学号、姓名、民族

任务实施单

<table>
<tr><td>姓名</td><td></td><td>学号</td><td></td><td>组别</td><td colspan="2">第　　组</td></tr>
<tr><td>班级</td><td></td><td>专业</td><td></td><td>日期</td><td colspan="2">年　　月　　日</td></tr>
<tr><td>任务名称</td><td colspan="3">任务 5.2　条件查询</td><td>学时</td><td colspan="2"></td></tr>
<tr><td>学生自我分析</td><td colspan="6">(1) 知识基础:
(2) 学习习惯:
(3) 学习方法:
(4) 学习能力:</td></tr>
<tr><td>学习资料</td><td colspan="6">(1) 教学课件
(2) 微课
(3) 网络资源</td></tr>
<tr><td>序号</td><td>实施步骤</td><td colspan="5">实施内容</td></tr>
<tr><td>1</td><td>计划</td><td colspan="5"></td></tr>
<tr><td>2</td><td>准备工作</td><td colspan="5"></td></tr>
<tr><td>3</td><td>比较查询</td><td colspan="5"></td></tr>
<tr><td>4</td><td>逻辑运算符查询</td><td colspan="5"></td></tr>
<tr><td>5</td><td>范围查询</td><td colspan="5"></td></tr>
<tr><td>6</td><td>模糊查询</td><td colspan="5"></td></tr>
<tr><td>7</td><td>空值判断查询</td><td colspan="5"></td></tr>
<tr><td colspan="7">遇到的问题及其解决办法:</td></tr>
</table>

任务验收单

姓名		学号		组别	第　　组
班级		专业		日期	年　　月　　日
任务名称	任务 5.2　条件查询				
序号	验收内容	完成情况			
1	比较查询				
2	逻辑运算符查询				
3	范围查询				
4	模糊查询				
5	空值判断查询				

评量标准				
验收项目	A 级	B 级	C 级	自评
知识掌握情况	能够熟练根据指定条件查询数据，课堂表现出色	需要在老师和同学的帮助下完成指定条件的查询，课堂表现一般	不能完成指定条件的查询，课堂表现较差	
沟通合作	在小组的分工和协作下出色完成任务，并通过小组的讨论交流获得新的想法	在小组的分工和协作下基本完成任务，能达到预期的目标	缺乏沟通，不能有效进行交流，没有体现分工和协作的合作精神	
课堂任务完成质量	能够完全正确地按照老师的要求完成作业	能够按照老师的要求并在同学的帮助下正确地完成作业	不能完成老师布置的作业	
完成本次任务的收获及不足				

评价反馈单

<table>
<tr><td>姓名</td><td></td><td>学号</td><td></td><td>组别</td><td colspan="2">第　组</td></tr>
<tr><td>班级</td><td></td><td>专业</td><td></td><td>日期</td><td colspan="2">年　月　日</td></tr>
<tr><td>任务名称</td><td colspan="6">任务 5.2　条件查询</td></tr>
<tr><td>评价类别</td><td>项目</td><td colspan="3">子项目</td><td>个人评价</td><td>教师评价</td></tr>
<tr><td rowspan="12">专业能力（60%）</td><td rowspan="2">资讯（10%）</td><td colspan="3">获取信息（5%）</td><td></td><td></td></tr>
<tr><td colspan="3">引导问题回答（5%）</td><td></td><td></td></tr>
<tr><td rowspan="2">计划（5%）</td><td colspan="3">计划可执行度（3%）</td><td></td><td></td></tr>
<tr><td colspan="3">用具材料准备（2%）</td><td></td><td></td></tr>
<tr><td rowspan="3">实施（20%）</td><td colspan="3">知识掌握的正确性（5%）</td><td></td><td></td></tr>
<tr><td colspan="3">知识运用的灵活性（10%）</td><td></td><td></td></tr>
<tr><td colspan="3">操作方法的创新性（5%）</td><td></td><td></td></tr>
<tr><td rowspan="3">过程（15%）</td><td colspan="3">规范性（5%）</td><td></td><td></td></tr>
<tr><td colspan="3">问题处理（5%）</td><td></td><td></td></tr>
<tr><td colspan="3">设备的管理（5%）</td><td></td><td></td></tr>
<tr><td>结果（10%）</td><td colspan="3">任务完成质量（10%）</td><td></td><td></td></tr>
<tr><td rowspan="4">社会能力（20%）</td><td rowspan="2">团队合作（10%）</td><td colspan="3">小组成员合作良好（5%）</td><td></td><td></td></tr>
<tr><td colspan="3">对小组的贡献（5%）</td><td></td><td></td></tr>
<tr><td rowspan="2">敬业精神（10%）</td><td colspan="3">学习纪律性（5%）</td><td></td><td></td></tr>
<tr><td colspan="3">爱岗敬业和吃苦耐劳精神（5%）</td><td></td><td></td></tr>
<tr><td rowspan="2">方法能力（20%）</td><td>计划能力（10%）</td><td colspan="3">制订计划合理（10%）</td><td></td><td></td></tr>
<tr><td>决策能力（10%）</td><td colspan="3">计划选择正确（10%）</td><td></td><td></td></tr>
<tr><td colspan="7">对本次任务的建议和意见：</td></tr>
<tr><td rowspan="2">评价评语</td><td>教师签字</td><td></td><td>组长签字</td><td></td><td>总评</td><td></td></tr>
<tr><td colspan="6"></td></tr>
</table>

任务 5.3 高 级 查 询

任务目标

1．了解高级查询语句。
2．掌握聚合函数的使用方法。
3．掌握分组函数的使用方法。
4．掌握 having 子句的使用方法。

课程指导

1．任务要求：

（1）结合表 3.1.2，计算 course 表中学分的总和。

（2）计算 course 表中学时为 48 学时的课程总数。

（3）统计 course 表中不同课时的课程总数，同时为查询结果字段指定中文别名为“课程数”。

（4）统计 course 表中不同开课学期的课程数量、最高课时和最低学分。

（5）计算 course 表中每学期平均课时在 60 以下的记录。

2．学生分组研讨：

（1）如何使用聚合函数进行统计与计算。

（2）如何使用 group by 子句按照指定字段分组。

（3）如何使用 having 子句从分组中选择满足条件的组，对分组后的查询结果进一步筛选。

3．教师启发指导：查询结果如图 5.3.1 所示。

```
+----------+
| sum(学分) |
+----------+
|       18 |
+----------+
1 row in set (0.00 sec)

+------------+
| count(课时) |
+------------+
|          2 |
+------------+
1 row in set (0.00 sec)

+------+--------+
| 课时 | 课程数 |
+------+--------+
|   48 |      2 |
|   64 |      3 |
+------+--------+
2 rows in set (0.00 sec)

+----------+----------+----------+----------+
| 开课学期 | 课程数量 | 最高课时 | 最低学分 |
+----------+----------+----------+----------+
| 1        |        1 |       48 |        3 |
| 2        |        2 |       64 |        3 |
| 3        |        2 |       64 |        4 |
+----------+----------+----------+----------+
3 rows in set (0.00 sec)

+----------+----------+
| 开课学期 | 平均课时 |
+----------+----------+
| 1        |  48.0000 |
| 2        |  56.0000 |
+----------+----------+
2 rows in set (0.00 sec)
```

图 5.3.1 对 course 表进行高级查询

思维导图

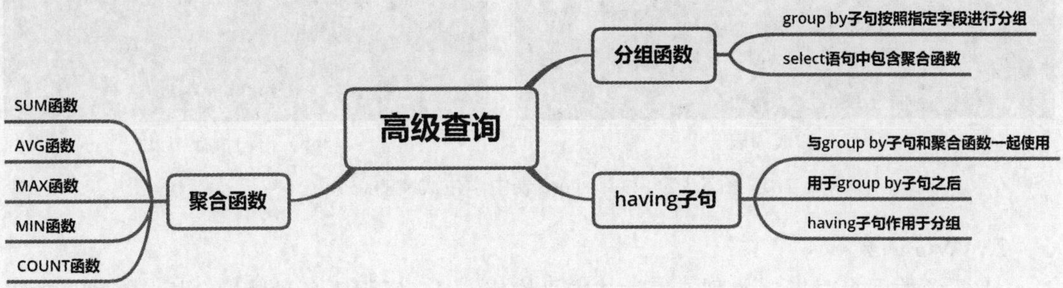

知 识 储 备

高级查询是建立在简单查询的基础上的，简单查询和条件查询能处理大部分需求，但当遇到一些复杂的查询需求时会难以处理，例如对查询结果进行排序、分组和分页等，接下来将详细介绍 MySQL 的高级查询，以处理更加复杂的查询需求。

数据统计分析包括聚合函数、分组查询、having 子句。进行高级查询时，select 子句用来指定查询结果中需要返回的值；from 子句用来指定从其中检索数据的表或视图；where 子句用来指定查询的条件；group by 子句用来指定查询结果的分组条件；having 子句用来对分组后的查询结果进行筛选。select 语句中各子句的执行顺序：from—where—group by—having—select—distinct—order by。

5.3.1 聚合函数

聚合函数

数据操作中，除对表中的数据进行添加、修改、查询外，还需要使用聚合函数对数据进行统计和计算。聚合函数还可以和分组操作一起使用，用于分析分组后的数据信息。常用的聚合函数包括 SUM 函数、AVG 函数、MAX 函数、MIN 函数、COUNT 函数等。

1. SUM 函数

SUM 函数用来计算指定某一列中所有数据的总和，通常与分组操作一起使用，以便对每个分组求和，用于分析分组后的数据信息。

说明：

（1）只能对数值类型的数据进行求和计算，如整数、小数、货币等。

（2）计算时忽略空值。

（3）可以使用 as 关键字为求解结果所对应的字段指定中文别名。

例 5.18 计算 score 表中学生成绩的总分。

SQL 语句如下：

```
select sum(成绩) as 总分 from score;
```

成绩表和语句执行结果如图 5.3.2 所示。

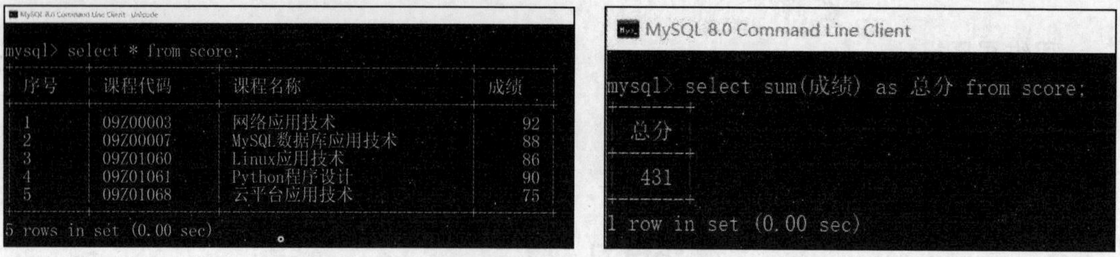

（a）成绩表　　　　（b）语句执行结果

图 5.3.2　计算 score 表中学生成绩的总分

2. AVG 函数

AVG 函数用来对指定的列或表达式求平均值，被广泛用于各种数据分析任务中。在使用 AVG 函数时，需要注意数据类型、NULL 值和输出结果的舍入等问题。

说明：

（1）只能对数值类型的数据求平均值。

（2）返回一个 DECIMAL 类型的值。

（3）可以使用 ROUND 函数控制输出结果的小数位数。

（4）计算时忽略空值。

（5）可以使用 as 关键字为求解结果所对应的字段指定中文别名。

例 5.19　计算 score 表中学生成绩的平均分。

SQL 语句如下：

```
select avg(成绩) as 平均分 from score;
```

执行结果如图 5.3.3 所示。

3. MAX 函数

MAX 函数用来计算数据表中指定字段数据中的最大值。

例 5.20　计算 score 表中学生成绩的最高分。

SQL 语句如下：

```
select max(成绩) as 最高分 from score;
```

执行结果如图 5.3.4 所示。

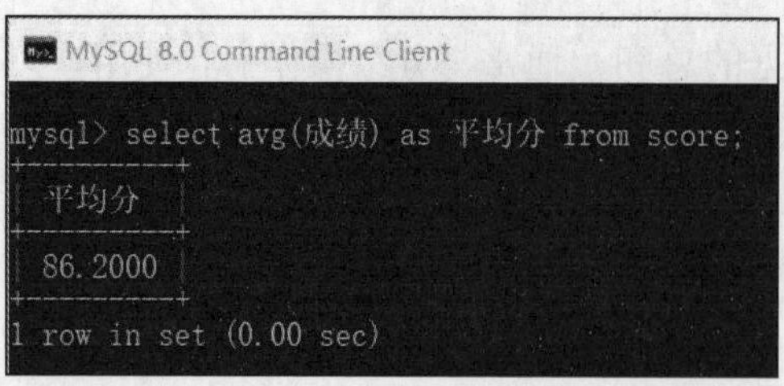

图 5.3.3　计算 score 表中学生成绩的平均分

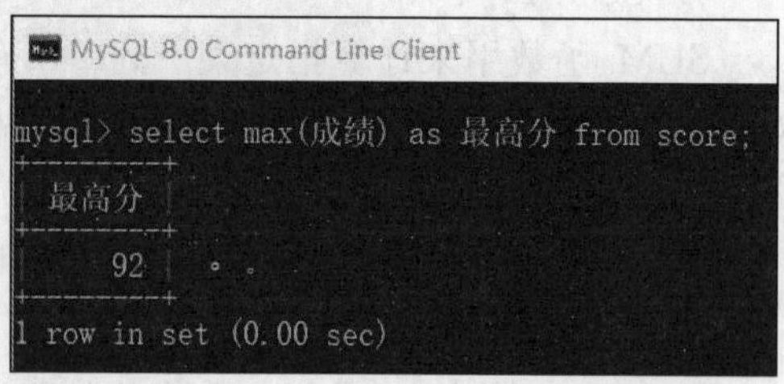

图 5.3.4　计算 score 表中学生成绩的最高分

4. MIN 函数

MIN 函数用来计算数据表中指定字段数据中的最小值。

例 5.21　计算 score 表中学生成绩的最低分。

SQL 语句如下：

```
select min(成绩) as 最低分 from score;
```

执行结果如图 5.3.5 所示。

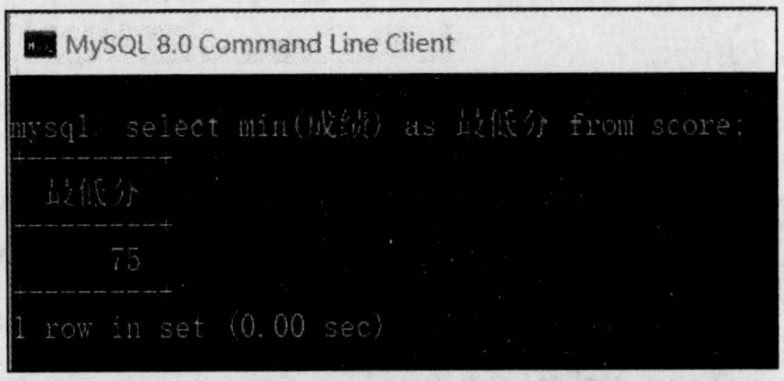

图 5.3.5　计算 score 表中学生成绩的最低分

5. COUNT 函数

COUNT 函数用于统计数据个数，返回 select 语句检索到的行中 expr 表达式的值不为 NULL 的行的总数。若找不到匹配的行，则返回 0。这里需要特别注意的是，expr 不仅仅可以是列名，也可以是其他任意表达式。

说明：

（1）表达式可以是常量 COUNT（1）、字段名 COUNT（column）、函数或表达式。

（2）ALL 表示对所有值进行统计。

（3）“*” COUNT（*）表示返回检索到的行的总数。

（4）统计时忽略空值。

（5）可以使用 as 关键字为求解结果所对应的字段指定中文别名。

例 5.22　统计 score 表中的课程总数。

SQL 语句如下：

```
select count(*) as 课程总数 from score;
```

执行结果如图 5.3.6 所示。

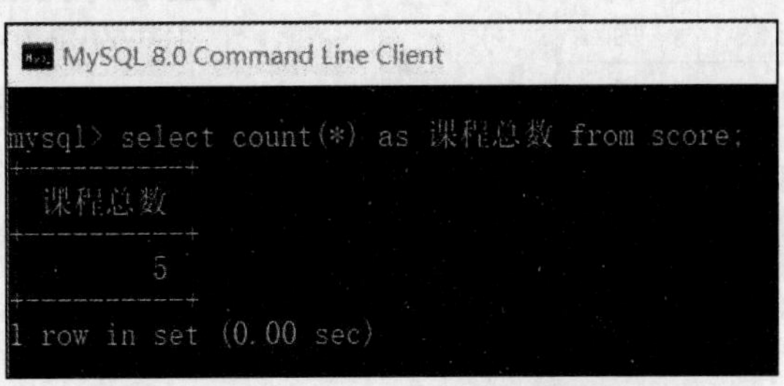

图 5.3.6　统计 score 表中的课程总数

分组函数

5.3.2　分组函数

查询数据时，如果要将数据的查询结果进行分组设置，则可以通过 group by 子句来实现数据分组功能。先按照指定字段进行分组，如果 select 语句中包含聚合函数，则 group by 将计算每组的汇总值。

例 5.23 统计 student 表中不同性别学生的人数，同时为查询结果字段指定中文别名为“人数”。

SQL 语句如下：

```
select 性别,count(学号) as 人数 from student group by 性别;
```

执行结果如图 5.3.7 所示。

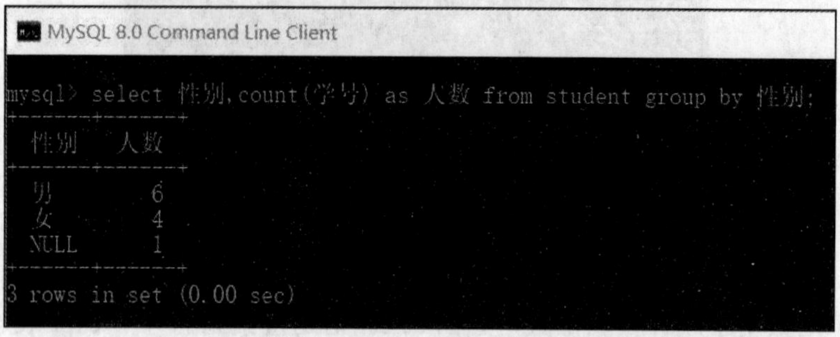

图 5.3.7 统计 student 表中不同性别学生的人数

说明：首先按“性别”字段进行分组，如图 5.3.8 所示，将表中数据按照“性别”分成两组，男生共 6 条记录，女生共 4 条记录。然后使用聚合函数“COUNT(学号)”统计每组中学生的人数。

学号	姓名	性别
1809Z010101	陈智文	男
1809Z010102	王浩然	男
1809Z010103	杨晨	男
1809Z010104	刘博文	男
1809Z010105	张静	女
1809Z010106	刘晓莹	女
1809Z010107	李志豪	男
1809Z010108	于航	男
1809Z010109	李婷婷	女
1809Z010110	吴美玉	女

group by 性别 →

学号	姓名	性别
1809Z010101	陈智文	男
1809Z010102	王浩然	男
1809Z010103	杨晨	男
1809Z010104	刘博文	男
1809Z010107	李志豪	男
1809Z010108	于航	男
1809Z010105	张静	女
1809Z010106	刘晓莹	女
1809Z010109	李婷婷	女
1809Z010110	吴美玉	女

图 5.3.8 student 表的分组

例 5.24 统计 student 表中不同性别学生的最大年龄、最小年龄和平均年龄。

SQL 语句如下：

```
select 性别,max(年龄) as 最大年龄, min(年龄) as 最小年龄, avg(年龄) as 平均年龄
from student group by 性别;
```

执行结果如图 5.3.9 所示。

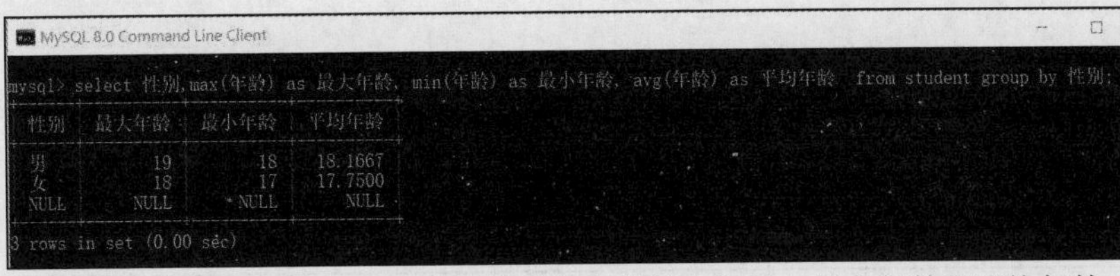

图 5.3.9　统计 student 表中不同性别学生的最大年龄、最小年龄和平均年龄

例 5.25　在 student 表中，按照性别分类统计不同政治面貌的学生人数。student 表信息参考图 3.1.1 所示的学生信息。

SQL 语句如下：

```
select 性别,政治面貌,count(学号) as 人数  from student
   group by 性别,政治面貌 order by 性别;
```

执行结果如图 5.3.10 所示。

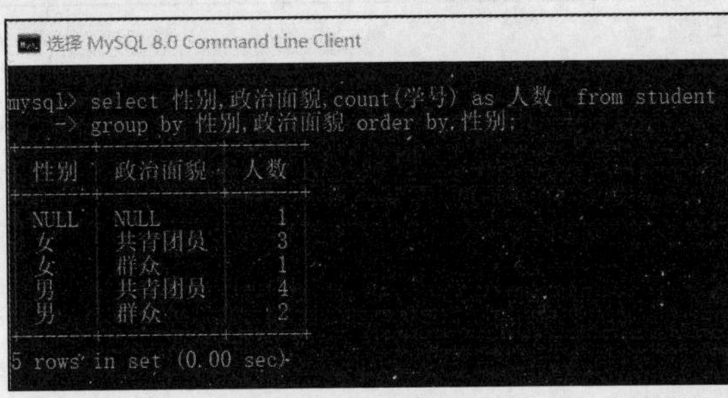

图 5.3.10　在 student 表中按照性别分类统计不同政治面貌的学生人数

5.3.3　having 子句

having 子句常与 group by 子句和聚合函数一起使用，用于 group by 子句之后，having 子句在 group by 子句之后起作用。having 子句作用于分组，从分组中选择满足条件的组，对分组后的查询结果进一步筛选，其存在弥补了 where 关键字不能与聚合函数联合使用的不足。

例 5.26　按性别进行分组，用 having 筛选 student 表中年龄在 18 岁及以上的学生的学号、姓名和平均年龄。

SQL 语句如下：

```
select 学号,姓名,avg(年龄)  as 平均年龄  from student
   group by 性别    having avg(年龄)>=18;
```

查询结果如图 5.3.11 所示。

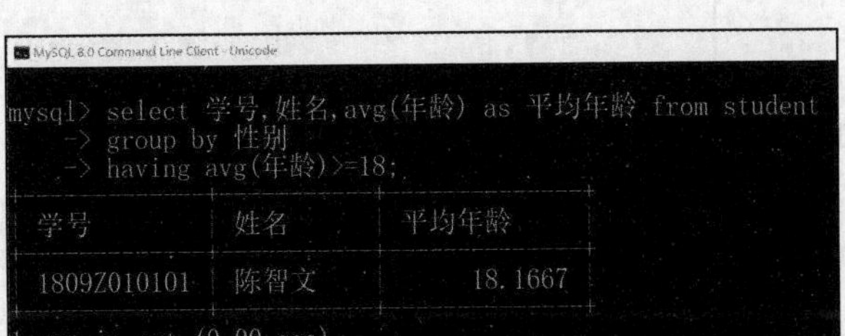

图 5.3.11　查询 student 表中年龄在 18 岁及以上的学生的学号、姓名和平均年龄

任务实施单

<table>
<tr><td>姓名</td><td></td><td>学号</td><td></td><td>组别</td><td colspan="2">第　组</td></tr>
<tr><td>班级</td><td></td><td>专业</td><td></td><td>日期</td><td colspan="2">年　月　日</td></tr>
<tr><td>任务名称</td><td colspan="4">任务 5.3　高级查询</td><td>学时</td><td></td></tr>
<tr><td>学生自我分析</td><td colspan="6">（1）知识基础：
（2）学习习惯：
（3）学习方法：
（4）学习能力：</td></tr>
<tr><td>学习资料</td><td colspan="6">（1）教学课件
（2）微课
（3）网络资源</td></tr>
<tr><td>序号</td><td colspan="2">实施步骤</td><td colspan="4">实施内容</td></tr>
<tr><td>1</td><td colspan="2">计划</td><td colspan="4"></td></tr>
<tr><td>2</td><td colspan="2">准备工作</td><td colspan="4"></td></tr>
<tr><td>3</td><td colspan="2">聚合函数</td><td colspan="4"></td></tr>
<tr><td>4</td><td colspan="2">分组函数</td><td colspan="4"></td></tr>
<tr><td>5</td><td colspan="2">having 子句</td><td colspan="4"></td></tr>
<tr><td colspan="7">遇到的问题及其解决办法：</td></tr>
</table>

任务验收单

姓名		学号		组别	第　组
班级		专业		日期	年　月　日
任务名称	任务 5.3　高级查询				
序号	验收内容	完成情况			
1	聚合函数				
2	分组函数				
3	having 子句				

评量标准				
验收项目	A 级	B 级	C 级	自评
听课情况	上课非常认真听讲，作业认真，参与讨论态度认真	认真听课，没有出现走神、讲闲话等现象	听课不认真，走神、讲闲话现象比较严重	
沟通合作	在分工的同时能很好地帮助本组其他成员完成工作，体现协作精神	在小组的分工和协作下基本完成任务，能达到预期的目标	缺乏沟通，不能有效进行交流，没有体现分工和协作的合作精神	
课堂任务完成质量	能够完全正确地按照老师的要求完成作业	能够按照老师的要求并在同学的帮助下正确地完成作业	不能完成老师布置的作业	
完成本次任务的收获及不足				

评价反馈单

姓名		学号		组别	第　组
班级		专业		日期	年　月　日
任务名称	任务 5.3　高级查询				

评价类别	项目	子项目	个人评价	教师评价
专业能力（60%）	资讯（10%）	获取信息（5%）		
		引导问题回答（5%）		
	计划（5%）	计划可执行度（3%）		
		用具材料准备（2%）		
	实施（20%）	知识掌握的正确性（5%）		
		知识运用的灵活性（10%）		
		操作方法的创新性（5%）		
	过程（15%）	规范性（5%）		
		问题处理（5%）		
		设备的管理（5%）		
	结果（10%）	任务完成质量（10%）		
社会能力（20%）	团队合作（10%）	小组成员合作良好（5%）		
		对小组的贡献（5%）		
	敬业精神（10%）	学习纪律性（5%）		
		爱岗敬业和吃苦耐劳精神（5%）		
方法能力（20%）	计划能力（10%）	制订计划合理（10%）		
	决策能力（10%）	计划选择正确（10%）		

对本次任务的建议和意见：

评价评语	教师签字		组长签字		总评	

课后习题

一、选择题

1．以下聚合函数中，求数据总和的是（　　）。

A．MAX　　B．SUM

C．COUNT　　D．AVG

2．SQL 语句中的条件用（　　）来表达。

A．then　　B．while

C．where　　D．if

3．查找姓名不是 NULL 的记录可以用（　　）来表达。

A．where name ! null　　B．where name not null

C．where name is not null　　D．where name!=null

4．SQL 的数据操纵语句包括 select、insert、update、delete 等。其中最重要的，也是使用最频繁的语句是（　　）。

A．update　　B．select

C．delete　　D．insert

5．以下（　　）用来分组。

A．order by　　B．like

C．group by　　D．having

6．按照姓名降序排列可以用（　　）来表达。

A．order by desc name　　B．order by name desc

C．order by name asc　　D．order by asc name

7．以下聚合函数中，求平均数的是（　　）。

A．count　　B．max

C．avg　　D．sum

8．select count(sal) from emp group by deptno;语句的意思是（　　）。

A．计算每个部门中员工的工资

B．计算每个部门中员工工资的大小

C．计算每个部门中员工工资的总和

D．统计每个部门中员工工资的个数

9．从 group by 分组的结果集中再次用条件表达式进行筛选的子句是（　　）。

A．from　　B．order by

C．having　　D．where

10．条件 between 20 and 30 表示年龄在 20 岁到 30 岁之间，且（　　）。

A．包括 20 岁，不包括 30 岁　　B．不包括 20 岁，包括 30 岁

C．不包括 20 岁和 30 岁　　D．包括 20 岁和 30 岁

11．返回字符串长度的函数是（　　）。

A．LEN　　B．LENGTH

C．LEFT　　D．LONG

12．条件“in(20,30,40)”表示（　　）。

A．年龄在 20 岁到 40 岁之间　　B．年龄在 20 岁到 30 岁之间

C．年龄是 20 岁或 30 岁或 40 岁　　D．年龄在 30 岁到 40 岁之间

13．下列选项中用来排序的是（　　）。

A．ordered by　　B．order by

C．group by　　D．limit

14．下列逻辑运算符的优先级，排列正确的是（　　）。

A．AND/NOT/OR　　B．NOT/AND/OR

C．OR/NOT/AND　　D．OR/AND/NOT

15．select 语句中过滤重复记录的关键字是（　　）。

A．distinct　　B．select

C．order by　　D．having

二、操作题

1．结合 customers 表和 cars 表，完成以下操作：

（1）查询 customers 表中所有顾客的 cid、name、phone。

（2）查询 customers 表中前 4 行的数据。

（3）查询 customers 表中第 2 条记录后的 3 条记录。

（4）查询 cars 表中所有汽车的品牌型号，要求输出的信息不重复。

（5）查询 cars 表中汽车的出厂日期在 2003-05-01 到 2008-12-30 之间的汽车编号、制造商和价格信息。

（6）查询 customers 表中购车编号为空的所有顾客信息。

2．student 表如题表 1 所示。

题表 1　student 表

学号	姓名	性别	年龄	学院	成绩
101	张强	男	20	信息工程	80
102	王丹	女	19	信息工程	90
103	刘丽	女	20	农牧工程	75
104	孙权	男	21	食品药品	85
105	吴欣	女	23	农牧工程	
106	王岩	男	22	信息工程	80

完成以下操作：

（1）用命令创建 student 表。

（2）用命令输入第1条记录。

（3）查询信息工程学院所有男生的信息。

（4）查询所有年龄大于或等于20、小于或等于22的学生信息。

（5）将所有同学的成绩提高5分。

（6）查询姓“王”的学生的姓名、性别和学院，按性别升序排序。

（7）查询农牧工程学院和食品药品学院的学生的姓名。

（8）列出没有成绩的学生的学号、姓名和学院。

项目6　多 表 查 询

教学目标

1. 知识目标:

（1）了解连接查询。

（2）掌握子查询的语法结构。

2. 能力目标:

（1）能熟练利用交叉连接、内连接、外连接语句进行表查询。

（2）能熟练使用子查询语句语法。

3. 素养目标:

（1）增强实际动手能力。

（2）养成遵守职业规范的习惯。

4. 思政目标:

培养学生主动学习的意识和兴趣，以及对终身学习的认同感。

教学重点

1. 连接查询。
2. 子查询。

教学难点

1. 连接查询。
2. 子查询。

学习任务

1. stu_info 表和 class_info 表的交叉连接查询。
2. stu_info 表和 class_info 表的内连接查询。
3. stu_info 表和 class_info 表的外连接查询。
4. stu_info 表和 class_info 表的子查询。

任务 6.1 连 接 查 询

任务目标

1. 了解连接查询。
2. 能熟练利用交叉连接、内连接、外连接语句进行表查询。

课程指导

1. 任务要求：
（1）创建数据表 city_info、weather_info 并填充内容。
（2）使用 cross join 关键字对两个表进行交叉连接。
（3）使用 inner join 关键字对两个表进行内连接。
（4）使用 left join、right join 关键字对两个表进行左右外连接。
2. 学生分组研讨：
（1）创建表的步骤。
（2）cross join 语句格式。
（3）内连接操作的语句格式。
（4）左右外连接的语法格式。
3. 教师启发指导：按照教材中的示例程序或者提前上网查询相关知识点。

思维导图

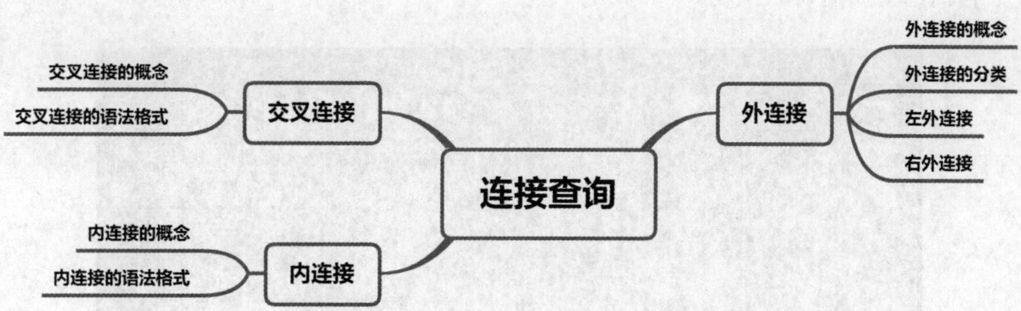

知 识 储 备

6.1.1 交叉连接

交叉连接

1. 交叉连接的概念

交叉连接，又称笛卡儿连接。交叉连接是一种将一个表的每一行数据与另一个表的每一行数据进行组合的查询方式。它是一种连接类型，将两个或多个表中的每一行相互匹配，生成所有可能的组合。也就是说，交叉连接是在不考虑任何限制条件的情况下，将两个或多个表中的所有记录组合在一起，生成一个新的表。交叉连接可以查询两个或两个以上的表，为了更好地理解，下面先介绍两个表的交叉连接查询。交叉连接一般用来返回连接表的笛卡儿积。

2. 交叉连接的语法格式

MySQL 中，交叉连接的语法格式如下：

```
select 字段名 from <table1> cross join <table2>[where 子句];
```

说明：

（1）cross join：关键字，交叉连接使用 cross join 关键字。

（2）字段名：需要查询的字段名称。如果想查询所有数据，则可以使用符号“*”。

（3）<table1><table2>：需要交叉连接的表名。

（4）where 子句：用来设置交叉连接的查询条件。

（5）总记录条数：table1 记录条数×table2 记录条数。

（6）总列数：table1 列数+table2 列数。

使用交叉连接查询数据时，如果不带 where 子句时，则返回的结果是被连接的两个表的笛卡儿积；如果带有 where 子句时，则返回的结果是被连接的两个表的笛卡儿积减去 where 子句限定而省略的行数。

例 6.1 使用 cross join 查询出两个表中的笛卡儿积。

（1）查询 stu_info 表中的数据。

SQL 语句如下：

```
Select * from stu_info;
```

查询结果如图 6.1.1 所示。

mysql> select * from stu_info;

学号	姓名	性别	年龄	出生日期	民族	政治面貌
1809Z010101	陈智文	男	18	2005-06-20	汉族	共青团员
1809Z010102	王浩然	男	19	2004-11-15	汉族	共青团员
1809Z010103	杨晨	男	18	2005-02-08	汉族	共青团员
1809Z010104	刘博文	男	18	2005-07-21	汉族	共青团员
1809Z010105	张静	女	18	2005-03-18	汉族	共青团员
1809Z010106	刘晓莹	女	18	2005-05-23	汉族	共青团员
1809Z010107	李志豪	男	18	2005-09-05	汉族	共青团员
1809Z010108	于航	男	18	2005-06-12	汉族	共青团员
1809Z010109	李婷婷	女	18	2005-10-16	汉族	共青团员
1809Z0101010	吴美玉	女	17	2006-06-29	汉族	共青团员

10 rows in set (0.00 sec)

图 6.1.1 查询 stu_info 表中的数据

（2）查询 class_info 表中的数据。

SQL 语句如下：

```
Select * from class_info;
```

查询结果如图 6.1.2 所示。

```
mysql> Select * from class_info;
+------+----------+--------------------+--------------+------+------+----------+
| 序号 | 课程代码 | 课程名称           | 课程类型     | 课时 | 学分 | 开课学期 |
+------+----------+--------------------+--------------+------+------+----------+
|    1 | 09Z00003 | 网络应用技术       | 专业基础课程 |   48 |    3 |        1 |
|    2 | 09Z00007 | MySQL数据库应用技术 | 专业基础课程 |   48 |    3 |        2 |
|    3 | 09Z01060 | Linux应用技术      | 专业基础课程 |   64 |    4 |        2 |
|    4 | 09Z01061 | Python程序设计     | 专业基础课程 |   64 |    4 |        3 |
|    5 | 09Z01068 | 云平台应用技术     | 专业基础课程 |   64 |    4 |        3 |
|    6 | 09Z01062 | 物联网规划与组建   | 专业基础课程 |   64 |    3 |        2 |
+------+----------+--------------------+--------------+------+------+----------+
6 rows in set (0.00 sec)
```

图 6.1.2 查询 class_info 表中的数据

（3）使用 cross join 查询出两个表中的笛卡儿积。

SQL 语句如下：

```sql
select * from stu_info cross join class_info;
```

查询结果如图 6.1.3 所示。

```
mysql> select * from stu_info cross join class_info;
| xuehao      | xingming | xingbie | nianling | chushengriqi | minzu | zhengzhi | id | kechengdaima | name                | leixing      | keshi | xuefen | x
ueqi |
| 1809Z010101 | 陈智文   | 男      |       18 | 2005-06-20   | 汉族  | 共青团员 |  5 | 09Z01068     | 云平台应用技术      | 专业基础课程 |    64 |      4 |
 3 |
| 1809Z010101 | 陈智文   | 男      |       18 | 2005-06-20   | 汉族  | 共青团员 |  4 | 09Z01061     | python程序设计      | 专业基础课程 |    64 |      4 |
 3 |
| 1809Z010101 | 陈智文   | 男      |       18 | 2005-06-20   | 汉族  | 共青团员 |  3 | 09Z01060     | Linux应用技术       | 专业基础课程 |    64 |      4 |
 2 |
| 1809Z010101 | 陈智文   | 男      |       18 | 2005-06-20   | 汉族  | 共青团员 |  2 | 09Z00007     | MySQL数据库应用技术 | 专业基础课程 |    48 |      3 |
 2 |
| 1809Z010101 | 陈智文   | 男      |       18 | 2005-06-20   | 汉族  | 共青团员 |  1 | 09Z00003     | 网络应用技术        | 专业基础课程 |    48 |      3 |
 1 |
| 1809Z010102 | 王浩然   | 男      |       19 | 2004-11-15   | 汉族  | 共青团员 |  5 | 09Z01068     | 云平台应用技术      | 专业基础课程 |    64 |      4 |
 3 |
| 1809Z010102 | 王浩然   | 男      |       19 | 2004-11-15   | 汉族  | 共青团员 |  4 | 09Z01061     | python程序设计      | 专业基础课程 |    64 |      4 |
 3 |
| 1809Z010102 | 王浩然   | 男      |       19 | 2004-11-15   | 汉族  | 共青团员 |  3 | 09Z01060     | Linux应用技术       | 专业基础课程 |    64 |      4 |
 2 |
| 1809Z010102 | 王浩然   | 男      |       19 | 2004-11-15   | 汉族  | 共青团员 |  2 | 09Z00007     | MySQL数据库应用技术 | 专业基础课程 |    48 |      3 |
 2 |
| 1809Z010102 | 王浩然   | 男      |       19 | 2004-11-15   | 汉族  | 共青团员 |  1 | 09Z00003     | 网络应用技术        | 专业基础课程 |    48 |      3 |
 1 |
| 1809Z010103 | 杨晨     | 男      |       18 | 2005-02-08   | 汉族  | 共青团员 |  5 | 09Z01068     | 云平台应用技术      | 专业基础课程 |    64 |      4 |
 3 |
| 1809Z010103 | 杨晨     | 男      |       18 | 2005-02-08   | 汉族  | 共青团员 |  4 | 09Z01061     | python程序设计      | 专业基础课程 |    64 |      4 |
 3 |
```

图 6.1.3 使用 cross join 查询出两个表中的笛卡儿积

执行以上 SQL 语句后，将会得到一个新的表，它的结构如图 6.1.4 所示。

```
mysql> select * from stu_info cross join class_info;
| xuehao      | xingming | xingbie | nianling | chushengriqi | minzu | zhengzhi | id | kechengdaima | name                | leixing      | keshi | xuefen | x
ueqi |
```

图 6.1.4 得到一个新的表

由运行结果可以看出，stu_info 和 class_info 表交叉连接查询后返回了多条记录。可以想象，当表中的数据较多时，得到的运行结果构成的表会非常长，而且也没太大的意义。因此，通过交叉连接的方式进行多表查询并不常用，我们应该尽量避免这种查询。

6.1.2 内连接

内连接

1. 内连接的概念

MySQL 数据库的内连接是一种在两个或多个表之间进行连接查询的方法。内连接也称为等值连接。内连接是基本的一种连接方式，其主要功能是将两个表中有相同值的行合并，从而得到所需要的查询结果。在 MySQL 数据库中，内连接可以使用 join 或 inner join 关键字实现。

2. 内连接的语法格式

内连接的语法格式如下：

```
select <字段名> from <表 1> inner join <表 2> [on 表格 1.列名 1 = 表格 2.列名 2]
```

说明：

（1）字段名：需要查询的字段名称。

（2）<表 1><表 2>：需要内连接的表名。

（3）inner join：内连接中可以省略 inner 关键字，只用关键字 join。

（4）on 子句：用来设置内连接的连接条件。

6.1.3 外连接

外连接

1. 外连接的概念

MySQL 是一种流行的关系数据库管理系统，它支持多种连接方式，其中最常用的是外连接。本小节将详细介绍 MySQL 外连接的用法。

外连接是一种连接方法，它允许检索两个或多个表中的数据，并显示所有符合条件的行，即使其中一个表中的行没有与另一个表中的行匹配。外连接不仅返回符合连接条件和查询条件的数据行，而且返回不符合条件的一些行。

2. 外连接的分类

MySQL 支持 3 种类型的外连接：左外连接、右外连接和完全外连接。三者的共同点是都返回符合连接条件和查询条件（即内连接）的数据行。三者的不同点如下：

左外连接还返回左表中不符合连接条件但符合查询条件的数据行。

右外连接还返回右表中不符合连接条件但符合查询条件的数据行。

在进行左外连接和右外连接时都会以一个表为基表，该表的内容会全部显示，然后加上两个表匹配的内容。如果基表的数据在另一个表中没有记录，那么在相关联的结果集中显示为空值（NULL）。

完全外连接结合了 left join 和 right join 的结果，返回左表和右表中的所有记录。如果某一边的表中没有匹配的记录，那么结果集中对应表的列将显示为 NULL。

3. 左外连接

以左表为基表，在 from 子句中使用关键字 left outer join 或关键字 left join 来连接两个表，并使用 on 子句来设置连接条件。左外连接又称左连接。两个表在连接过程中除返回满足连接条件的行以外，还返回左表中不满足条件的行。保证左表的数据完全显示，连接时右表中的数据能匹配就匹配，如果不能匹配就显示为 NULL，返回包括左表中的所有记录和右表中连接字段相等的记录。如图 6.1.5 所示，左外连接就是左边的整个圆。

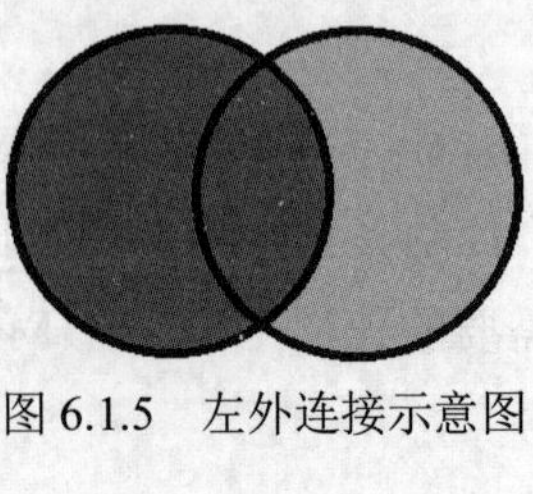

图 6.1.5　左外连接示意图

左连接的语法格式如下：

```
select 字段名 1 …
from 表名 1
left join 表名 2
on 表名 1.关系字段=表名 2.关系字段
left join 表名 3
on 表名 1.关系字段=表 3.关系字段
```

说明：

（1）字段名：需要查询的字段名称。

（2）<表名 1><表名 2>：需要左连接的表名。

（3）left outer join：左连接中可以省略 outer 关键字，只使用关键字 left join。

（4）on 子句：用来设置左连接的连接条件，不能省略。

例 6.2 左连接的使用。

在进行左连接查询之前，我们先查看课程信息表 class_info 和成绩表 score_info 两个表中的数据。

SQL 语句如下：

```
select * from class_info;
```

查询结果如图 6.1.6 和图 6.1.7 所示。

mysql> Select * from class_info;

序号	课程代码	课程名称	课程类型	课时	学分	开课学期
1	09Z00003	网络应用技术	专业基础课程	48	3	1
2	09Z00007	MySQL数据库应用技术	专业基础课程	48	3	2
3	09Z01060	Linux应用技术	专业基础课程	64	4	2
4	09Z01061	Python程序设计	专业基础课程	64	4	3
5	09Z01068	云平台应用技术	专业基础课程	64	4	3
6	09Z01062	物联网规划与组建	专业基础课程	64	3	2

6 rows in set (0.00 sec)

图 6.1.6 查询课程信息表 class_info 中的数据

mysql> select * from score_info;

序号	学号	课程代码	课程名称	分数
1	1809Z010101	09Z00003	网络应用技术	90
2	1809Z010102	09Z00007	MySQL数据库应用技术	88
3	1809Z010103	09Z01060	Linux应用技术	92
4	1809Z010104	09Z01061	Python程序设计	75
5	1809Z010105	09Z01068	云平台应用技术	86

5 rows in set (0.00 sec)

图 6.1.7 查看成绩信息表 score_info 中的数据

从以上查询结果可知，两个表都有课程名称这些数据，那么可以用左连接语句将课程信息表和成绩信息表进行连接，以课程信息表作为基表来左连接成绩表，SQL 语句如下：

```
select * from class_info left join score_info
on class_info.name=score_info.kcname;
```

查询结果如图 6.1.8 所示。

```
mysql> select * from class_info LEFT JOIN score_info
    -> ON class_info.课程名称=score_info.课程名称;
```

序号	课程代码	课程名称	课程类型	课时	学分	开课学期	序号	学号	课程代码	课程名称	分数
1	09Z00003	网络应用技术	专业基础课程	48	3	1	1	1809Z010101	09Z00003	网络应用技术	90
2	09Z00007	MySQL数据库应用技术	专业基础课程	48	3	2	2	1809Z010102	09Z00007	MySQL数据库应用技术	88
3	09Z01060	Linux应用技术	专业基础课程	64	4	2	3	1809Z010103	09Z01060	Linux应用技术	92
4	09Z01061	Python程序设计	专业基础课程	64	4	3	4	1809Z010104	09Z01061	Python程序设计	75
5	09Z01068	云平台应用技术	专业基础课程	64	4	3	5	1809Z010105	09Z01068	云平台应用技术	86
6	09Z01062	物联网规划与组建	专业基础课程	64	3	2	NULL	NULL	NULL	NULL	NULL

```
6 rows in set (0.00 sec)
```

图 6.1.8　查询结果

从结果可以看到，物联网规划与组建这门课，在成绩表里面没有体现，因此查询结果用 NULL 进行填充。

4. *右外连接*

右外连接又称右连接，是左连接的反向连接。以右表为基表，在 from 子句中使用关键字 right outer join 或关键字 right join 来连接两个表，并使用 on 子句来设置连接条件，返回右表中所有的行，即使左表中没有与之匹配的行。两个表在连接过程中除返回满足连接条件的行以外，还返回右表中不满足条件的行，保证右表的数据完全显示，连接时左表中的数据能匹配就匹配，如果不能匹配则显示为 NULL，返回包括右表中的所有记录和左表中连接字段相等的记录。如图 6.1.9 所示，右连接就是右边的整个圆。

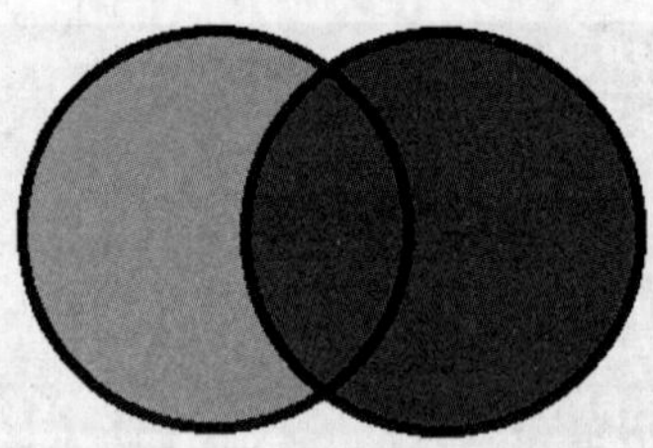

图 6.1.9　右外连接示意图

右连接的语法格式如下：

```
select 字段名 from 表名 1 right join 表名 2 on 连接条件;
select 字段名 1 …
from 表名 1
right join 表名 2
on 表名 1.关系字段=表名 2.关系字段
```

说明：

（1）字段名：需要查询的字段名称。

（2）<表名 1><表名 2>：需要右连接的表名。

（3）right outer join：右连接中可以省略 outer 关键字，只使用关键字 right join。

（4）on 子句：用来设置右连接的连接条件，不能省略。

与左连接相反，右连接以“表名 2”为基表，“表名 1”为参考表。右连接查询时，可以查询出“表名 2”中的所有记录和“表名 1”中匹配连接条件的记录。如果“表名 2”的某行在“表名 1”中没有匹配行，那么在返回结果中，“表名 1”的字段值均为空值（NULL）。

例 6.3 右连接的使用。

根据例 6.2 的情况，我们根据课程信息表 class_info 和成绩表 score_info 的查询结果，仍用左连接的语句，但将关键字修改为 right join，查看查询结果。

SQL 语句如下：

```
select * from class_info right join score_info on
class_info.name=score_info.kcname;
```

查询结果如图 6.1.10 所示。

序号	课程代码	课程名称	课程类型	课时	学分	开课学期	序号	学号	课程代码	课程名称	分数.
1	09Z00003	网络应用技术	专业基础课程	48	3	1	1	1809Z010101	09Z00003	网络应用技术	90
2	09Z00007	MySQL数据库应用技术	专业基础课程	48	3	2	2	1809Z010102	09Z00007	MySQL数据库应用技术	88
3	09Z01060	Linux应用技术	专业基础课程	64	4	2	3	1809Z010103	09Z01060	Linux应用技术	92
4	09Z01061	Python程序设计	专业基础课程	64	4	3	4	1809Z010104	09Z01061	Python程序设计	75
5	09Z01068	云平台应用技术	专业基础课程	64	4	3	5	1809Z010105	09Z01068	云平台应用技术	86

5 rows in set (0.00 sec)

图 6.1.10 查询结果

从以上查询结果可知，使用右连接时，由于成绩表 score_info 完全包含在课程信息表 class_info 内，因此使用课程信息表的右连接的查询结果相当于使用成绩表的左连接。如果修改基表，让成绩表 score_info 来右连接课程信息表，则会是什么查询结果。SQL 语句如下：

```
select * from score_info right join class_info
on class_info.name=score_info.kcname;
```

查询结果如图 6.1.11 所示。

序号	学号	课程代码	课程名称	分数	序号	课程代码	课程名称	课程类型	课时	学分	开课学期
1	1809Z010101	09Z00003	网络应用技术	90	1	09Z00003	网络应用技术	专业基础课程	48	3	1
2	1809Z010102	09Z00007	MySQL数据库应用技术	88	2	09Z00007	MySQL数据库应用技术	专业基础课程	48	3	2
3	1809Z010103	09Z01060	Linux应用技术	92	3	09Z01060	Linux应用技术	专业基础课程	64	4	2
4	1809Z010104	09Z01061	Python程序设计	75	4	09Z01061	Python程序设计	专业基础课程	64	4	3
5	1809Z010105	09Z01068	云平台应用技术	86	5	09Z01068	云平台应用技术	专业基础课程	64	4	3
NULL	NULL	NULL	NULL	NULL	6	09Z01062	物联网规划与组建	专业基础课程	64	3	2

6 rows in set (0.00 sec)

图 6.1.11 查询结果

从以上查询结果可以看到，调换基表之后，左表中没有数据的行，使用 NULL 进行了填充。

任务实施单

<table>
<tr><td>姓名</td><td></td><td>学号</td><td></td><td>组别</td><td colspan="2">第　组</td></tr>
<tr><td>班级</td><td></td><td>专业</td><td></td><td>日期</td><td colspan="2">年　月　日</td></tr>
<tr><td>任务名称</td><td colspan="4">任务 6.1　连接查询</td><td>学时</td><td></td></tr>
<tr><td>学生自我分析</td><td colspan="6">（1）知识基础：
（2）学习习惯：
（3）学习方法：
（4）学习能力：</td></tr>
<tr><td>学习资料</td><td colspan="6">（1）教学课件
（2）微课
（3）网络资源</td></tr>
<tr><td>序号</td><td>实施步骤</td><td colspan="5">实施内容</td></tr>
<tr><td>1</td><td>计划</td><td colspan="5"></td></tr>
<tr><td>2</td><td>准备工作</td><td colspan="5"></td></tr>
<tr><td>3</td><td>交叉连接</td><td colspan="5"></td></tr>
<tr><td>4</td><td>内连接</td><td colspan="5"></td></tr>
<tr><td>5</td><td>外连接</td><td colspan="5"></td></tr>
<tr><td colspan="7">遇到的问题及其解决办法：</td></tr>
</table>

任务验收单

<table>
<tr><td>姓名</td><td></td><td>学号</td><td></td><td>组别</td><td>第　组</td></tr>
<tr><td>班级</td><td></td><td>专业</td><td></td><td>日期</td><td>年　月　日</td></tr>
<tr><td>任务名称</td><td colspan="5">任务 6.1　连接查询</td></tr>
<tr><td>序号</td><td>验收内容</td><td colspan="4">完成情况</td></tr>
<tr><td>1</td><td>交叉连接</td><td colspan="4"></td></tr>
<tr><td>2</td><td>内连接、外连接</td><td colspan="4"></td></tr>
<tr><td colspan="6">评量标准</td></tr>
<tr><td>验收项目</td><td>A级</td><td>B级</td><td colspan="2">C级</td><td>自评</td></tr>
<tr><td>知识掌握情况</td><td>能够熟练说出交叉连接、内连接、外连接相关知识点，课堂表现出色</td><td>在教师的指导或同学的帮助下可以说出交叉连接、内连接、外连接相关知识点，课堂表现较好</td><td colspan="2">不能说出交叉连接、内连接、外连接相关知识点，课堂表现较差</td><td></td></tr>
<tr><td>课堂任务完成质量</td><td>能够说出交叉连接，完全正确地按照老师要求完成作业</td><td>能够按照老师的要求并在同学的帮助下正确地完成作业</td><td colspan="2">不能完成老师布置的作业</td><td></td></tr>
<tr><td>完成本次任务的收获及不足</td><td colspan="5"></td></tr>
</table>

评价反馈单

<table>
<tr><td>姓名</td><td></td><td>学号</td><td></td><td>组别</td><td colspan="2">第　　组</td></tr>
<tr><td>班级</td><td></td><td>专业</td><td></td><td>日期</td><td colspan="2">年　月　日</td></tr>
<tr><td>任务名称</td><td colspan="6">任务 6.1　连接查询</td></tr>
<tr><td>评价类别</td><td>项目</td><td colspan="3">子项目</td><td>个人评价</td><td>教师评价</td></tr>
<tr><td rowspan="11">专业能力（60%）</td><td rowspan="2">资讯（10%）</td><td colspan="3">获取信息（5%）</td><td></td><td></td></tr>
<tr><td colspan="3">引导问题回答（5%）</td><td></td><td></td></tr>
<tr><td rowspan="2">计划（5%）</td><td colspan="3">计划可执行度（3%）</td><td></td><td></td></tr>
<tr><td colspan="3">用具材料准备（2%）</td><td></td><td></td></tr>
<tr><td rowspan="3">实施（20%）</td><td colspan="3">知识掌握的正确性（5%）</td><td></td><td></td></tr>
<tr><td colspan="3">知识运用的灵活性（10%）</td><td></td><td></td></tr>
<tr><td colspan="3">操作方法的创新性（5%）</td><td></td><td></td></tr>
<tr><td rowspan="3">过程（15%）</td><td colspan="3">规范性（5%）</td><td></td><td></td></tr>
<tr><td colspan="3">问题处理（5%）</td><td></td><td></td></tr>
<tr><td colspan="3">设备的管理（5%）</td><td></td><td></td></tr>
<tr><td>结果（10%）</td><td colspan="3">任务完成质量（10%）</td><td></td><td></td></tr>
<tr><td rowspan="4">社会能力（20%）</td><td rowspan="2">团队合作（10%）</td><td colspan="3">小组成员合作良好（5%）</td><td></td><td></td></tr>
<tr><td colspan="3">对小组的贡献（5%）</td><td></td><td></td></tr>
<tr><td rowspan="2">敬业精神（10%）</td><td colspan="3">学习纪律性（5%）</td><td></td><td></td></tr>
<tr><td colspan="3">爱岗敬业和吃苦耐劳精神（5%）</td><td></td><td></td></tr>
<tr><td rowspan="2">方法能力（20%）</td><td>计划能力（10%）</td><td colspan="3">制订计划合理（10%）</td><td></td><td></td></tr>
<tr><td>决策能力（10%）</td><td colspan="3">计划选择正确（10%）</td><td></td><td></td></tr>
<tr><td colspan="7">对本次任务的建议和意见：</td></tr>
</table>

<table>
<tr><td rowspan="2">评价评语</td><td>教师签字</td><td></td><td>组长签字</td><td></td><td>总评</td><td></td></tr>
<tr><td colspan="6"></td></tr>
</table>

任务6.2　子　查　询

任务目标

1．使用 in 关键字进行子查询。
2．使用 exists 关键字进行子查询。
3．使用 any 关键字进行子查询。
4．使用 all 关键字进行子查询。

课程指导

1．任务要求：
（1）使用 select 命令查看 tu_info 学生信息表里面的内容。
（2）使用 in 关键字进行子查询。
（3）使用 exists 关键字进行子查询。
（4）使用 all 关键字进行子查询。
2．学生分组研讨：
（1）select 命令语法格式。
（2）in 关键字的作用。
（3）exists 关键字与 in 关键字的区别。
3．教师启发指导：回忆子查询的语法格式或者提前上网查询相关知识点。

思维导图

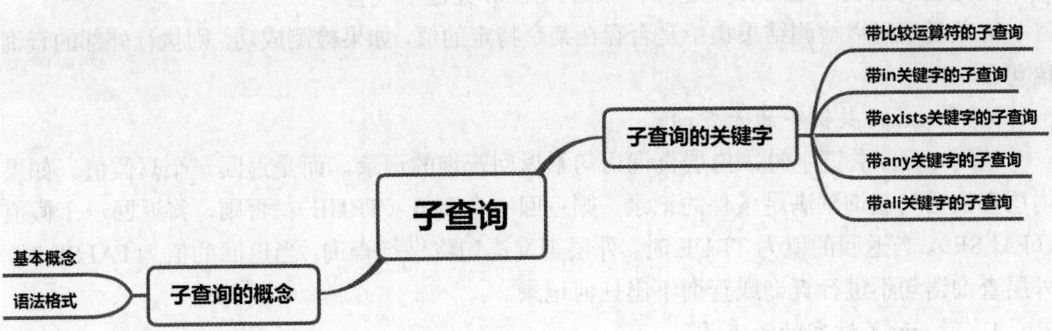

知 识 储 备

6.2.1　子查询的概念

1．基本概念
子查询，又称内部查询，指将一条查询语句嵌套在另一条查询语句中。子查询允许把一个查询嵌套在另一个查询当中。相对应的，将子查询包含起来的查询则被称为外部查询，或者称父查询。

2. 语法格式

子查询在 where 语句中的语法格式如下：

```
select * from 父表
where <表达式 1> <操作符 1> (子查询)
```

说明：

（1）表达式 1：所要求的条件。

（2）操作符 1：可以是比较运算符和 in、not in、exists、not exists 等关键字。

①in | not in：当表达式与子查询返回的结果集中的某个值相等时，返回 TRUE，否则返回 FALSE；若使用关键字 not，则返回的值正好相反。

②exists | not exists：用于判断子查询的结果集是否为空，若子查询的结果集不为空，则返回 TRUE，否则返回 FALSE；若使用关键字 not，则返回的值正好相反。

（3）子查询：就是要进行的子查询，格式可以为

```
select * from 子表 where <表达式 2> <操作符 2>
```

6.2.2 子查询的关键字

子查询的关键字

1. 带比较运算符的子查询

子查询可以使用比较运算符，包括=、!=、>、>=、<、<=等。比较运算符在子查询中广泛使用。

2. 带 in 关键字的子查询

只有子查询返回的结果集包含一个值时，比较运算符才适用。假如一个子查询返回的结果集是值的列表，这时比较运算符就必须用 in 关键字代替。

in 关键字可以检测结果集中是否存在某个特定的值，如果检测成功，则执行外部的查询语句。

3. 带 exists 关键字的子查询

使用 exists 关键字时，内层查询语句不返回查询的记录，而是返回一个真假值。如果内层查询语句查询到满足条件的记录，则返回一个真值（TRUE）；否则，将返回一个假值（FALSE）。当返回的值为 TRUE 时，外层查询语句将进行查询；当返回的值为 FALSE 时，外层查询语句不进行查询或查询不出任何记录。

4. 带 any 关键字的子查询

any 关键字表示满足其中任意一个条件，通常与比较运算符一起使用。使用 any 关键字时只要满足内层查询语句返回的结果集中的任何一个值，就可以通过该条件来执行外层查询语句。带 any 关键字的子查询的语法格式如下：

```
列名 比较运算符 any(子查询)
```

如果比较运算符是“<”，则表示小于子查询结果集中的某一个值；如果是“>”则表示至少大于子查询结果集中的某一个值（或者大于子查询结果集中的最小值）。

5. 带 all 关键字的子查询

all 关键字表示满足所有条件，通常与比较运算符一起使用。使用 all 关键字时，只有满足查询语句返回的所有结果，才可以执行外层查询语句。带 all 关键字的子查询的语法格式如下：

```
列名 比较运算符 all(子查询)
```

如果比较运算符是“<”，则表示小于子查询结果集中的任何一个值（或者小于子查询结果集中的最小值）；如果是“>”，则表大于子查询结果集中的任何一个值（或者大于子查询结果集中的最大值）。

说明：any 关键字和 all 关键字的使用方式是一样的，但是两者有很大的区别，使用 any 关键字时，只要满足内层查询语句返回的结果集中的任何一个值，就可以通过该条件来执行外层查询语句；而 all 关键字则需要满足内层查询语句返回的所有结果，才可以执行外层查询语句。

任务实施单

<table>
<tr><td>姓名</td><td></td><td>学号</td><td></td><td>组别</td><td colspan="2">第　组</td></tr>
<tr><td>班级</td><td></td><td>专业</td><td></td><td>日期</td><td colspan="2">年　月　日</td></tr>
<tr><td>任务名称</td><td colspan="4">任务 6.2　子查询</td><td>学时</td><td></td></tr>
<tr><td>学生自我分析</td><td colspan="6">（1）知识基础：
（2）学习习惯：
（3）学习方法：
（4）学习能力：</td></tr>
<tr><td>学习资料</td><td colspan="6">（1）教学课件
（2）微课
（3）网络资源</td></tr>
<tr><td>序号</td><td>实施步骤</td><td colspan="5">实施内容</td></tr>
<tr><td>1</td><td>计划</td><td colspan="5"></td></tr>
<tr><td>2</td><td>准备工作</td><td colspan="5"></td></tr>
<tr><td>3</td><td>子查询的概念</td><td colspan="5"></td></tr>
<tr><td>4</td><td>子查询的关键字</td><td colspan="5"></td></tr>
<tr><td colspan="7">遇到的问题及其解决办法：</td></tr>
</table>

任务验收单

<table>
<tr><td>姓名</td><td></td><td>学号</td><td></td><td>组别</td><td colspan="2">第　组</td></tr>
<tr><td>班级</td><td></td><td>专业</td><td></td><td>日期</td><td colspan="2">年　月　日</td></tr>
<tr><td>任务名称</td><td colspan="6">任务 6.2　子查询</td></tr>
<tr><td>序号</td><td>验收内容</td><td colspan="5">完成情况</td></tr>
<tr><td>1</td><td>子查询的概念</td><td colspan="5"></td></tr>
<tr><td>2</td><td>子查询的关键字</td><td colspan="5"></td></tr>
<tr><td colspan="7">评量标准</td></tr>
<tr><td>验收项目</td><td>A 级</td><td colspan="2">B 级</td><td colspan="2">C 级</td><td>自评</td></tr>
<tr><td>知识掌握情况</td><td>能够熟练说出子查询的概念、子查询的分类，课堂表现出色</td><td colspan="2">在教师的指导或同学的帮助下可以说出子查询的概念、子查询的分类，课堂表现较好</td><td colspan="2">不能说出子查询的概念、子查询的分类，课堂表现较差</td><td></td></tr>
<tr><td>课堂任务完成质量</td><td>能够完全正确地按照老师的要求完成作业</td><td colspan="2">能够按照老师的要求并在同学的帮助下正确地完成作业</td><td colspan="2">不能完成老师布置的作业</td><td></td></tr>
<tr><td>完成本次任务的收获及不足</td><td colspan="6"></td></tr>
</table>

评价反馈单

姓名		学号		组别	第　组
班级		专业		日期	年　月　日
任务名称	任务 6.2　子查询				

评价类别	项目	子项目	个人评价	教师评价
专业能力（60%）	资讯（10%）	获取信息（5%）		
		引导问题回答（5%）		
	计划（5%）	计划可执行度（3%）		
		用具材料准备（2%）		
	实施（20%）	知识掌握的正确性（5%）		
		知识运用的灵活性（10%）		
		操作方法的创新性（5%）		
	过程（15%）	规范性（5%）		
		问题处理（5%）		
		设备的管理（5%）		
	结果（10%）	任务完成质量（10%）		
社会能力（20%）	团队合作（10%）	小组成员合作良好（5%）		
		对小组的贡献（5%）		
	敬业精神（10%）	学习纪律性（5%）		
		爱岗敬业和吃苦耐劳精神（5%）		
方法能力（20%）	计划能力（10%）	制订计划合理（10%）		
	决策能力（10%）	计划选择正确（10%）		

对本次任务的建议和意见：

评价评语	教师签字		组长签字		总评	

课后习题

一、选择题

1．交叉连接，又称（　　）。

A．笛卡儿连接　　B．高斯连接

C．波尔连接　　D．内外连接

2．交叉连接所使用的关键字是（　　）。

A．left join　　B．right join

C．cross join　　D．full join

3．子查询，又称（　　）。

A．内部查询　　B．外部查询

C．左查询　　D．右查询

4．以下关键字用于更新的是（　　）。

A．cascade　　B．delete

C．restrict　　D．update

二、判断题

1．当对多个表进行查询时，要在 select 语句后面指定字段来源于哪一个表。（　　）

2．外连接不但返回符合连接和查询条件的数据行，还返回不符合条件的一些行。（　　）

3．子查询，又称内部查询，指将一条查询语句嵌套在另一条查询语句中。（　　）

4．子查询不允许把一个查询嵌套在另一个查询当中。（　　）

三、简答题

1．简述交叉连接的概念。

2．简述子查询的概念。

四、操作题

1．创建数据表 city_info、weather_info 并填充内容。

2．使用 cross join 关键字对两个表进行交叉连接。

3．使用 inner join 关键字对两个表进行内连接。

4．使用 left join、right join 关键字对两个表进行左右外连接。

项目 7　视图和索引

教学目标

1. 知识目标：

（1）了解视图管理的基本概念。

（2）掌握视图数据操作。

（3）掌握索引的创建、查看与删除操作。

2. 能力目标：

（1）能熟练对视图进行相关管理及数据操作。

（2）能熟练对表的索引进行相关操作，包括创建、查看、删除操作。

3. 素养目标：

（1）增强实际动手能力。

（2）养成遵守职业规范的习惯。

4. 思政目标：

培养学生主动学习的意识和兴趣，以及对终身学习的认同感。

教学重点

1. 视图的创建、查看。
2. 索引的创建。

教学难点

1. 视图数据操作。
2. 查看索引。
3. 删除索引。

学习任务

1. 了解视图和索引的概念及操作方法。
2. 创建单表视图 stu_info2。
3. 创建多表视图 class_info2。
4. 修改、删除视图 class_info2。
5. 创建索引。

任务 7.1 视 图 管 理

任务目标

1. 掌握视图的概念。
2. 创建一个视图。
3. 对创建的视图进行查看。
4. 对创建的视图进行更新。
5. 删除创建的视图。

课程指导

1. 任务要求：

（1）创建两个新的表，分别为火车时刻表 train_time、客车时刻表 bus_time，并填充内容。

（2）创建多表视图 trafic_time。

（3）修改视图 trafic_time。

（4）删除视图 trafic_time。

2. 学生分组研讨：

（1）火车时刻表、客车时刻表的数据合理性。

（2）创建多表视图的语法格式。

（3）修改、删除视图的语法格式。

3. 教师启发指导：视图的创建与删除。

思维导图

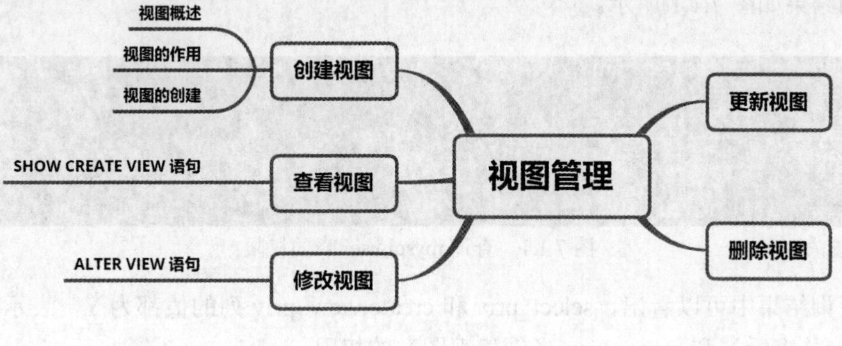

知 识 储 备

7.1.1 创建视图

视图的相关操作

1. 视图概述

视图是一个虚拟表，是从数据库中的一个或多个表中导出来的表，其内容由查询定义。

同真实的表一样，视图包含一系列带有名称的列和行数据。但是，数据库中只存放了视图的定义，而没有存放视图中的数据。这些数据存放在原来的表中。使用视图查询数据时，数据库系统会从原表中取出对应的数据。因此，视图中的数据依赖原表中的数据。一旦原表中的数据发生改变，显示在视图中的数据也会发生改变。

2. 视图的作用

对所引用的基础表来说，视图的作用类似于筛选。定义视图的筛选可以来自当前或其他数据库的一个或多个表，或者其他视图。通过视图进行查询没有任何限制，通过视图修改数据时的限制也很少。

3. 视图的创建

创建视图是指在已经存在的数据库表上建立视图。视图可以建立在一个表中，也可以建立在多个表中。下面主要介绍创建视图的方法。

（1）查看创建视图的权限。创建视图需要具有 create view 的权限，同时应该具有查询涉及的列的 select 权限。可以使用 select 语句来查询这些权限信息，查询语法如下：

```
select selete_priv,create_view_priv from mysql.user where user='用户名';
```

说明：

①selete_priv：表示用户是否具有 select 权限，Y 表示拥有 select 权限，N 表示没有 select 权限。

②create_view_priv：表示用户是否具有 create view 权限。

③mysql.user：表示 mysql 数据库下面的 user 表。

④用户名：表示要查询是否拥有 drop 权限的用户，该参数需要用单引号。

例 7.1 查询 mysql.user 表的权限。

SQL 语句如下：

```
select select_priv,create_view_priv from mysql.user where user='root';
```

查询结果如图 7.1.1 所示。

```
mysql> select select_priv,create_view_priv from mysql.user where user='root';
+-------------+------------------+
| select_priv | create_view_priv |
+-------------+------------------+
| Y           | Y                |
+-------------+------------------+
1 row in set (0.00 sec)
```

图 7.1.1 查询 mysql.user 表的权限

从查询结果中可以看出，select_priv 和 create view_priv 列的值都为 Y，表示 root 用户具有 select（查看）和 create view（创建视图）的权限。

（2）创建视图。在 MySQL 中，创建视图是通过 create view 语句实现的，其语法格式如下：

```
create [algorithm={undefined|merge|temptable}]
view 视图名[(属性清单)]
as select 语句
[with[cascaded|local] check option]:
```

说明：

①algorithm：可选参数，表示视图选择的算法。

②视图名：表示要创建的视图名称。

③属性清单：可选参数，指定视图中各个属性的名词，默认情况下与 select 语句中查询的属性相同。

④select 语句：一条完整的查询语句，表示从某个表中查询出某些满足条件的记录，将这些记录导入视图。

⑤wth check option：可选参数，表示更新视图时要保证在该视图的权限范围之内。

7.1.2 查看视图

查看视图是指查看数据库中已存在的视图。查看视图必须要有 show view 权限。查看视图主要通过 SHOW CREATE VIEW 语句实现。

在 MySOL 中，可以使用 SHOW CREATE VIEW 语句查看视图的详细定义。其语法格式如下：

```
SHOW CREATE VIEW 视图名
```

例 7.2 使用 SHOW CREATE VIEW 语句查看视图 class_info2 的详细定义。

SQL 语句如下：

```
SHOW CREATE VIEW class_info2 \G
```

查看结果如图 7.1.2 所示。

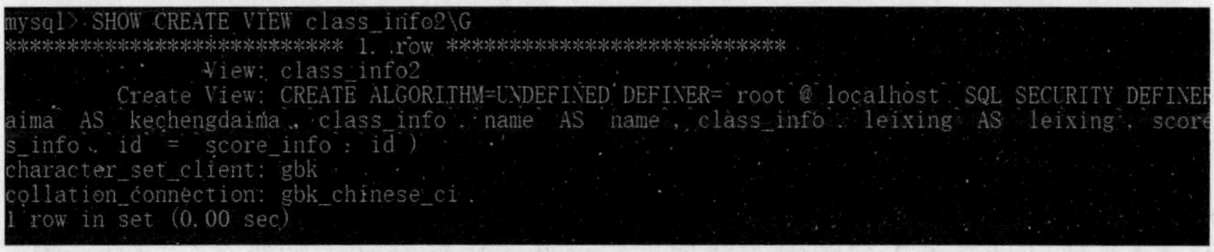

```
mysql> SHOW CREATE VIEW class_info2\G
*************************** 1. row ***************************
                View: class_info2
         Create View: CREATE ALGORITHM=UNDEFINED DEFINER=`root`@`localhost` SQL SECURITY DEFINER
aima` AS `kechengdaima`, `class_info`.`name` AS `name`, `class_info`.`leixing` AS `leixing`, `score
s_info`.`id` = `score_info`.`id`)
character_set_client: gbk
collation_connection: gbk_chinese_ci
1 row in set (0.00 sec)
```

图 7.1.2 查看视图 class_info2 的详细定义

通过 SHOW CREATE VIEW 语句，可以查看视图的所有信息。

7.1.3 修改视图

修改视图是指修改数据库中已存在的表的定义。当基本表的某些字段发生改变时，可以通过修改视图来保持视图和基本表之间的一致。MySQL 中可以通过 CREATE OR REPLACE VIEW 语句和 ALTER VIEW 语句来修改视图，下面详细介绍 ALTER VIEW 语句。

ALTER VIEW 语句改变了视图的定义，包括被索引视图，但不影响所依赖的存储过程或触发器。该语句与 CREATE VIEW 语句有着同样的限制，如果删除并重建了一个视图，那么就必须重新为它分配权限。ALTER VIEW 语句的语法格式如下：

```
ALTER VEW [algorithm={merge|temptable|undefined)} VIEW view_name [(column list)]
AS select_statement  [WITH[cascaded|local] CHECK OPTION]
```

说明：

（1）algorithm：该参数已经在创建视图中做了介绍，这里不再赘述。

（2）view_name：视图的名称。

（3）select_statement：SQL 语句，用于限定视图。

注意：若在创建视图时使用了 WITH CHECK OPTION、WITH ENCRYPTION、WITH SCHEMABING 或 VIEW_METADATA 选项，那么在修改视图时想保留这些选项提供的功能，必须在 ALTER VIEW 语句中也使用这些选项。

例 7.3 修改 class_info2 视图，将原有的 kcdm1、mc1、lx1 和 df1 四个属性更改为 kcdm1、mc1、lx1 三个属性。

SQL 语句如下：

```
ALTER VIEW class_info2(kcdm1,mc1,lx1)
as select class_info.kechengdaima,name,leixing
from class_info,score_info where class_info.id=score_info.id;
```

结果显示修改成功，如图 7.1.3 所示。

```
mysql> ALTER VIEW class_info2(kcdm1,mc1,lx1)
    -> as select class_info.kechengdaima,name,leixing
    -> from class_info,score_info where class_info.id=score_info.id;
Query OK, 0 rows affected (0.01 sec)
```

图 7.1.3 修改 class_info2 视图

7.1.4 更新视图

对视图的更新其实就是对表的更新，更新视图是指通过视图来插入（insert）、更新（update）和删除（delete）表中的数据。因为视图是一个虚拟表，其中没有数据，所以更新视图时，都是转换到基本表来更新的。更新视图时，只能更新权限范围内的数据，一旦超出了范围就不能更新。本小节将通过一个具体的实例来介绍更新视图的方法。

例 7.4 对 class_info2 视图中的数据进行更新。更新视图中的第 4 行记录，将 python 程序设计的值修改为“Java Web 程序设计”。

SQL 语句如下：

```
update class_info2 set mc1='Java Web 程序设计'
where kcdm1='09Z01061';
```

执行结果如图 7.1.4 所示。

```
mysql> update class_info2 set mc1='Java Web 程序设计'
    -> where kcdm1='09Z01061';
Query OK, 1 row affected (0.01 sec)
Rows matched: 1  Changed: 1  Warnings: 0
```

图 7.1.4 更新 class_info2 视图中的第 4 行记录

7.1.5 删除视图

删除视图是指删除数据库中已存在的视图。删除视图时，只能删除视图的定义，不会删除数据。MySQL 中，使用 DROP VIEW 语句来删除视图。但是，用户必须拥有 DROP

权限。本小节将介绍删除视图的方法。

DROP VIEW 语句的语法格式如下：

```
DROP VIEW IF EXISTS<视图名>[RESTRICT|CASCADE]
```

其中，IF EXISTS 参数用来判断视图是否存在，如果存在则执行；如果不存在则不执行。

例 7.5 删除前面例题中一直使用的 class_info2 视图。

SQL 语句如下：

```
DROP VIEW IF EXISTS class_info2;
```

执行结果如图 7.1.5 所示，显示 class_info2 视图删除成功。

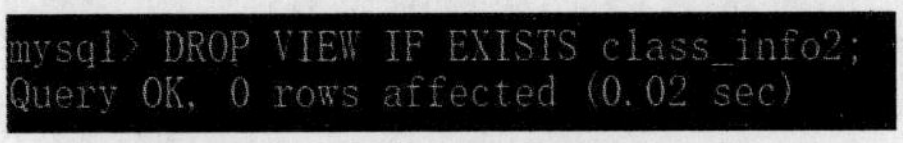

图 7.1.5 删除 class_info2 视图

任务实施单

<table>
<tr><td>姓名</td><td></td><td>学号</td><td></td><td>组别</td><td colspan="2">第　　组</td></tr>
<tr><td>班级</td><td></td><td>专业</td><td></td><td>日期</td><td colspan="2">年　月　日</td></tr>
<tr><td>任务名称</td><td colspan="4">任务 7.1　视图管理</td><td>学时</td><td></td></tr>
<tr><td>学生自我分析</td><td colspan="6">（1）知识基础：
（2）学习习惯：
（3）学习方法：
（4）学习能力：</td></tr>
<tr><td>学习资料</td><td colspan="6">（1）教学课件
（2）微课
（3）网络资源</td></tr>
<tr><td>序号</td><td>实施步骤</td><td colspan="5">实施内容</td></tr>
<tr><td>1</td><td>计划</td><td colspan="5"></td></tr>
<tr><td>2</td><td>准备工作</td><td colspan="5"></td></tr>
<tr><td>3</td><td>创建视图</td><td colspan="5"></td></tr>
<tr><td>4</td><td>查看视图</td><td colspan="5"></td></tr>
<tr><td>5</td><td>修改视图</td><td colspan="5"></td></tr>
<tr><td>6</td><td>更新视图</td><td colspan="5"></td></tr>
<tr><td>7</td><td>删除视图</td><td colspan="5"></td></tr>
<tr><td colspan="7">遇到的问题及其解决办法：</td></tr>
</table>

任务验收单

姓名		学号		组别	第　组
班级		专业		日期	年　月　日
任务名称	任务 7.1　视图管理				

序号	验收内容	完成情况
1	视图的概念	
2	视图的相关操作	

评量标准

验收项目	A 级	B 级	C 级	自评
知识掌握情况	能够熟练说出视图的概念，能对视图进行相关操作，课堂表现出色	在教师的指导或同学的帮助下可以说出视图的概念，能对视图进行相关操作，课堂表现较好	不能说出视图的概念，能对视图进行相关操作，课堂表现较差	
课堂任务完成质量	能够说出视图的概念和相关操作，完全正确地按照老师的要求完成作业	能够按照老师的要求并在同学的帮助下正确地完成作业	不能完成老师布置的作业	
完成本次任务的收获及不足				

评价反馈单

姓名		学号		组别	第　组
班级		专业		日期	年　月　日
任务名称	任务 7.1　视图管理				

评价类别	项目	子项目	个人评价	教师评价
专业能力（60%）	资讯（10%）	获取信息（5%）		
		引导问题回答（5%）		
	计划（5%）	计划可执行度（3%）		
		用具材料准备（2%）		
	实施（20%）	知识掌握的正确性（5%）		
		知识运用的灵活性（10%）		
		操作方法的创新性（5%）		
	过程（15%）	规范性（5%）		
		问题处理（5%）		
		设备的管理（5%）		
	结果（10%）	任务完成质量（10%）		
社会能力（20%）	团队合作（10%）	小组成员合作良好（5%）		
		对小组的贡献（5%）		
	敬业精神（10%）	学习纪律性（5%）		
		爱岗敬业和吃苦耐劳精神（5%）		
方法能力（20%）	计划能力（10%）	制订计划合理（10%）		
	决策能力（10%）	计划选择正确（10%）		

对本次任务的建议和意见：

评价评语	教师签字		组长签字		总评	

任务 7.2　索　　引

任务目标

1．掌握索引的概念。

2．了解索引的分类。

3．创建索引。

4．对创建的索引进行查看。

5．删除创建的索引。

课程指导

1．结合汽车时刻表 bus_time，本次任务的要求如下：

（1）在汽车时刻表 bus_time 中，用 INDEX 关键字创建名为 bus_info 的索引。

（2）在汽车时刻表 bus_time 中，查看创建的索引。

（3）在汽车时刻表 bus_time 中，删除创建的索引。

2．学生分组研讨：

（1）用 INDEX 关键字创建索引的语法格式。

（2）查看到的索引内容有何变化。

（3）删除索引之后，再次查询会有什么现象。

3．教师启发指导。

（1）在汽车时刻表 bus_time 中，用 INDEX 关键字创建索引。

（2）在汽车时刻表 bus_time 中，用 show index from score 语句查看索引。

（3）在汽车时刻表 bus_time 中，用 DROP INDEX 语句删除索引。

思维导图

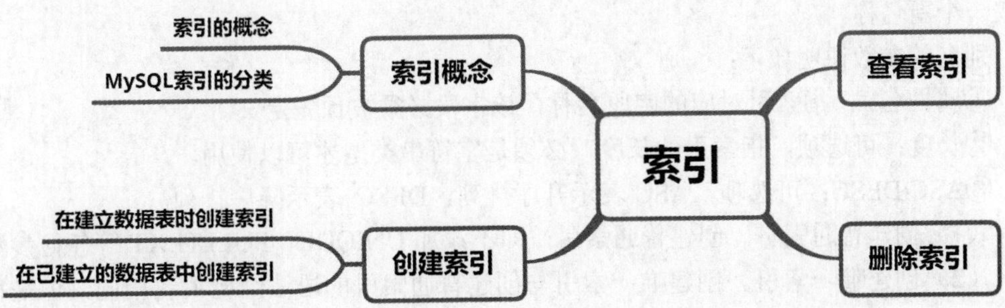

知 识 储 备

索引的概念

7.2.1 索引概述

1. 索引的概念

索引是一种特殊的数据库结构，是提高数据库性能的重要方式，可以用来快速查询数据表中的特定记录，MySQL 中所有的数据类型都可以被索引。

2. MySQL 索引的分类

MySQL 的索引包括普通索引、唯一索引、全文索引、单列索引、多列索引和空间索引等。

7.2.2 创建索引

创建索引

创建索引是指在某个表的至少一列中建立索引，以提高表的访问速度和数据库的性能。

1. 在建立数据表时创建索引

在建立数据表时可以直接创建索引，这种方式比较直接，且方便、易用。在建立数据表时创建索引的语法结构如下：

```
create table table name
(
属性名 数据类型[约束条件],
属性名 数据类型[约束条件]
属性名 数据类型
[UNIQUE|FULLTEXT|SPATIAL]  INDEX  KEY
[别名](属性名 1[(长度)][ASC|DESC])
);
```

其中，属性名后的属性值的含义如下：

①UNIQUE：可选项，表明索引为唯一索引。

②FULLTEXT：可选项，表明索引为全文索引。

③SPATIAL：可选项，表明索引为空间索引。INDEX 和 KEY 参数用于指定字段索引，用户在选择时，只需要选择其中的一种即可；另外，别名为可选项，其作用是给创建的索引取一个新名称。

别名的参数说明如下：

①属性名 1：指索引对应的字段名称，该字段必须被预先定义。

②长度：可选项，指索引的长度，必须是字符串类型才可以使用。

③ASC/DESC：可选项，ASC 表示升序排列，DESC 表示降序排列。

（1）创建普通索引。创建普通索引，即不添加 UNIQUE、FULLTEXT 等任何参数。

（2）创建唯一索引。创建唯一索引与创建普通索引的语法结构大致相同，但是在创建唯一索引时，需要使用 UNIQUE 进行约束。

（3）创建全文索引。与普通索引和唯一索引不同，全文索引只能作用在 CHAR、

VARCHAR、TEXT 类型的字段上。创建全文索引需要使用 FULLTEXT 进行约束。

（4）创建单列索引。创建单列索引，即在数据表的单个字段上创建索引。创建该类型索引不需要引入约束参数，只指定单列字段名即可。

（5）创建多列索引。与创建单列索引相似，创建多列索引时，指定数据表的多个字段即可实现。

2. 在已建立的数据表中创建索引

在 MySQL 中，不但可以在建立数据表时创建索引，也可以直接在已经建立的数据表的一个或几个字段上创建索引。其语法结构如下：

```
CREATET[UNIQUET|FULLTEXTI|SPATIAL] INDEX index_name
ON table_name(属性[(length)][ASC|DESC]);
```

说明：

（1）index_name：索引名称，可赋予创建的索引新的名称。

（2）table_name：表名，即指定创建索引的表名称。

（3）可选参数：指定索引类型，包括 UNIQUE（唯一索引）、FULLTEXT（全文索引）、SPATIAL（空间索引）。

（4）属性参数：指定索引对应的字段名称。该字段必须已经预存在用户想要操作的数据表中，如果该数据表中不存在用户指定的字段，则系统会提示异常。

（5）length：可选参数，用于指定索引的长度。

（6）ASC 和 DESC：指定数据表的排序顺序。

7.2.3 查看索引

MySQL 是一个常用的关系数据库管理系统，索引是 MySQL 中重要的性能优化方式之一。在 MySQL 中，我们创建好的数据库为 new_jiaocai，数据库下有上节课讲解的 score_info 表，查看 score_info 表里面的索引可以通过以下步骤进行：

（1）连接到 MySQL 数据库：mysql -u username -p

（2）进入需要查看索引的数据库：use new_jiaocai;

（3）查看表结构：desc score_info;

（4）查看索引信息：show index from score_info;

步骤（3）中的 desc 命令可以查看表结构，包括字段、类型、注释等信息。步骤（4）中的 show index from 语句可以查看表的索引信息，包括索引名称、类型、字段等。

7.2.4 删除索引

在 MySOL 中，创建好索引后，如果用户不再需要该索引，则可以删除指定表的索引。因为这些已经建立但不常使用的索引，一方面会占用系统资源，另一方面可能导致更新速度下降，极大影响了数据表的性能。删除索引可以通过 DROP INDEX 语句来实现。其语法格式如下：

```
DROP INDEX index_name ON table_name;
```

说明：

（1）index_name：指需要删除的索引名称。

（2）table_name：指定数据表名称。

例 7.6 删除 address 表中已经存在的索引。

SQL 语句如下：

```
DROP INDEX address ON address
```

执行结果如图 7.2.1 所示。

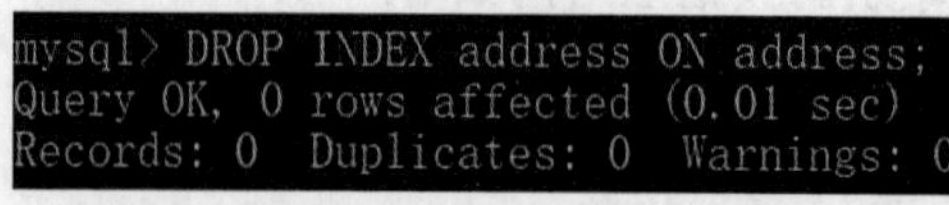

```
mysql> DROP INDEX address ON address;
Query OK, 0 rows affected (0.01 sec)
Records: 0  Duplicates: 0  Warnings: 0
```

图 7.2.1 删除 address 表中已经存在的索引

在顺利删除索引后，为确定该索引是否已被删除，可以再次用 SHOW CREATE TABLE 语句查看数据表结构。执行结果如图 7.2.2 所示。

```
 address | CREATE TABLE `address` (
  `id` int NOT NULL AUTO_INCREMENT,
  `name` varchar(50) DEFAULT NULL,
  `xuehao` varchar(200) DEFAULT NULL,
  PRIMARY KEY (`id`)
) ENGINE=InnoDB DEFAULT CHARSET=utf8mb4 COLLATE=utf8mb4_0900_ai_ci
```

图 7.2.2 查看数据表结构

从图 7.2.2 中可以看出，名称为 address 的唯一索引已经被删除。

任务实施单

<table>
<tr><td>姓名</td><td></td><td>学号</td><td></td><td>组别</td><td colspan="2">第 组</td></tr>
<tr><td>班级</td><td></td><td>专业</td><td></td><td>日期</td><td colspan="2">年 月 日</td></tr>
<tr><td>任务名称</td><td colspan="4">任务 7.2 索引</td><td>学时</td><td></td></tr>
<tr><td>学生自我分析</td><td colspan="6">（1）知识基础：
（2）学习习惯：
（3）学习方法：
（4）学习能力：</td></tr>
<tr><td>学习资料</td><td colspan="6">（1）教学课件
（2）微课
（3）网络资源</td></tr>
<tr><td>序号</td><td>实施步骤</td><td colspan="5">实施内容</td></tr>
<tr><td>1</td><td>计划</td><td colspan="5"></td></tr>
<tr><td>2</td><td>准备工作</td><td colspan="5"></td></tr>
<tr><td>3</td><td>索引的概念</td><td colspan="5"></td></tr>
<tr><td>4</td><td>索引的相关操作</td><td colspan="5"></td></tr>
<tr><td colspan="7">遇到的问题及其解决办法：</td></tr>
</table>

任务验收单

<table>
<tr><td>姓名</td><td></td><td>学号</td><td></td><td>组别</td><td>第　组</td></tr>
<tr><td>班级</td><td></td><td>专业</td><td></td><td>日期</td><td>年　月　日</td></tr>
<tr><td>任务名称</td><td colspan="5">任务 7.2　索引</td></tr>
<tr><td>序号</td><td>验收内容</td><td colspan="4">完成情况</td></tr>
<tr><td>1</td><td>索引的概念</td><td colspan="4"></td></tr>
<tr><td>2</td><td>索引的相关操作</td><td colspan="4"></td></tr>
</table>

<table>
<tr><td colspan="5">评量标准</td></tr>
<tr><td>验收项目</td><td>A 级</td><td>B 级</td><td>C 级</td><td>自评</td></tr>
<tr><td>知识掌握情况</td><td>能够熟练说出索引的概念，能够对索引进行相关操作，课堂表现出色</td><td>在教师的指导或同学的帮助下可以说出索引的概念，并对索引进行相关操作，课堂表现较好</td><td>不能说出索引的概念，能够对索引进行相关操作，课堂表现较差</td><td></td></tr>
<tr><td>课堂任务完成质量</td><td>能够说出索引的概念，能完全正确地按照老师的要求完成作业</td><td>能够按照老师的要求并在同学的帮助下正确地完成作业</td><td>不能完成老师布置的作业</td><td></td></tr>
<tr><td>完成本次任务的收获及不足</td><td colspan="4"></td></tr>
</table>

评价反馈单

<table>
<tr><td>姓名</td><td></td><td>学号</td><td></td><td>组别</td><td colspan="2">第 组</td></tr>
<tr><td>班级</td><td></td><td>专业</td><td></td><td>日期</td><td colspan="2">年 月 日</td></tr>
<tr><td>任务名称</td><td colspan="6">任务 7.2 索引</td></tr>
<tr><td>评价类别</td><td>项目</td><td colspan="3">子项目</td><td>个人评价</td><td>教师评价</td></tr>
<tr><td rowspan="11">专业能力（60%）</td><td rowspan="2">资讯（10%）</td><td colspan="3">获取信息（5%）</td><td></td><td></td></tr>
<tr><td colspan="3">引导问题回答（5%）</td><td></td><td></td></tr>
<tr><td rowspan="2">计划（5%）</td><td colspan="3">计划可执行度（3%）</td><td></td><td></td></tr>
<tr><td colspan="3">用具材料准备（2%）</td><td></td><td></td></tr>
<tr><td rowspan="3">实施（20%）</td><td colspan="3">知识掌握的正确性（5%）</td><td></td><td></td></tr>
<tr><td colspan="3">知识运用的灵活性（10%）</td><td></td><td></td></tr>
<tr><td colspan="3">操作方法的创新性（5%）</td><td></td><td></td></tr>
<tr><td rowspan="3">过程（15%）</td><td colspan="3">规范性（5%）</td><td></td><td></td></tr>
<tr><td colspan="3">问题处理（5%）</td><td></td><td></td></tr>
<tr><td colspan="3">设备的管理（5%）</td><td></td><td></td></tr>
<tr><td>结果（10%）</td><td colspan="3">任务完成质量（10%）</td><td></td><td></td></tr>
<tr><td rowspan="4">社会能力（20%）</td><td rowspan="2">团队合作（10%）</td><td colspan="3">小组成员合作良好（5%）</td><td></td><td></td></tr>
<tr><td colspan="3">对小组的贡献（5%）</td><td></td><td></td></tr>
<tr><td rowspan="2">敬业精神（10%）</td><td colspan="3">学习纪律性（5%）</td><td></td><td></td></tr>
<tr><td colspan="3">爱岗敬业和吃苦耐劳精神（5%）</td><td></td><td></td></tr>
<tr><td rowspan="2">方法能力（20%）</td><td>计划能力（10%）</td><td colspan="3">制订计划合理（10%）</td><td></td><td></td></tr>
<tr><td>决策能力（10%）</td><td colspan="3">计划选择正确（10%）</td><td></td><td></td></tr>
<tr><td colspan="7">对本次任务的建议和意见：</td></tr>
<tr><td rowspan="2">评价评语</td><td>教师签字</td><td></td><td>组长签字</td><td></td><td>总评</td><td></td></tr>
<tr><td colspan="6"></td></tr>
</table>

课 后 习 题

一、判断题

1．表中的数据发生改变，显示在视图中的数据不会发生改变。（　）

2．当基本表的某些字段发生改变时，可以通过修改视图的方式来保持视图和基本表之间的一致。（　）

3．在 MySQL 中，当用户通过索引查询数据库中的数据时，不需要遍历所有数据库中的数据，这样大幅度提高了查询效率。（　）

4．修改视图 info_view，将结果修改为显示年龄小于 20 岁的聘任人员的 id、name、sex、address 信息。（　）

5．创建索引是指在某个表的至少一列中建立索引，以提高表的访问速度和数据库的性能。（　）

二、简答题

1．简述视图的概念。

2．简述索引的概念。

三、操作题

1．创建视图 info_view，显示年龄大于 20 岁的聘任人员的 id、name、sex、address 信息。

2．查看视图 info_view 的基本结构和详细信息。

3．查看视图 info_view 的所有记录。

4．修改视图 info_view，满足年龄小于 20 岁的聘任人员的 id、name、sex、address 信息。

5．更新视图，将 id 为 3 的聘任人员的性别由“女”改为“男”。

6．删除 info_view 视图。

项目 8　事务与存储过程

教学目标

1. 知识目标：

（1）事务管理的基本操作。

（2）管理存储过程。

2. 能力目标：

（1）能进行事务的基本操作。

（2）掌握存储过程管理方法。

3. 素养目标：

（1）增强独立完成任务的能力。

（2）养成遵守职业规范的习惯。

4. 思政目标：

培养学生的学习兴趣和主动学习的意识，提升学生持续学习的能力。

教学重点

1. 事务处理流程。
2. 管理存储过程。

教学难点

1. 创建存储过程。
2. 调用存储过程。
3. 修改存储过程。

学习任务

1. 管理事务。
2. 操作存储过程。

任务 8.1 管 理 事 务

任务目标

1. 掌握事务的概念。
2. 熟悉事务的基本操作。

课程指导

1. 任务要求：
（1）制作事务的概念及满足事务的执行的 4 个条件的汇报课件。
（2）汇报 MySQL 事务处理的主要方法。
2. 学生分组研讨：
分组研究汇报内容并制作汇报课件。
3. 教师启发指导，解决学生知识查询过程中遇到的问题。

思维导图

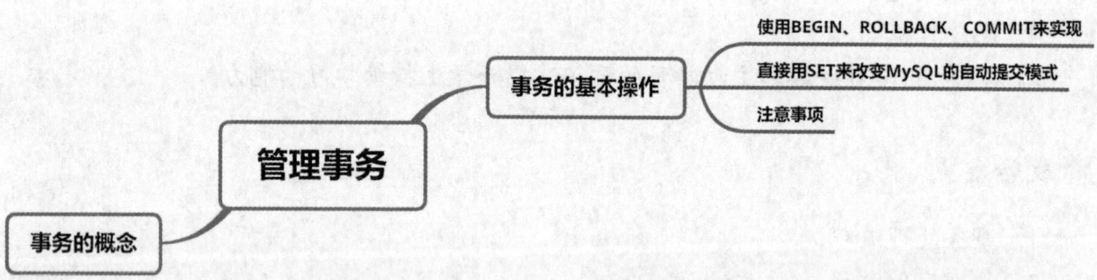

知 识 储 备

8.1.1 事务的概念

事务是指一些 SQL 语句的集合，这些语句同时执行并完成某项功能。MySQL 的事务主要用于处理操作量大、复杂度高的数据。在 MySQL 中，只有使用了 InnoDB 数据库引擎的数据库或表才支持事务。事务处理可以用来维护数据库的完整性，保证成批的 SQL 语句要么全部执行，要么全部不执行。

一般来说，事务的执行必须满足 4 个条件：原子性（Atomicity，又称不可分割性）、一致性（Consistency）、隔离性（Isolation，又称独立性）、持久性（Durability），这 4 个条件一般称为事务的 ACID 属性。

（1）原子性：一个事务的执行具有整体性，要么全部完成，要么全部不完成，不会在中间某个环节结束。

（2）一致性：在事务开始之前和事务结束以后，数据库的完整性没有被破坏。其使数据库从一个一致性状态变到另一个一致性状态。

（3）隔离性：数据库允许多个并发事务同时对其数据进行读写和修改的能力，一个事务的执行不可以被其他事务干扰，一个事务内部语句的执行不受并发的其他操作的影响，彼此相互隔离。事务隔离分为不同的级别，包括读未提交（Read Uncommitted）、读提交（Read Committed）、可重复读（Repeatable Read）和串行化（Serializable）。

（4）持久性：事务处理结束后，对数据库的改变是永久性的，不受外部因素或其他操作的影响，即使系统出现故障数据也不会丢失。

MySQL 提供了多种存储引擎来支持事务。支持事务的存储引擎有 InnoDB 和 BDB，其中，InnoDB 存储引擎支持事务主要通过 UNDO 日志和 REDO 日志实现，MyISAM 存储引擎不支持事务。

UNDO 日志：复制事务执行前的数据，用于在事务发生异常时回滚数据。

REDO 日志：记录在事务执行过程中，每个对数据进行更新的操作，当事务提交时，该内容将被刷新到磁盘。

注意：任何一种数据库都会拥有各种各样的日志，用来记录数据库的运行情况、日常操作、错误信息等，MySQL 也不例外。

为了维护 MySQL 服务器，经常需要在 MySQL 数据库中进行日志操作。

每条 SQL 语句就是一个事务，即执行 SQL 语句后自动提交。为了达到将几个操作作为一个整体的目的，需要使用 BEGIN 或 START TRANSACTION 语句开启一个事务，或者禁止当前会话的自动提交。

8.1.2 事务的基本操作

MySQL 事务处理主要有以下两种方法：

1. 使用 BEGIN、ROLLBACK、COMMIT 来实现

（1）BEGIN：开始一个事务，显示一个事物的起点。

（2）ROLLBACK：事务回滚，表示撤销事务，也就是在事务执行过程中发生了某种故障，导致事务无法继续执行，系统将事务中对数据库的、所有已完成的操作全部撤销，回滚到事务开始时的状态。事务执行过程中如果遇到错误，会使用 ROLLBACK 语句使事务回滚到起点或指定的保存点处。同时，系统将清除自事务起点或到某个保存点所做的所有数据修改，并且释放由事务控制的资源。

（3）COMMIT：事务确认，表示提交事务，即提交事务的所有操作，具体来说，就是将事务中所有对数据库的更新都写到磁盘上的物理数据库中，事务正常结束。提交事务，意味着将事务开启以来所执行的所有数据都修改为数据库的永久部分，因此也标志着一个事务的结束。一旦执行了该命令，将不能回滚事务。

2. 直接用 SET 来改变 MySQL 的自动提交模式

（1）SET AUTOCOMMIT=0 禁止自动提交。

SET AUTOCOMMIT=1 开启自动提交。

MySQL 事务非常消耗资源，因此在使用过程中要注意以下几点：

（1）事务尽可能简短。事务的开启到结束会在数据库管理系统中占用大量资源，以保证事务的原子性、一致性、隔离性和持久性。如果在多用户系统中，较大的事务将会占用更大的系统资源，这样会使系统不堪重负，影响软件的运行性能，甚至导致系统崩溃。

（2）事务中访问的数据量尽量最少。当并发执行事务处理时，事务操作的数据量越少，事务之间对相同数据的操作就越少。

（3）查询数据时尽量不要使用事务。对数据进行浏览和查询操作并不会更新数据库的数据，因此应尽量不使用事务来查询数据，避免占用过量的系统资源。

（4）在事务处理过程中尽量不要出现等待用户输入的操作。在处理事务的过程中，如果需要等待用户输入数据，那么事务会长时间占用系统资源，有可能造成系统阻塞。

任务实施单

<table>
<tr><td>姓名</td><td></td><td>学号</td><td></td><td>组别</td><td colspan="2">第　　组</td></tr>
<tr><td>班级</td><td></td><td>专业</td><td></td><td>日期</td><td colspan="2">年　　月　　日</td></tr>
<tr><td>任务名称</td><td colspan="4">任务 8.1　管理事务</td><td>学时</td><td></td></tr>
<tr><td>学生自我分析</td><td colspan="6">（1）知识基础：
（2）学习习惯：
（3）学习方法：
（4）学习能力：</td></tr>
<tr><td>学习资料</td><td colspan="6">（1）教学课件
（2）微课
（3）网络资源</td></tr>
<tr><td>序号</td><td>实施步骤</td><td colspan="5">实施内容</td></tr>
<tr><td>1</td><td>计划</td><td colspan="5"></td></tr>
<tr><td>2</td><td>准备工作</td><td colspan="5"></td></tr>
<tr><td>3</td><td>了解事务的概念和事务执行的 4 个条件</td><td colspan="5"></td></tr>
<tr><td>4</td><td>会使用 BEGIN、ROLLBACK、COMMIT 实现事务处理</td><td colspan="5"></td></tr>
<tr><td colspan="7">遇到的问题及其解决办法：</td></tr>
</table>

任务验收单

姓名		学号		组别	第　组
班级		专业		日期	年　月　日
任务名称	任务 8.1　管理事务				

序号	验收内容	完成情况
1	事务的概念及事务执行的 4 个条件	
2	BEGIN、ROLLBACK、COMMIT 实现事务处理	

评量标准

验收项目	A 级	B 级	C 级	自评
知识掌握情况	能够熟练说出事务的概念和事务执行的 4 个条件，课堂表现出色	在教师的指导或同学的帮助下可以说出事务的概念，课堂表现较好	不能说出事务的概念，课堂表现较差	
课堂任务完成质量	能够使用 BEGIN、ROLLBACK、COMMIT 实现事务处理，完全正确地按照老师的要求完成作业	能描述一场完整的事务，按照老师的要求并在同学的帮助下正确地完成作业	不能完成老师布置的作业	
完成本次任务的收获及不足				

评价反馈单

<table>
<tr><td>姓名</td><td></td><td>学号</td><td></td><td>组别</td><td colspan="2">第　组</td></tr>
<tr><td>班级</td><td></td><td>专业</td><td></td><td>日期</td><td colspan="2">年　月　日</td></tr>
<tr><td>任务名称</td><td colspan="6">任务 8.1　管理事务</td></tr>
<tr><td>评价类别</td><td>项目</td><td colspan="3">子项目</td><td>个人评价</td><td>教师评价</td></tr>
<tr><td rowspan="11">专业能力（60%）</td><td rowspan="2">资讯（10%）</td><td colspan="3">获取信息（5%）</td><td></td><td></td></tr>
<tr><td colspan="3">引导问题回答（5%）</td><td></td><td></td></tr>
<tr><td rowspan="2">计划（5%）</td><td colspan="3">计划可执行度（3%）</td><td></td><td></td></tr>
<tr><td colspan="3">用具材料准备（2%）</td><td></td><td></td></tr>
<tr><td rowspan="3">实施（20%）</td><td colspan="3">知识掌握的正确性（5%）</td><td></td><td></td></tr>
<tr><td colspan="3">知识运用的灵活性（10%）</td><td></td><td></td></tr>
<tr><td colspan="3">操作方法的创新性（5%）</td><td></td><td></td></tr>
<tr><td rowspan="3">过程（15%）</td><td colspan="3">规范性（5%）</td><td></td><td></td></tr>
<tr><td colspan="3">问题处理（5%）</td><td></td><td></td></tr>
<tr><td colspan="3">设备的管理（5%）</td><td></td><td></td></tr>
<tr><td>结果（10%）</td><td colspan="3">任务完成质量（10%）</td><td></td><td></td></tr>
<tr><td rowspan="4">社会能力（20%）</td><td rowspan="2">团队合作（10%）</td><td colspan="3">小组成员合作良好（5%）</td><td></td><td></td></tr>
<tr><td colspan="3">对小组的贡献（5%）</td><td></td><td></td></tr>
<tr><td rowspan="2">敬业精神（10%）</td><td colspan="3">学习纪律性（5%）</td><td></td><td></td></tr>
<tr><td colspan="3">爱岗敬业和吃苦耐劳精神（5%）</td><td></td><td></td></tr>
<tr><td rowspan="2">方法能力（20%）</td><td>计划能力（10%）</td><td colspan="3">制订计划合理（10%）</td><td></td><td></td></tr>
<tr><td>决策能力（10%）</td><td colspan="3">计划选择正确（10%）</td><td></td><td></td></tr>
<tr><td colspan="7">对本次任务的建议和意见：</td></tr>
<tr><td rowspan="2">评价评语</td><td>教师签字</td><td></td><td>组长签字</td><td></td><td>总评</td><td></td></tr>
<tr><td colspan="6"></td></tr>
</table>

任务 8.2　操作存储过程

任务目标

1．掌握存储过程的创建、查看方法。
2．掌握存储过程的调用方法。
3．掌握存储过程的修改、删除方法。

课程指导

1．任务要求：

（1）创建一个数据表 studentinfo。

（2）向数据表 studentinfo 中插入数据 id：1，name：zhangmou，score，80。

（3）创建存储过程 showstuscore。

（4）查询存储过程 showstuscore 的状态。

（5）调用存储过程 showstuscore。

（6）将存储过程 showstuscore 的读写权限改为 MODIFIES SQL DATA，并指明调用者可以执行。

（7）删除 showstuscore。

2．学生分组研讨：

（1）分组讨论出方案。

（2）小组解决操作过程中遇到的问题。

3．教师启发指导：

（1）解答学生遇到的问题。

（2）及时总结学生的共性问题。

思维导图

知识储备

创建存储过程

8.2.1 创建存储过程

MySQL 存储过程是一些 SQL 的语句集合，有时为了完成一系列操作可能需要很多条语句，这时我们就可以创建一个存储过程。

创建存储过程并不是一件容易的事情，但是只要存储过程创建好后就可以减少冗余的操作步骤，减少操作过程中的失误，提高工作效率，因此在平时使用 MySQL 时还是应该尽可能使用存储过程。

存储过程的创建可以使用 CREATE PROCEDURE 语句，语法格式如下：

```
CREATE PROCEDURE  过程名 ( [过程参数[,…] ] ) 过程体
[过程参数[,…] ] 格式
[ IN | OUT | INOUT ]  参数名  类型
```

说明：

（1）过程名：存储过程的名称，默认在当前数据库中创建。若需要在特定数据库中创建存储过程，则要在名称前面加上数据库的名称，即 db_name.sp_name。这里我们定义名称时应当尽量避免选取与 MySQL 内置函数相同的名称，否则会发生错误。

（2）过程参数：存储过程的参数列表。其中“参数名”为参数名，“类型”为参数的类型（可以是任何有效的 MySQL 数据类型）。当同时有多个参数时，参数列表彼此用逗号分隔。存储过程可以没有参数（此时存储过程的名称后仍需加上一对括号），也可以有一个或多个参数。

（3）IN、OUT、INOUT：MySQL 存储过程支持 3 种类型的参数，即输入参数、输出参数和输入/输出参数，分别用 IN、OUT 和 INOUT 三个关键字标识。其中，输入参数可以传递给一个存储过程，输出参数用于存储过程需要返回一个操作结果的情形，而输入/输出参数既可以充当输入参数也可以充当输出参数。

（4）过程体：存储过程的主体部分，也称为存储过程体，包含在过程调用的时候必须执行的 SQL 语句。这个部分以关键字 BEGIN 开始，以关键字 END 结束。若存储过程体中只有一条 SQL 语句，则可以省略 BEGIN-END 标志。

在 MySQL 中，服务器处理 SQL 语句默认是以分号作为语句结束标志的。然而，在创建存储过程时，存储过程体可能包含多条 SQL 语句，这些 SQL 语句如果仍以分号作为语句结束标志，那么 MySQL 服务器在处理多条 SQL 语句时会以遇到的第一条 SQL 语句结尾处的分号作为整个程序的结束标志，而不再去处理存储过程体中后面的 SQL 语句。为解决这个问题，会用到一个十分重要的 MySQL 命令，即 DELIMITER 命令，其语法格式如下：

```
DELIMITER $$
```

“$$”是用户定义的结束符，通常这个符号可以是一些特殊的符号，如两个“?”或两个“￥”等。当使用 DELIMITER 命令时，应该避免使用反斜杠“\”字符，因为它是 MySQL 的转义字符。在 MySQL 客户端命令行输入“DELIMITER ??”并成功执行这条语句后，任

何命令、语句或程序的结束标志就换成两个问号“??”了。若想换回默认的分号“;”作为结束标志，则在 MySQL 客户端命令行输入“DELIMITER;”即可。这里 DELIMITER 和分号“;”之间一定要有一个空格。在创建存储过程时，必须具有 CREATE ROUTINE 权限。

8.2.2 查看存储过程

创建好存储过程后，我们可以通过 SHOW…ATATUS 语句来查看存储过程的状态，也可以通过 SHOW…ATATUS 语句来查看存储过程的定义。

使用 SHOW…ATATUS 语句查看存储过程的状态的语法格式如下：

```
SHOW PROCEDURE STATUS LIKE 存储过程名;
```

其中，“LIKE 存储过程名”用来匹配存储过程的名称，在这条语句中，LIKE 是不能省略的。

例 8.1 查询存储过程。

（1）创建一个数据表 studentinfo，如图 8.2.1 所示。

```
mysql> CREATE TABLE `studentinfo` (
    ->      `ID` int(11) NOT NULL,
    ->      `NAME` varchar(20) DEFAULT NULL,
    ->      `SCORE` decimal(4,2) DEFAULT NULL,
    ->      `SUBJECT` varchar(20) DEFAULT NULL,
    ->      `TEACHER` varchar(20) DEFAULT NULL,
    ->     PRIMARY KEY (`ID`)
    -> );
Query OK, 0 rows affected, 1 warning (0.10 sec)
```

图 8.2.1 创建 studentinfo 数据表

（2）向数据表 studentinfo 中插入数据，MySQL 成绩 70 分，既 name 值为 MySQL，score 值为 70 如图 8.2.2 所示。

```
mysql> INSERT INTO studentinfo(id,name,score) VALUES(1,"zhangmou",80),
(2,"MySQL","70");
Query OK, 2 rows affected (0.01 sec)
Records: 2  Duplicates: 0  Warnings: 0

mysql>
```

图 8.2.2 向数据表 studentinfo 中插入数据

（3）创建存储过程，结果如图 8.2.3 所示。

```
mysql> DELIMITER //
mysql> CREATE PROCEDURE showstuscore()
    -> BEGIN
    -> SELECT id,name,score FROM studentinfo;
    -> END //
Query OK, 0 rows affected (0.01 sec)
```

图 8.2.3 创建存储过程

（4）查询名为 showstuscore 的存储过程的状态，结果如图 8.2.4 所示。

```
mysql> SHOW PROCEDURE STATUS LIKE 'showstuscore' \G
*************************** 1. row ***************************
                  Db: studentdb
                Name: showstuscore
                Type: PROCEDURE
             Definer: root@localhost
            Modified: 2023-07-29 03:48:00
             Created: 2023-07-29 03:48:00
       Security_type: DEFINER
             Comment:
character_set_client: gbk
collation_connection: gbk_chinese_ci
  Database Collation: utf8mb4_0900_ai_ci
1 row in set (0.02 sec)
```

图 8.2.4　查询名为 showstuscore 的存储过程的状态

查询结果显示了存储过程的创建时间、修改时间和字符集等信息。

8.2.3　调用存储过程

存储过程是存储在服务器端的 SQL 语句集合。要想使用这些已经定义好的存储过程，需要通过调用的方式来实现。存储过程可以通过 CALL 语句调用，执行存储过程需要拥有 EXECUTE 权限（EXECUTE 权限的信息存储在 information_schema 数据库下的 user_privileges 表中）。

MySQL 中使用 CALL 语句来调用存储过程。调用存储过程后，数据库系统将执行存储过程中的 SQL 语句，然后将结果返回给输出值。CALL 语句接收存储过程的名称及需要传递给它的任意参数，其语法格式如下：

```
CALL sp_name([parameter[…]]);
```

说明：

（1）sp_name 表示存储过程的名称。

（2）parameter 表示存储过程的参数。

例 8.2　调用存储过程。

SQL 语句如下：

```
CALL ShowStuScore();
```

执行结果如图 8.2.5 所示。

```
mysql> CALL ShowStuScore();
+----+-----------+-------+
| id | name      | score |
+----+-----------+-------+
|  1 | zhangmou  | 80.00 |
|  2 | MySQL     | 70.00 |
+----+-----------+-------+
2 rows in set (0.01 sec)

Query OK, 0 rows affected (0.01 sec)
```

图 8.2.5　调用存储过程

8.2.4 修改存储过程

数据库在实际使用过程中，有时需要修改业务需求，从而也需要修改 MySQL 中的存储过程。MySQL 通过 ALTER PROCEDURE 语句来修改存储过程。其语法格式如下：

```
ALTER PROCEDURE 存储过程名 [ 特征 … ]
```

特征指定了存储过程的特性，可能的取值有以下几个：

（1）CONTAINS SQL：表示子程序包含 SQL 语句，但不包含读或写数据的语句。

（2）NO SQL：表示子程序中不包含 SQL 语句。

（3）READS SQL DATA：表示子程序中包含读数据的语句。

（4）MODIFIES SQL DATA：表示子程序中包含写数据的语句。

（5）SQL SECURITY { DEFINER |INVOKER }：指明谁有权限来执行。

（6）DEFINER：表示只有定义者自己才能够执行。

（7）INVOKER：表示调用者可以执行。

（8）COMMENT 'string'：表示注释信息。

例 8.3　修改存储过程。

（1）修改存储过程 showstuscore，将读/写权限修改为 MODIFIES SQL DATA，并指明调用者可以执行，结果如图 8.2.6 所示。

```
mysql> ALTER PROCEDURE showstuscore MODIFIES SQL DATA SQL SECURITY INVOKER;
Query OK, 0 rows affected (0.00 sec)

mysql>
```

图 8.2.6　修改存储过程 showstuscore

（2）查看修改存储过程的结果，如图 8.2.7 所示。

```
mysql> SHOW CREATE PROCEDURE showstuscore \G
*************************** 1. row ***************************
           Procedure: showstuscore
            sql_mode: ONLY_FULL_GROUP_BY,STRICT_TRANS_TABLES,NO_ZERO_IN_DATE,NO_ZER
O_DATE,ERROR_FOR_DIVISION_BY_ZERO,NO_ENGINE_SUBSTITUTION
    Create Procedure: CREATE DEFINER=`root`@`localhost` PROCEDURE `showstuscore`()
    MODIFIES SQL DATA
    SQL SECURITY INVOKER
BEGIN
SELECT id,name,score FROM studentinfo;
END
character_set_client: gbk
collation_connection: gbk_chinese_ci
  Database Collation: utf8mb4_0900_ai_ci
1 row in set (0.00 sec)

mysql> _
```

图 8.2.7　查看修改存储过程的结果

通过图 8.2.7 中可以知道，存储过程修改成功，访问数据的权限已经变成了 MODIFIES SQL DATA，安全类型也变成了 INVOKER。

8.2.5 删除存储过程

MySQL 存储过程被创建后，会存储在数据库服务器上。当 MySQL 数据库中存在废弃的存储过程时，我们需要将它从数据库中删除。在 MySQL 中使用 DROP PROCEDURE 语句来删除数据库中已经存在的存储过程。其语法格式如下：

```
DROP PROCEDURE [ IF EXISTS ] <过程名>
```

说明：

（1）IF EXISTS：指定这个关键字，用于防止因删除不存在的存储过程而引发错误。

（2）过程名：指定要删除的存储过程的名称。因为存储过程的名称后面没有参数列表，也没有括号，因此在删除存储过程的名称之前，必须确认该存储过程没有任何依赖关系，否则会导致其他与之关联的存储过程无法执行。

例 8.4 删除 ShowStuScore 存储过程。

（1）查看 information_schema 数据库下的 routines 表，可以看到存储过程 ShowStuScore，查询结果如图 8.2.8 所示。

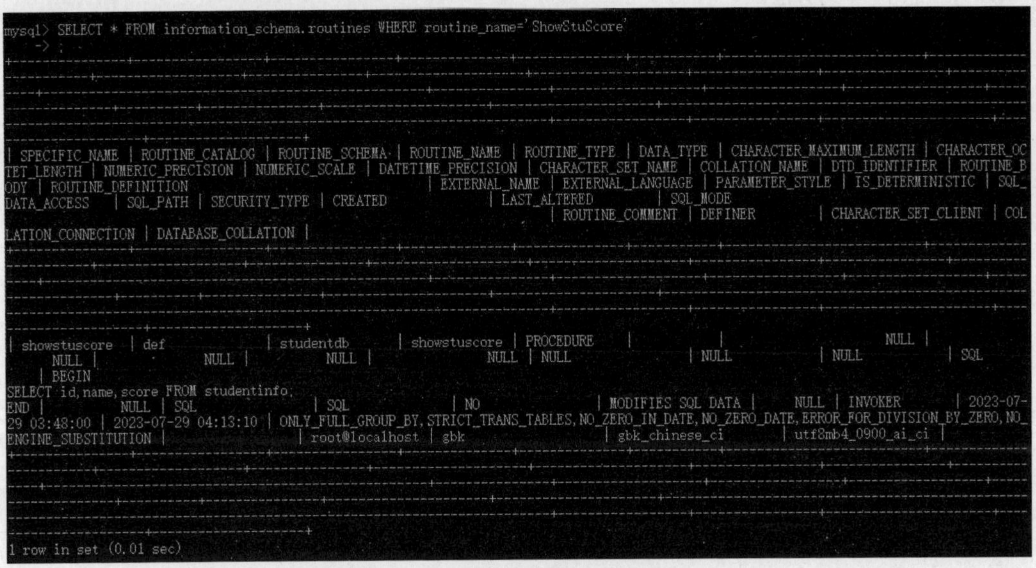

图 8.2.8 查看存储过程 ShowStusCore

（2）删除存储过程 ShowStuScore。删除后，可以通过查询 information_schema 数据库下的 routines 表来确认上面的删除是否成功。结果如图 8.2.9 所示。

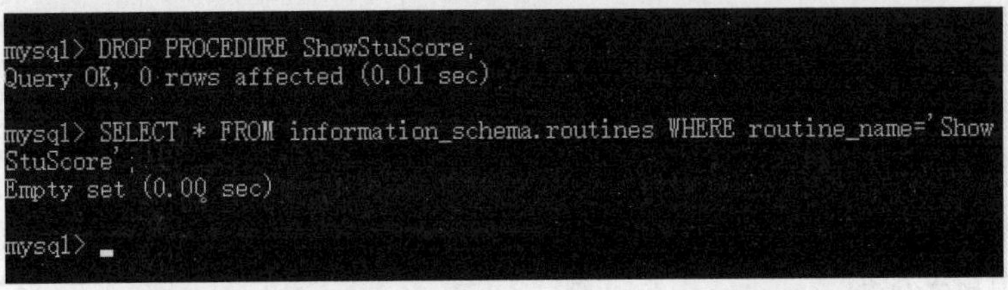

图 8.2.9 查询存储过程 ShowStuScore 是否删除成功

结果显示，没有查询出任何记录，说明存储过程 ShowStuScore 已经被删除了。

任务实施单

<table>
<tr><td>姓名</td><td></td><td>学号</td><td></td><td>组别</td><td colspan="2">第　组</td></tr>
<tr><td>班级</td><td></td><td>专业</td><td></td><td>日期</td><td colspan="2">年　月　日</td></tr>
<tr><td>任务名称</td><td colspan="4">任务 8.2　操作存储过程</td><td>学时</td><td></td></tr>
<tr><td>学生自我分析</td><td colspan="6">（1）知识基础：
（2）学习习惯：
（3）学习方法：
（4）学习能力：</td></tr>
<tr><td>学习资料</td><td colspan="6">（1）教学课件
（2）微课
（3）网络资源</td></tr>
<tr><td>序号</td><td>实施步骤</td><td colspan="5">实施内容</td></tr>
<tr><td>1</td><td>计划</td><td colspan="5"></td></tr>
<tr><td>2</td><td>准备工作</td><td colspan="5"></td></tr>
<tr><td>3</td><td>创建并查看存储过程</td><td colspan="5"></td></tr>
<tr><td>4</td><td>调用、修改及删除存储过程</td><td colspan="5"></td></tr>
<tr><td colspan="7">遇到的问题及其解决办法：</td></tr>
</table>

任务验收单

姓名		学号		组别	第　组
班级		专业		日期	年　月　日
任务名称	任务 8.2　操作存储过程				
序号	验收内容	完成情况			
1	创建并查看存储过程				
2	调用、修改及删除存储过程				

评量标准				
验收项目	A 级	B 级	C 级	自评
知识掌握情况	熟练掌握操作存储过程语句，课堂表现出色	在教师的指导或同学的帮助下可以说出操作存储过程语句，课堂表现较好	不能说出操作存储过程语句，课堂表现较差	
课堂任务完成质量	能够独立使用操作存储过程语句，完全正确地按照老师要求完成作业	能够按照老师的要求并在同学的帮助下正确地完成作业	不能完成老师布置的作业	
完成本次任务的收获及不足				

评价反馈单

<table>
<tr><td>姓名</td><td></td><td>学号</td><td></td><td>组别</td><td colspan="2">第　组</td></tr>
<tr><td>班级</td><td></td><td>专业</td><td></td><td>日期</td><td colspan="2">年　月　日</td></tr>
<tr><td>任务名称</td><td colspan="6">任务 8.2　操作存储过程</td></tr>
<tr><td>评价类别</td><td>项目</td><td colspan="3">子项目</td><td>个人评价</td><td>教师评价</td></tr>
<tr><td rowspan="11">专业能力（60%）</td><td rowspan="2">资讯（10%）</td><td colspan="3">获取信息（5%）</td><td></td><td></td></tr>
<tr><td colspan="3">引导问题回答（5%）</td><td></td><td></td></tr>
<tr><td rowspan="2">计划（5%）</td><td colspan="3">计划可执行度（3%）</td><td></td><td></td></tr>
<tr><td colspan="3">用具材料准备（2%）</td><td></td><td></td></tr>
<tr><td rowspan="3">实施（20%）</td><td colspan="3">知识掌握的正确性（5%）</td><td></td><td></td></tr>
<tr><td colspan="3">知识运用的灵活性（10%）</td><td></td><td></td></tr>
<tr><td colspan="3">操作方法的创新性（5%）</td><td></td><td></td></tr>
<tr><td rowspan="3">过程（15%）</td><td colspan="3">规范性（5%）</td><td></td><td></td></tr>
<tr><td colspan="3">问题处理（5%）</td><td></td><td></td></tr>
<tr><td colspan="3">设备的管理（5%）</td><td></td><td></td></tr>
<tr><td>结果（10%）</td><td colspan="3">任务完成质量（10%）</td><td></td><td></td></tr>
<tr><td rowspan="4">社会能力（20%）</td><td rowspan="2">团队合作（10%）</td><td colspan="3">小组成员合作良好（5%）</td><td></td><td></td></tr>
<tr><td colspan="3">对小组的贡献（5%）</td><td></td><td></td></tr>
<tr><td rowspan="2">敬业精神（10%）</td><td colspan="3">学习纪律性（5%）</td><td></td><td></td></tr>
<tr><td colspan="3">爱岗敬业和吃苦耐劳精神（5%）</td><td></td><td></td></tr>
<tr><td rowspan="2">方法能力（20%）</td><td>计划能力（10%）</td><td colspan="3">制订计划合理（10%）</td><td></td><td></td></tr>
<tr><td>决策能力（10%）</td><td colspan="3">计划选择正确（10%）</td><td></td><td></td></tr>
<tr><td colspan="7">对本次任务的建议和意见：</td></tr>
<tr><td rowspan="2">评价评语</td><td>教师签字</td><td></td><td>组长签字</td><td></td><td>总评</td><td></td></tr>
<tr><td colspan="6"></td></tr>
</table>

课后习题

1.（ ）是 DBMS 的基本单位，它是用户定义的一组逻辑一致的程序序列。

A．程序 B．事务 C．命令 D．文件

2．在数据库中，产生数据不一致的根本原因是（ ）。

A．数据存储量太大 B．没有严格保护数据

C．未对数据进行完整性控制 D．数据冗余

3．存储过程的优点不包括（ ）。

A．提高性能 B．一致性较好

C．改善安全机制 D．冗余性高

4．事务是数据库运行的基本工作单位，如果一个事务执行失败，则已做过的更新会恢复原状，这样保持了数据库处于（ ）状态。

A．安全性 B．完整性 C．一致性 D．可靠性

5．用于将事务处理写到数据库中的命令是（ ）。

A．COMMIT B．INSERT

C．ROLLBACK D．SAVEPOINT

6．如果要回滚一个事务，则需要使用的语句是（ ）。

A．COMMIT TRANSACTION B．BEGIN TRANSACTION

C．REVOK D．ROLLBACK TRANSACTION

7．一个新事务处理模块的开始用（ ）表示。

A．START TRANSACTION B．BEGIN TRANSACTION

C．BEGIN COMMIT D．START COMMIT

8．存储过程是一组预先定义并（ ）的 Transace-SQL 语句。

A．编写 B．保存 C．编译 D．解释

9．事务的执行必须满足的条件不包括（ ）。

A．原子性 B．安全性 C．一致性 D．持久性

10．调用存储过程使用的语句是（ ）。

A．CALL B．SELECT C．COMMIT D．ALTER

项目9　数据库的管理和维护

教学目标

1. 知识目标:

（1）掌握用户管理常用命令的基本语法。

（2）掌握权限管理常用命令的基本语法。

2. 能力目标:

（1）能熟练创建用户、修改用户和删除用户。

（2）能熟练进行授予权限、查看权限和收回权限操作。

3. 素养目标:

（1）参与团队协作。

（2）遵守职业规范。

4. 思政目标:

（1）培养学生学以致用的能力。

（2）培养学生的敬业精神。

教学重点

1. 创建用户。
2. 删除用户。
3. 授予权限。
4. 收回权限。

教学难点

修改用户属性。

学习任务

1. 用3种方法创建用户 test1、test2 和 test3。
2. 修改用户密码、用户重命名及删除用户。
3. 授予用户权限并查看、收回权限。

任务 9.1 用户管理

任务目标

1. 能熟练创建用户。
2. 能熟练修改用户密码。
3. 能进行用户重命名。
4. 能熟练删除用户。

课程指导

1. 任务要求：

查看、创建、修改及删除用户。

2. 学生分组研讨：

（1）创建用户有哪几种方式。

（2）如何查看当前用户及修改用户密码。

（3）如何删除指定的用户。

3. 教师启发指导。

思维导图

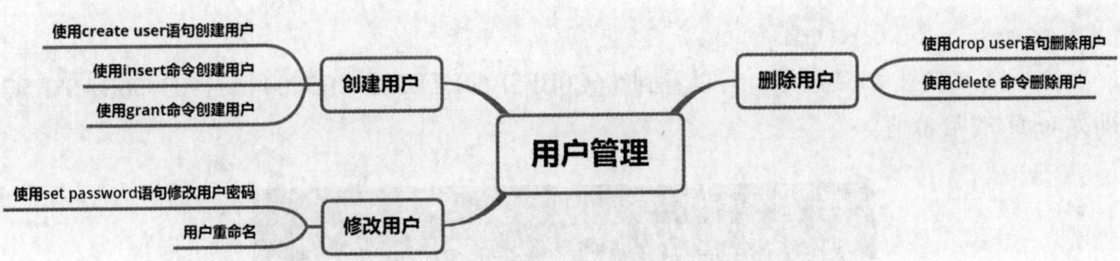

知识储备

9.1.1 创建用户

1. 使用 create user 语句创建用户

使用 create user 语句创建用户的语法格式如下：

```
create user <用户> [ identified by [ password ] 'password' ] [ ,用户 [ identified by [ password ] 'password' ]];
```

说明：

（1）用户：指定创建的用户账号，格式为'user_name'@'host_name'。这里的 user_name

是用户名，host_name 是主机名，即用户连接 MySQL 时所用主机的名称。如果在创建用户的过程中，只给出了用户名，而没有指定主机名，那么主机名默认为“%”，表示一组主机，即对所有主机开放权限。

（2）identified by：用于指定用户密码。新用户可以没有初始密码，若该用户不设密码，则可省略此子句。

（3）password 'password'：password 表示使用哈希值设置密码，该参数可选，如果密码是一个普通的字符串，则不需要使用 password 关键字；'password' 表示用户登录时使用的密码，需要用单引号括起来。

例 9.1 使用 create user 语句创建一个用户，用户名是 test1，密码是 test1，主机名是 localhost。

SQL 语句如下：

```
create user 'test1'@'localhost' identified by 'test1';
```

执行结果如图 9.1.1 所示，可以看到用户'test1'@'localhost'已经创建成功。

```
mysql> create user 'test1'@'localhost' identified by 'test1';
Query OK, 0 rows affected (0.25 sec)
```

图 9.1.1 使用 create user 语句创建用户 test1

使用 create user 语句创建用户

例 9.2 在 MySQL 中，使用 password 函数获取密码的哈希值，查看用户 test1 的哈希值。

SQL 语句如下：

```
select password('test1');
```

执行结果如图 9.1.2 所示，可以看到*06C0BF5B64ECE2F648B5F048A71903906BA08E5C 即为 test1 的哈希值。

```
mysql> select password('test1');
+-------------------------------------------+
| password('test1')                         |
+-------------------------------------------+
| *06C0BF5B64ECE2F648B5F048A71903906BA08E5C |
+-------------------------------------------+
1 row in set (0.00 sec)
```

图 9.1.2 使用 password 函数查看用户 test1 的哈希值

例 9.3 使用哈希值创建用户 test1。

SQL 语句如下：

```
create user 'test1'@'localhost' identified
by password '*06C0BF5B64ECE2F648B5F048A71903906BA08E5C';
```

执行结果如图 9.1.3 和图 9.1.4 所示，可以看到，用户'test1'@'localhost'已创建成功，然后就可以使用密码登录 MySQL 服务器了。

```
mysql> drop user 'test1'@'localhost';
Query OK, 0 rows affected (0.00 sec)

mysql> create user 'test1'@'localhost' identified
    -> by password '*06C0BF5B64ECE2F648B5F048A71903906BA08E5C';
Query OK, 0 rows affected (0.00 sec)
```

图 9.1.3　使用哈希值创建用户 test1

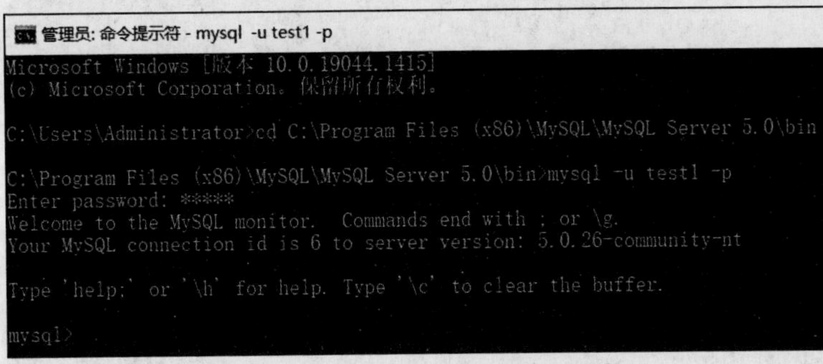

```
管理员: 命令提示符 - mysql -u test1 -p
Microsoft Windows [版本 10.0.19044.1415]
(c) Microsoft Corporation。保留所有权利。

C:\Users\Administrator>cd C:\Program Files (x86)\MySQL\MySQL Server 5.0\bin

C:\Program Files (x86)\MySQL\MySQL Server 5.0\bin>mysql -u test1 -p
Enter password: *****
Welcome to the MySQL monitor.  Commands end with ; or \g.
Your MySQL connection id is 6 to server version: 5.0.26-community-nt

Type 'help;' or '\h' for help. Type '\c' to clear the buffer.

mysql>
```

图 9.1.4　用户 test1 登录 MySQL 服务器

2. 使用 insert 命令创建用户

使用 insert 命令创建用户的语法格式如下：

```
insert into mysql.user(host, user, authentication_string, ssl_cipher,
x509_issuer,x509_subject)values('hostname','username',password('password'),
'', '', '');
```

说明：

（1）使用 insert 命令将用户的信息添加到 mysql 数据库的 user 表中，必须拥有对 user 表的 insert 权限。

（2）通常 insert 命令只添加 host、user 和 authentication_string 这 3 个字段的值。

（3）MySQL 5.7 版本的 user 表中的密码字段从 password 变成了 authentication_string，如果使用的是 MySQL 5.7 之前的版本，那么将 authentication_string 字段替换成 password 即可。

（4）由于 mysql 数据库的 user 表中，ssl_cipher、x509_issuer 和 x509_subject 这 3 个字段没有默认值，所以向 user 表中插入新记录时，一定要设置这 3 个字段的值，否则 insert 语句将不能执行。

例 9.4　下面使用 insert 命令创建名为 test2 的用户，主机名是 localhost，密码是 test2。

SQL 语句如下：

```
insert into mysql.user(host,user,password,ssl_cipher,x509_issuer,
x509_subject)
values('localhost','test2',password('test2'),'','','');
```

结果显示，创建用户成功。但这时如果通过该用户登录 MySQL 服务器，则不会登录成功，因为用户 test2 还没有生效，可以使用 flush privileges;语句使用户生效，如图 9.1.5 至图 9.1.8 所示。

使用 insert 语句创建用户

图 9.1.5　使用 insert 语句创建用户 test2

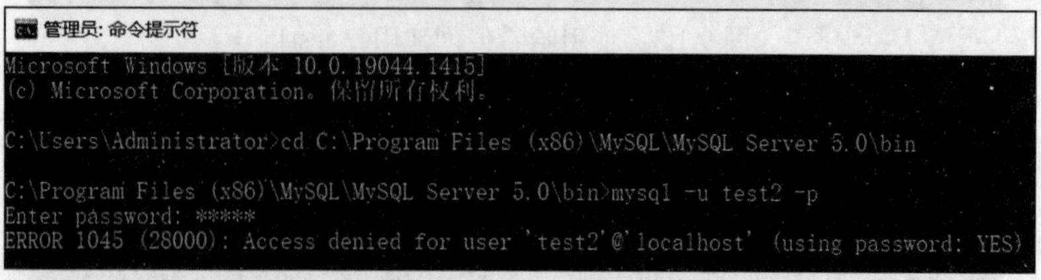

图 9.1.6　用户 test2 登录 MySQL 服务器失败

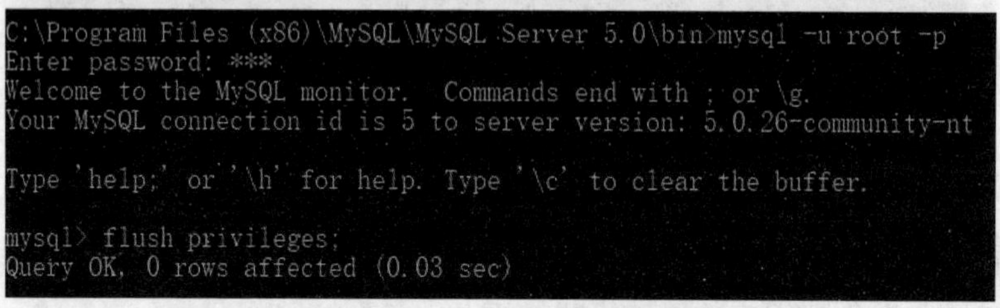

图 9.1.7　使用 flush privileges;语句使用户生效

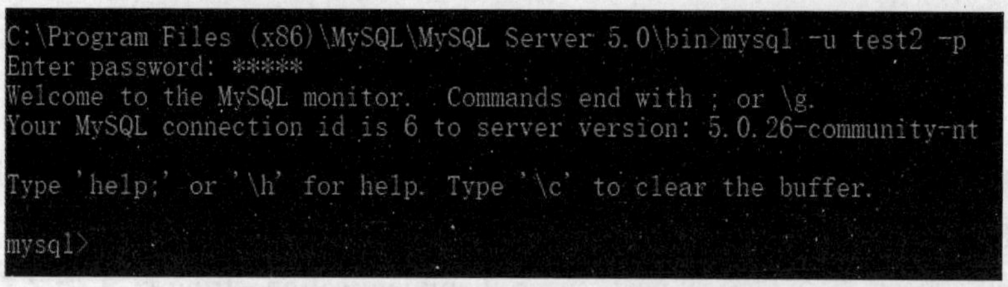

图 9.1.8　用户 test2 登录 MySQL 服务器成功

3. 使用 grant 命令创建用户

使用 grant 命令创建用户的语法格式如下：

```
grant priv_type on database.table to user [identified by [password] 'password']
```

说明：

（1）priv_type：表示新用户的权限。

（2）database.table：表示新用户的权限范围，即只能在指定的数据库和表上使用自己的权限。

使用 grant 语句创建用户

（3）user：指定新用户的账号，由用户名和主机名构成。

（4）identified by：用来设置密码。

（5）password：表示新用户的密码。

例 9.5　使用 grant 命令创建名为 test3 的用户，主机名为 localhost，密码为 test3。该用户对所有数据库的所有表都有 select 权限。

SQL 语句如下：

```
grant select on *.* to 'test3'@'localhost' identified by 'test3';
```

执行结果如图 9.1.9 所示，可以看到，用户'test3'@'localhost'已经创建成功，且用户 test3 对所有数据库的所有表都有 select 权限。“*.*” 表示所有数据库下的所有表。

```
mysql> GRANT SELECT ON *.* TO 'test3'@localhost IDENTIFIED BY 'test3';
Query OK, 0 rows affected (0.00 sec)
```

图 9.1.9　使用 grant 语句创建用户 test3

9.1.2　修改用户

1. 修改用户密码

（1）使用 set password 语句修改用户密码，语法格式如下：

```
set password for 'username'@'hostname' = password ('newpwd');
```

例 9.6　将用户 test1 的密码修改为 abc。

SQL 语句如下：

```
set password for 'test1'@'localhost'=password('abc');
```

执行结果如图 9.1.10 所示，可以看到，set password 语句执行成功，用户 test1 的密码被成功设置为 abc。如果是修改普通用户的密码，则可省略 for 子句，如图 9.1.11 所示。

```
管理员: 命令提示符 - mysql -u root -p
Microsoft Windows [版本 10.0.19044.1415]
(c) Microsoft Corporation。保留所有权利。

C:\Users\Administrator>cd C:\Program Files (x86)\MySQL\MySQL Server 5.0\bin

C:\Program Files (x86)\MySQL\MySQL Server 5.0\bin>mysql -u root -p
Enter password: ***
Welcome to the MySQL monitor.  Commands end with ; or \g.
Your MySQL connection id is 8 to server version: 5.0.26-community-nt

Type 'help;' or '\h' for help. Type '\c' to clear the buffer.

mysql> set password for 'test1'@'localhost'=password('abc');
Query OK, 0 rows affected (0.00 sec)

mysql>
```

使用 set password 语句修改用户密码

图 9.1.10　使用 set password 语句修改用户 test1 的密码

```
管理员: 命令提示符 - mysql -u test1 -p
Microsoft Windows [版本 10.0.19044.1415]
(c) Microsoft Corporation。保留所有权利。

C:\Users\Administrator>cd C:\Program Files (x86)\MySQL\MySQL Server 5.0\bin

C:\Program Files (x86)\MySQL\MySQL Server 5.0\bin>mysql -u test1 -p
Enter password: ***
Welcome to the MySQL monitor.  Commands end with ; or \g.
Your MySQL connection id is 9 to server version: 5.0.26-community-nt

Type 'help;' or '\h' for help. Type '\c' to clear the buffer.

mysql> set password=password('bcd');
Query OK, 0 rows affected (0.00 sec)
```

图 9.1.11　省略 for 子句修改用户 test1 的密码

（2）使用 update 语句修改普通用户的密码。使用 root 用户登录 mysql 服务器后，可以使用 update 语句修改 mysql 数据库 user 表中的 authentication_string 字段，从而修改普通用户的密码。updata 语句的语法格式如下：

```
update mysql.user
set authentication_string = password("newpwd")
where user = "username" and host = "hostname";
```

说明：

①username：表示普通用户的用户名。

②hostname：表示普通用户的主机名。

③newpwd：表示要更改的新密码。

例 9.7 使用 root 用户登录 MySQL 服务器，再使用 update 语句将用户 test2 的密码修改为 bcd。

SQL 语句如下：

```
update mysql.user
set password=password('bcd')
where user='test2' and host='localhost';
```

执行结果如图 9.1.12 所示，可以看出，密码修改成功，用户 test2 的密码被修改成 bcd。使用 flush privileges;语句重新加载用户权限后，用户 test2 就可以使用新的密码登录 MySQL 服务器了。

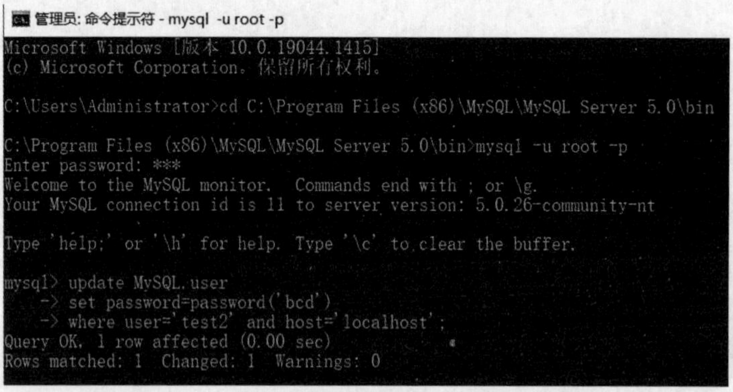

使用 update 语句修改普通用户的密码

图 9.1.12 使用 update 语句修改普通用户的密码

注意：MySQL 5.7 的 user 表中的密码字段从 password 变成了 authentication_string，如果使用的是 MySQL 5.7 之前的版本，则将 authentication_string 字段替换成 password。执行 update 语句后，需要执行 flush privileges;语句重新加载用户权限。

（3）使用 grant 语句修改用户密码。在全局级别使用 grant usage 语句指定某个账户的密码而不影响账户当前的权限，可以使用 grant 语句修改密码，语法格式如下：

```
grant usage on *.* to 'user'@'hostname' identified by 'newpwd';
```

例 9.8 使用 root 用户登录 MySQL 服务器，再使用 grant 语句将用户 test3 的密码修改为 bcd。

SQL 语句如下：

```
grant usage on *.* to 'test3'@'localhost'identified by 'bcd';
```

执行结果如图 9.1.13 和图 9.1.14 所示，可以看到，修改密码成功，用户 test3 的密码被成功设置为 bcd。

```
C:\Program Files (x86)\MySQL\MySQL Server 5.0\bin>mysql -u root -p
Enter password: ***
Welcome to the MySQL monitor.  Commands end with ; or \g.
Your MySQL connection id is 12 to server version: 5.0.26-community-nt

Type 'help;' or '\h' for help. Type '\c' to clear the buffer.

mysql> grant usage on *.* to 'test3'@'localhost' identified by 'bcd';
Query OK, 0 rows affected (0.00 sec)
```

使用 grant 语句修改用户密码

图 9.1.13　使用 grant 语句修改用户密码

```
管理员: 命令提示符 - mysql -u test3 -p
Microsoft Windows [版本 10.0.19044.1415]
(c) Microsoft Corporation。保留所有权利。

C:\Users\Administrator>cd C:\Program Files (x86)\MySQL\MySQL Server 5.0\bin

C:\Program Files (x86)\MySQL\MySQL Server 5.0\bin>mysql -u test3 -p
Enter password: ***
Welcome to the MySQL monitor.  Commands end with ; or \g.
Your MySQL connection id is 13 to server version: 5.0.26-community-nt

Type 'help;' or '\h' for help. Type '\c' to clear the buffer.
```

图 9.1.14　用户 test3 登录 MySQL 服务器成功

2. 用户重命名

在 MySQL 中，使用 rename user 语句修改一个或多个已经存在的用户账号，语法格式如下：

```
rename user <旧用户> to <新用户>;
```

说明：

（1）旧用户为原来用户账号。

（2）新用户为新用户账号。

例 9.9　使用 rename user 语句将用户名 test1 修改为 test11，主机名是 localhost。

SQL 语句如下：

```
rename user 'test1'@'localhost' to 'test11'@'localhost';
```

执行结果如图 9.1.15 所示，可以看到，用户重命名成功。

```
C:\Users\Administrator>cd C:\Program Files (x86)\MySQL\MySQL Server 5.0\bin

C:\Program Files (x86)\MySQL\MySQL Server 5.0\bin>mysql -u root -p
Enter password: *****
Welcome to the MySQL monitor.  Commands end with ; or \g.
Your MySQL connection id is 9 to server version: 5.0.26-community-nt

Type 'help;' or '\h' for help. Type '\c' to clear the buffer.

mysql> rename user 'test1'@'localhost'
    -> to 'test11'@'localhost';
Query OK, 0 rows affected (0.00 sec)
```

图 9.1.15　用户重命名

9.1.3　删除用户

使用 drop user 语句删除用户

在 MySQL 中，可以使用 drop user 语句删除用户，也可以直接在 mysql.user 表中删除用户及相关权限。

1. 使用 drop user 语句删除用户

使用 drop user 语句删除用户的语法格式如下：

```
drop user <用户 1> [ , <用户 2> ]…
```

说明：

（1）drop user 语句可用于删除一个或多个用户，并撤销其权限。

（2）使用 drop user 语句必须拥有 delete 权限或全局 create user 权限。

（3）在 drop user 语句的使用过程中，若没有明确地给出用户的主机名，则该主机名默认为“%”。

（4）删除用户不会影响之前所创建的表、索引或其他数据库对象。

例 9.10 使用 drop user 语句删除用户'test1@'localhost'。

SQL 语句如下：

```
drop user 'test1'@'localhost';
```

执行结果如图 9.1.16 所示，可以看到，用户删除成功。

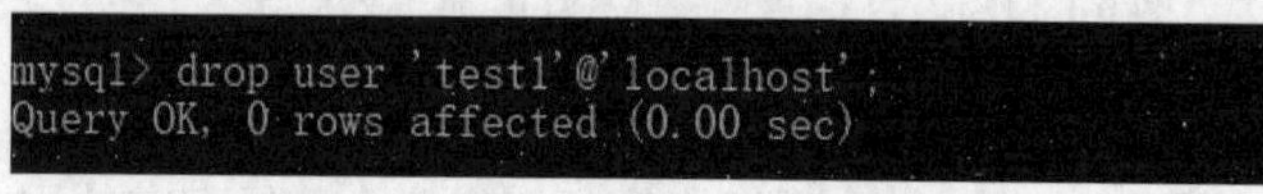

图 9.1.16 使用 drop user 删除用户

2. 使用 delete 命令删除用户

使用 delete 语句删除用户

使用 delete 命令可以直接删除 mysql.user 表中相应的用户信息，语法格式如下：

```
delete from mysql.user where host='hostname' and user='username';
```

例 9.11 使用 delete 命令删除用户'test2'@'localhost'。

SQL 语句如下：

```
delete from mysql.user where user='test2' and host='localhost';
```

执行结果如图 9.1.17 所示，可以看到，用户删除成功。

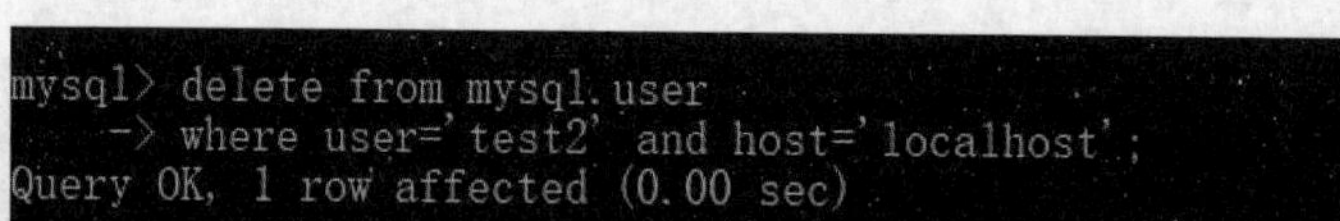

图 9.1.17 使用 delete 删除用户

任务实施单

<table>
<tr><td>姓名</td><td></td><td>学号</td><td></td><td>组别</td><td colspan="2">第 组</td></tr>
<tr><td>班级</td><td></td><td>专业</td><td></td><td>日期</td><td colspan="2">年 月 日</td></tr>
<tr><td>任务名称</td><td colspan="4">任务 9.1 用户管理</td><td>学时</td><td></td></tr>
<tr><td>学生自我分析</td><td colspan="6">（1）知识基础：
（2）学习习惯：
（3）学习方法：
（4）学习能力：</td></tr>
<tr><td>学习资料</td><td colspan="6">（1）教学课件
（2）微课
（3）网络资源</td></tr>
<tr><td>序号</td><td>实施步骤</td><td colspan="5">实施内容</td></tr>
<tr><td>1</td><td>计划</td><td colspan="5"></td></tr>
<tr><td>2</td><td>准备工作</td><td colspan="5"></td></tr>
<tr><td>3</td><td>创建和删除用户</td><td colspan="5"></td></tr>
<tr><td>4</td><td>修改用户信息</td><td colspan="5"></td></tr>
<tr><td colspan="7">遇到的问题及其解决办法：</td></tr>
</table>

任务验收单

<table>
<tr><td>姓名</td><td></td><td>学号</td><td colspan="2"></td><td>组别</td><td colspan="2">第　　组</td></tr>
<tr><td>班级</td><td></td><td>专业</td><td colspan="2"></td><td>日期</td><td colspan="2">年　　月　　日</td></tr>
<tr><td>任务名称</td><td colspan="7">任务 9.1　用户管理</td></tr>
<tr><td>序号</td><td>验收内容</td><td colspan="6">完成情况</td></tr>
<tr><td>1</td><td>创建和删除用户</td><td colspan="6"></td></tr>
<tr><td>2</td><td>修改用户信息</td><td colspan="6"></td></tr>
<tr><td colspan="8">评量标准</td></tr>
<tr><td>验收项目</td><td>A 级</td><td colspan="2">B 级</td><td colspan="3">C 级</td><td>自评</td></tr>
<tr><td>知识掌握情况</td><td>能够熟练创建用户、修改用户密码、用户重命名及删除用户，课堂表现出色</td><td colspan="2">在老师的指导下，基本能创建用户、修改用户密码、用户重命名及删除用户，课堂表现一般</td><td colspan="3">完全不能创建用户、修改用户密码、用户重命名及删除用户，课堂表现较差</td><td></td></tr>
<tr><td>课堂任务完成质量</td><td>能够完全正确地按照老师的要求完成作业，代码书写规范、严谨、整齐</td><td colspan="2">能够正确地按照老师的要求完成作业，代码书写较为规范、严谨、整齐美观</td><td colspan="3">不能正确、完整地完成老师布置的作业</td><td></td></tr>
<tr><td>完成本次任务的收获及不足</td><td colspan="7"></td></tr>
</table>

评价反馈单

<table>
<tr><td>姓名</td><td></td><td>学号</td><td></td><td>组别</td><td colspan="2">第　组</td></tr>
<tr><td>班级</td><td></td><td>专业</td><td></td><td>日期</td><td colspan="2">年　月　日</td></tr>
<tr><td>任务名称</td><td colspan="6">任务 9.1　用户管理</td></tr>
<tr><td>评价类别</td><td>项目</td><td colspan="3">子项目</td><td>个人评价</td><td>教师评价</td></tr>
<tr><td rowspan="11">专业能力（60%）</td><td rowspan="2">资讯（10%）</td><td colspan="3">获取信息（5%）</td><td></td><td></td></tr>
<tr><td colspan="3">引导问题回答（5%）</td><td></td><td></td></tr>
<tr><td rowspan="2">计划（5%）</td><td colspan="3">计划可执行度（3%）</td><td></td><td></td></tr>
<tr><td colspan="3">用具材料准备（2%）</td><td></td><td></td></tr>
<tr><td rowspan="3">实施（20%）</td><td colspan="3">知识掌握的正确性（5%）</td><td></td><td></td></tr>
<tr><td colspan="3">知识运用的灵活性（10%）</td><td></td><td></td></tr>
<tr><td colspan="3">操作方法的创新性（5%）</td><td></td><td></td></tr>
<tr><td rowspan="3">过程（15%）</td><td colspan="3">规范性（5%）</td><td></td><td></td></tr>
<tr><td colspan="3">问题处理（5%）</td><td></td><td></td></tr>
<tr><td colspan="3">设备的管理（5%）</td><td></td><td></td></tr>
<tr><td>结果（10%）</td><td colspan="3">任务完成质量（10%）</td><td></td><td></td></tr>
<tr><td rowspan="4">社会能力（20%）</td><td rowspan="2">团队合作（10%）</td><td colspan="3">小组成员合作良好（5%）</td><td></td><td></td></tr>
<tr><td colspan="3">对小组的贡献（5%）</td><td></td><td></td></tr>
<tr><td rowspan="2">敬业精神（10%）</td><td colspan="3">学习纪律性（5%）</td><td></td><td></td></tr>
<tr><td colspan="3">爱岗敬业和吃苦耐劳精神（5%）</td><td></td><td></td></tr>
<tr><td rowspan="2">方法能力（20%）</td><td>计划能力（10%）</td><td colspan="3">制订计划合理（10%）</td><td></td><td></td></tr>
<tr><td>决策能力（10%）</td><td colspan="3">计划选择正确（10%）</td><td></td><td></td></tr>
<tr><td colspan="7">对本次任务的建议和意见：</td></tr>
<tr><td rowspan="2">评价评语</td><td>教师签字</td><td></td><td>组长签字</td><td></td><td>总评</td><td></td></tr>
<tr><td colspan="6"></td></tr>
</table>

任务 9.2 权 限 管 理

任务目标

1．了解权限的概念。
2．了解权限的分类。
3．掌握授予权限的基本语法。
4．掌握查看权限的基本语法。
5．掌握收回权限的基本语法。

课程指导

1．任务要求：
授予、查看和收回权限管理。
2．学生分组研讨：
（1）什么是权限。
（2）系统权限和对象权限有何区别。
（3）如何授予指定用户权限。
（4）如何查看指定用户的权限并收回。
3．教师启发指导。

思维导图

知 识 储 备

9.2.1 权限概述

在数据库中，权限（Privilege）是指执行某种特定数据库操作的权利或许可，如创建表、创建视图、查询数据、插入/更新/删除数据等操作。用户在进行数据库操作时，数据库将会首先验证该用户是否拥有执行该操作的权限。按其许可执行操作性质的不同，MySQL 数据库的权限可分为系统权限和对象权限两大类。

1. 系统权限

系统权限是指执行某一类数据库操作的权限，如登录数据库、创建表、删除表等。系统权限按其操作内容或对象可分为表权限、表空间权限、用户权限、视图权限、会话权限等，下面以常用的表权限为例做进一步介绍。表 9.2.1 列出了数据表操作相关的所有系统介绍。

表 9.2.1 表相关系统权限

权限名称	权限描述
create table	在用户自己的方案中创建表（包括更改及删除表）
create any table	在任何方案中创建表
alter any table	在任何方案中更改表
drop any table	在任何方案中删除表
comment any table	在任何方案中为任何表添加注释
select any table	在任何方案中的任何表上执行查询操作
insert any table	在任何方案中的任何表上执行插入操作
update any table	在任何方案中的任何表上执行更新操作
delete any table	在任何方案中的任何表上执行删除操作
lock any table	在任何方案中锁定任何表

出于安全性原因，数据库系统权限的授予应非常谨慎，一般情况下，应用程序开发人员应拥有创建表、视图、索引、序列、存储过程及触发器的系统权限，普通用户只需有登录系统权限。

2. 对象权限

对象权限则是指针对某个特定数据库对象执行某种操作的权限，例如，对某一数据表中的数据进行查询操作。MySQL 数据库用户对其自有的数据库对象拥有全部的对象权限，但对其他方案中的对象则不会拥有全部的对象权限，若要对其他方案中的数据表执行查询操作，则需对其授予相应的对象权限。

按照数据库对象类型的不同，MySQL 数据库规定了相应的多种对象权限，其对应关系如表 9.2.2 所示。

表 9.2.2 对象与对象权限

对象	对象权限						
	表	视图	序列	函数	存储过程	包	目录
alter	√		√				
delete	√	√					
execute				√	√	√	
index	√						
insert	√	√					

续表

对象	对象权限						
	表	视图	序列	函数	存储过程	包	目录
read							√
reference	√						
select	√	√	√				
update	√	√					

9.2.2 授予权限

给用户授权

新创建的用户拥有的权限很少，他们只能执行不需要权限的操作。例如，登录 MySQL、使用 show 语句查询所有的存储引擎和字符集的列表等，如果想让用户执行相应的操作，则需对其进行授权。权限分系统权限和对象权限，其中系统权限的授予又可分为直接授予和间接授予两种，直接授予由数据库管理员（Database Administrator，DBA）或其他拥有 grant any privilege 系统权限的用户进行，间接授予则由拥有相应系统权限，且被许可转授该系统权限的用户将系统权限转授予其他用户。对象权限中，DBA 用户或对象的拥有者有资格将对象权限授予其他用户，授权操作不会改变对象的所有者。和系统权限授权的情况类似，对象权限的授予也可分为直接授予和间接授予两种方式。可以使用 grant 语句进行权限授予，语法格式如下：

```
grant privilege,[privilege],… on privilege_level
to user [identified by password]
[require tsl_option]
[with [grant_option | resource_option]];
```

说明：

（1）privilege 为要授予的权限，可以为一个到多个，中间用逗号隔开。

（2）privilege_level 为指定确定特权应用的级别，MySQL 支持全局(*.*)、数据库(database.*)、表(database.table)和列级别。使用列级别，则必须在每个权限之后使用逗号分隔列的列表。

（3）user 为要被授予权限的用户，如果用户已经存在，则使用 grant 语句将修改其特权；如果用户不存在，则使用 grant 语句将创建一个新用户。

（4）可选的条件 identified by 允许为用户设置新密码。

例 9.12 使用 grant 语句授予用户'test1'@'localhost'在所有数据库上的所有操作权限。

SQL 语句如下：

```
grant all on *.* to 'test1'@'localhost' with grant option;
```

执行结果如图 9.2.1 所示，可以看到，向用户 test1 授权成功，“on *.*”子句表示 MySQL 中的所有数据库和所有对象。with grant option 允许'test1'@'localhost'向其他用户授予权限。

例 9.13 给'test2'@'localhost'用户授予 select 和 insert 权限，针对 tsgl 数据库中的所有对象。

SQL 语句如下：

```
grant select,insert on tsgl.* to 'test2'@'localhost';
```

结果显示授权成功，并能查看 tsgl 数据库中的所有图书信息，如图 9.2.2 和图 9.2.3 所示。

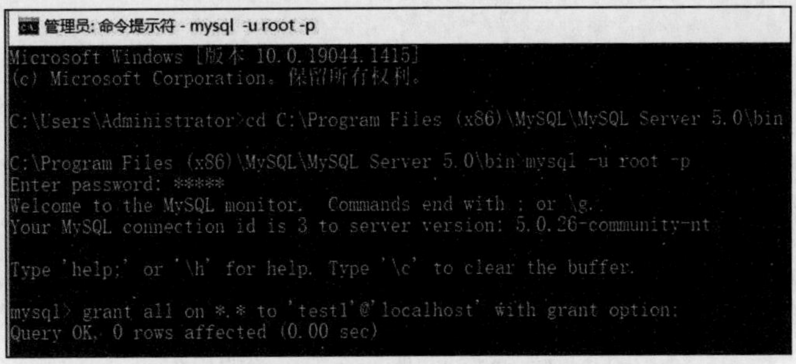

图 9.2.1　给用户 test1 授权

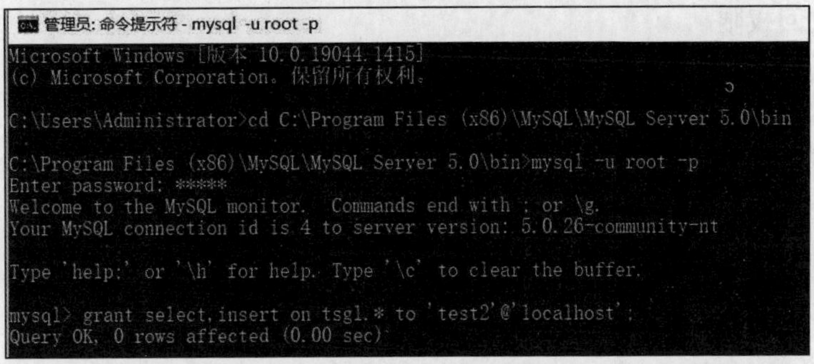

图 9.2.2　给用户 test2 授权

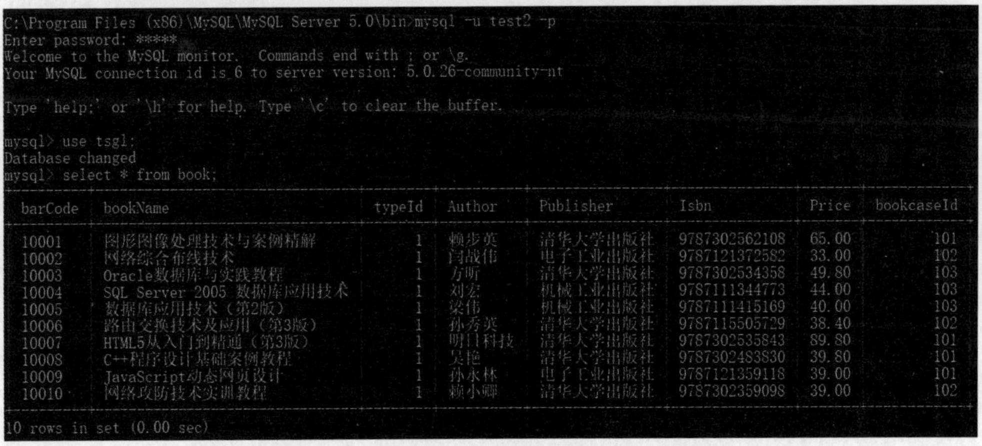

图 9.2.3　用户 test2 使用授予的 select 权限

9.2.3　查看权限

使用 show grants 语句查看权限，语法格式如下：

```
show grants for [user];
```

说明：

（1）user 为要查看权限的用户名。如果省略此参数，则默认查看当前用户的权限。

（2）执行该语句后，MySQL 将返回该用户拥有的所有权限列表。

例 9.14 查看'test2'@'localhost'用户的权限。

SQL 语句如下：

```
show grants for 'test2'@'localhost';
```

执行结果如图 9.2.4 所示，可以看到，查看权限成功，能够看到用户 test2 被授予的权限。

```
mysql> show grants for 'test2'@'localhost';
+--------------------------------------------------------------+
| Grants for test2@localhost
+--------------------------------------------------------------+
| GRANT USAGE ON *.* TO 'test2'@'localhost' IDENTIFIED BY PASSWORD '*7CEB3FDE5F7A9C4CE5FBE610D7D8EDA62EBE5F4E'
| GRANT SELECT, INSERT ON `tsgl`.* TO 'test2'@'localhost'
+--------------------------------------------------------------+
2 rows in set (0.00 sec)
```

图 9.2.4 查看用户 test2 被授予的权限

9.2.4 收回权限

收回权限

使用 revoke 命令收回用户的权限，语法格式如下：

```
revoke privilege_name(s)
on object
from user_account_name;
```

例 9.15 收回用户'test2'@'localhost'在 tsgl 数据库中所有对象上的 select 权限。

SQL 语句如下：

```
revoke select on tsgl.* from 'test2'@'localhost';
```

结果显示收回权限成功，用户'test2'@'localhost'在 tsgl 数据库中的 select 权限已被收回，如图 9.2.5 和图 9.2.6 所示。

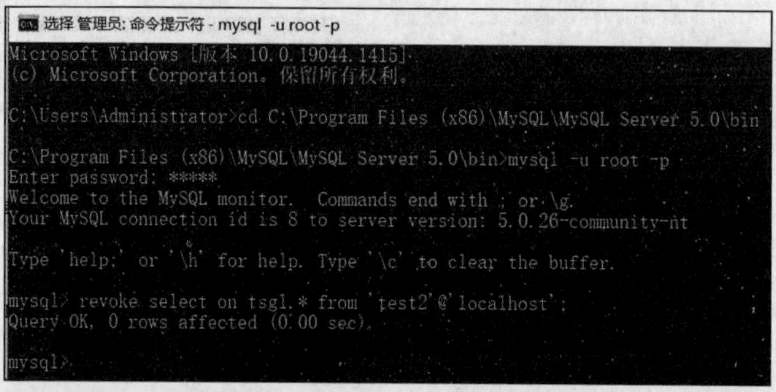

```
选择 管理员: 命令提示符 - mysql -u root -p
Microsoft Windows [版本 10.0.19044.1415]
(c) Microsoft Corporation。保留所有权利。

C:\Users\Administrator>cd C:\Program Files (x86)\MySQL\MySQL Server 5.0\bin

C:\Program Files (x86)\MySQL\MySQL Server 5.0\bin>mysql -u root -p
Enter password: *****
Welcome to the MySQL monitor.  Commands end with ; or \g.
Your MySQL connection id is 8 to server version: 5.0.26-community-nt

Type 'help;' or '\h' for help. Type '\c' to clear the buffer.

mysql> revoke select on tsgl.* from 'test2'@'localhost';
Query OK, 0 rows affected (0.00 sec)

mysql>
```

图 9.2.5 收回用户 test2 在 tsgl 数据库中的 select 权限

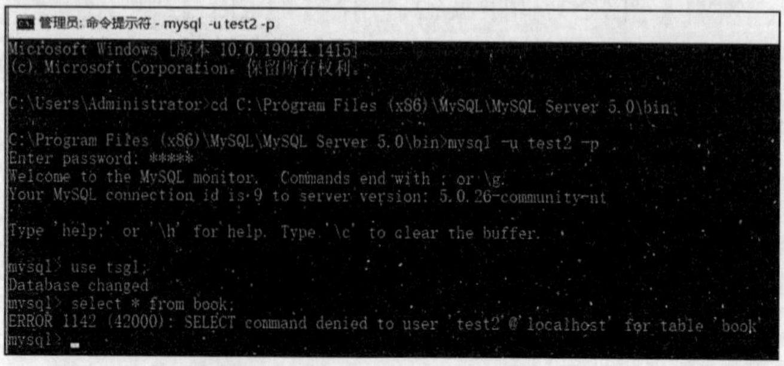

```
管理员: 命令提示符 - mysql -u test2 -p
Microsoft Windows [版本 10.0.19044.1415]
(c) Microsoft Corporation。保留所有权利。

C:\Users\Administrator>cd C:\Program Files (x86)\MySQL\MySQL Server 5.0\bin

C:\Program Files (x86)\MySQL\MySQL Server 5.0\bin>mysql -u test2 -p
Enter password: *****
Welcome to the MySQL monitor.  Commands end with ; or \g.
Your MySQL connection id is 9 to server version: 5.0.26-community-nt

Type 'help;' or '\h' for help. Type '\c' to clear the buffer.

mysql> use tsgl;
Database changed
mysql> select * from book;
ERROR 1142 (42000): SELECT command denied to user 'test2'@'localhost' for table 'book'
mysql>
```

图 9.2.6 验证 select 权限已被收回

任务实施单

<table>
<tr><td>姓名</td><td></td><td>学号</td><td></td><td>组别</td><td colspan="2">第　　组</td></tr>
<tr><td>班级</td><td></td><td>专业</td><td></td><td>日期</td><td colspan="2">年　　月　　日</td></tr>
<tr><td>任务名称</td><td colspan="4">任务 9.2　权限管理</td><td>学时</td><td></td></tr>
<tr><td>学生自我分析</td><td colspan="6">（1）知识基础：
（2）学习习惯：
（3）学习方法：
（4）学习能力：</td></tr>
<tr><td>学习资料</td><td colspan="6">（1）教学课件
（2）微课
（3）网络资源</td></tr>
<tr><td>序号</td><td>实施步骤</td><td colspan="5">实施内容</td></tr>
<tr><td>1</td><td>计划</td><td colspan="5"></td></tr>
<tr><td>2</td><td>准备工作</td><td colspan="5"></td></tr>
<tr><td>3</td><td>授予和收回权限</td><td colspan="5"></td></tr>
<tr><td>4</td><td>查看权限</td><td colspan="5"></td></tr>
<tr><td colspan="7">遇到的问题及其解决办法：</td></tr>
</table>

任务验收单

<table>
<tr><td>姓名</td><td></td><td>学号</td><td></td><td>组别</td><td colspan="2">第　　组</td></tr>
<tr><td>班级</td><td></td><td>专业</td><td></td><td>日期</td><td colspan="2">年　月　日</td></tr>
<tr><td>任务名称</td><td colspan="6">任务 9.2　权限管理</td></tr>
<tr><td>序号</td><td>验收内容</td><td colspan="5">完成情况</td></tr>
<tr><td>1</td><td>授予和收回权限</td><td colspan="5"></td></tr>
<tr><td>2</td><td>查看权限</td><td colspan="5"></td></tr>
<tr><td colspan="7">评量标准</td></tr>
<tr><td>验收项目</td><td>A 级</td><td colspan="2">B 级</td><td colspan="2">C 级</td><td>自评</td></tr>
<tr><td>知识掌握情况</td><td>能够熟练对用户授权，能熟练查看和收回权限，课堂表现出色</td><td colspan="2">在老师的指导下基本能实现对用户授权并查看权限和收回权限，课堂表现一般</td><td colspan="2">不能对用户授权、查看权限和收回权限，课堂表现较差</td><td></td></tr>
<tr><td>课堂任务完成质量</td><td>能够完全正确地按照老师的要求完成作业，代码书写规范、严谨、整齐</td><td colspan="2">能够正确地按照老师的要求完成作业，代码书写较为规范、严谨、整齐美观</td><td colspan="2">不能正确、完整地完成老师布置的作业</td><td></td></tr>
<tr><td>完成本次任务的收获及不足</td><td colspan="6"></td></tr>
</table>

评价反馈单

<table>
<tr><td>姓名</td><td></td><td>学号</td><td></td><td>组别</td><td>第　组</td></tr>
<tr><td>班级</td><td></td><td>专业</td><td></td><td>日期</td><td>年　月　日</td></tr>
<tr><td>任务名称</td><td colspan="5">任务 9.2　权限管理</td></tr>
<tr><td>评价类别</td><td>项目</td><td>子项目</td><td>个人评价</td><td>教师评价</td></tr>
<tr><td rowspan="11">专业能力（60%）</td><td rowspan="2">资讯（10%）</td><td>获取信息（5%）</td><td></td><td></td></tr>
<tr><td>引导问题回答（5%）</td><td></td><td></td></tr>
<tr><td rowspan="2">计划（5%）</td><td>计划可执行度（3%）</td><td></td><td></td></tr>
<tr><td>用具材料准备（2%）</td><td></td><td></td></tr>
<tr><td rowspan="3">实施（20%）</td><td>知识掌握的正确性（5%）</td><td></td><td></td></tr>
<tr><td>知识运用的灵活性（10%）</td><td></td><td></td></tr>
<tr><td>操作方法的创新性（5%）</td><td></td><td></td></tr>
<tr><td rowspan="3">过程（15%）</td><td>规范性（5%）</td><td></td><td></td></tr>
<tr><td>问题处理（5%）</td><td></td><td></td></tr>
<tr><td>设备的管理（5%）</td><td></td><td></td></tr>
<tr><td>结果（10%）</td><td>任务完成质量（10%）</td><td></td><td></td></tr>
<tr><td rowspan="4">社会能力（20%）</td><td rowspan="2">团队合作（10%）</td><td>小组成员合作良好（5%）</td><td></td><td></td></tr>
<tr><td>对小组的贡献（5%）</td><td></td><td></td></tr>
<tr><td rowspan="2">敬业精神（10%）</td><td>学习纪律性（5%）</td><td></td><td></td></tr>
<tr><td>爱岗敬业和吃苦耐劳精神（5%）</td><td></td><td></td></tr>
<tr><td rowspan="2">方法能力（20%）</td><td>计划能力（10%）</td><td>制订计划合理（10%）</td><td></td><td></td></tr>
<tr><td>决策能力（10%）</td><td>计划选择正确（10%）</td><td></td><td></td></tr>
<tr><td colspan="5">对本次任务的建议和意见：</td></tr>
<tr><td rowspan="2">评价评语</td><td colspan="4">教师签字　　　　组长签字　　　　总评</td></tr>
<tr><td colspan="4"></td></tr>
</table>

课 后 习 题

一、选择题

1. 下列语句中（　　）可以实现用户重命名。
   A. alter user　　B. modify user
   C. update user　　D. rename user
2. 下列命令中（　　）用于收回权限。
   A. grant　　B. revoke
   C. rename　　D. alter
3. 下列命令或语句中（　　）可以用来创建用户。
   A. Create user　　B. insert into mysql.user
   C. grant　　D. drop
4. 下列语句中（　　）用于修改用户密码。
   A. modify password　　B. alter password
   C. set password　　D. update password
5. 下列语句中（　　）可以用来查看指定用户的权限。
   A. grant grants for[user]　　B. revoke grants for[user]
   C. create grants for[user]　　D. show grants for[user]
6. 下列权限中（　　）属于系统权限。
   A. select　　B. insert
   C. create　　D. delete
7. create user 'test1';语句的作用是（　　）。
   A. 创建用户 test1
   B. 创建用户 test，并设置用户密码为 1
   C. 给已有的用户 test 设置用户密码为 1
   D. 为用户 test1 设定密码
8. 下列语句中（　　）可以用来查看所有用户的用户名和主机信息。
   A. show user;
   B. select user,host from mysql.user;
   C. select user_name,host_name from user;
   D. select user_name,host_name from mysql;
9. 下列命令中（　　）可以用来删除'test'@'localhost'用户。
   A. drop user 'test'@'localhost';
   B. drop 'test'@'localhost';
   C. delete from mysql.user where user='test' and host='localhost';
   D. delete mysql.user where user='test' and host='localhost';

10．下列命令中（　　）可以用来查看用户权限。

A．show　　B．select

C．display　　D．view

二、简答题

1．简述 MySQL 中修改用户密码的 3 种方法。

2．简述对象权限和系统权限的区别。

项目 10　数据库设计案例

教学目标

1. 知识目标:

（1）了解数据库设计的流程。

（2）了解图书管理系统各功能模块的划分。

2. 能力目标:

（1）能熟练地进行图书管理系统的后台数据库设计。

（2）能熟练地开发图书管理系统各功能模块，实现简单的增删改查功能。

3. 素养目标:

（1）参与团队协作。

（2）遵守职业规范。

4. 思政目标:

（1）培养学生学以致用的能力。

（2）培养学生的敬业精神。

教学重点

1. 数据库设计。
2. 功能模块的划分。

教学难点

界面设计及代码实现。

学习任务

1. 绘制 E-R 图。
2. 创建表。
3. 创建索引、序列、视图和同义词等其他数据库对象。
4. 编码实现用户登录、注册，图书信息的录入、修改、删除和查询等功能。

任务 10.1 数据库设计

任务目标

1. 了解数据库设计的流程。
2. 掌握 E-R 图绘制的方法。
3. 能熟练地设计和创建表。
4. 能熟练地设计和创建视图、索引、序列和同义词。

课程指导

1. 任务要求：
（1）完成图书管理系统的后台数据库设计。
（2）编写数据库设计报告。
2. 学生分组研讨：
（1）数据库设计的流程包括哪些步骤。
（2）什么是 E-R 图。
（3）如何绘制 E-R 图。
（4）如何将 E-R 图转换为表和其他数据库对象。
3. 教师启发指导。

思维导图

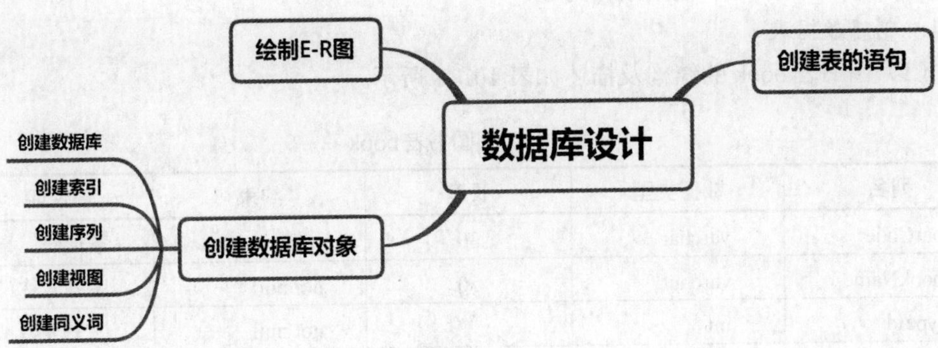

知 识 储 备

10.1.1 绘制 E-R 图

图书管理系统中涉及的对象主要包括管理员、教师、学生和图书等，主要实现新书的入库，图书的借出、归还，以及对现有图书的查询、信息修改和删除操作，此外还能实现用户的登录及注册。根据需求分析，绘制图书管理系统的 E-R 图，如图 10.1.1 所示。

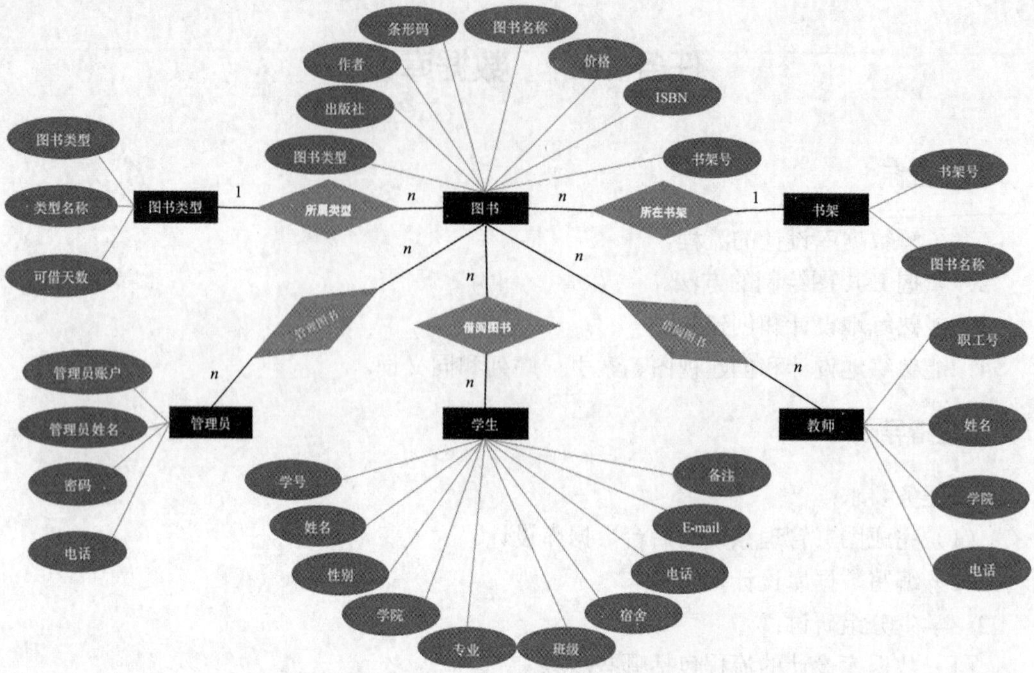

图 10.1.1　图书管理系统的 E-R 图

10.1.2　创建数据库对象

根据图书管理系统的 E-R 图，本系统共设计了图书表、图书类型表、书架表、管理员表、学生表、教师表、学生图书借阅表和教师图书借阅表等。另外，本系统还设计了索引、序列、视图和同义词等其他数据库对象。

1. 创建数据表

（1）图书表 book 的结构及描述如表 10.1.1 所示。

表 10.1.1　图书表 book

列名	数据类型	长度	约束	说明
barCode	varchar	30	primary key	条形码
bookName	varchar	50	not null	图书名称
typeId	int		not null	图书类型
author	varchar	20	not null	作者
publisher	varchar	30	not null	出版社
isbn	varchar	30	not null	ISBN
price	float	7,2	not null	价格
bookcaseId	int		not null	书架号

（2）图书类型表 booktype 的结构及描述如表 10.1.2 所示。

表 10.1.2 图书类型表 booktype

列名	数据类型	长度	约束	说明
typeId	int		primary key	图书类型
typeName	varchar	20	not null	类型名称
days	int		not null	可借天数

（3）书架表 bookcase 的结构及描述如表 10.1.3 所示。

表 10.1.3 书架表 bookcase

列名	数据类型	长度	约束	说明
bookcaseId	int		primary key	书架号
bookcaseName	varchar	20	not null	图书名称

（4）管理员表 manager 的结构及描述如表 10.1.4 所示。

表 10.1.4 管理员表 manager

列名	数据类型	长度	约束	说明
Manager_id	int		primary key	管理员账户
Manager_name	varchar	20	not null	管理员姓名
Manager_pwd	varchar	20	not null	密码
Manager_tel	varchar	20	not null	电话

（5）学生表 student 的结构及描述如表 10.1.5 所示。

表 10.1.5 学生表 student

列名	数据类型	长度	约束	说明
Stu_no	int		primary key	学号
Stu_name	varchar	20	not null	姓名
sex	varchar	10	not null	性别
Stu_college	varchar	30	not null	学院
Stu_major	varchar	30	not null	专业
Stu_class	varchar	30	not null	班级
Stu_dorm	varchar	30	not null	宿舍
Stu_tel	varchar	20	not null	电话
email	varchar	50	not null	E-mail
remark	varchar	100		备注

（6）教师表 teacher 的结构及描述如表 10.1.6 所示。

表 10.1.6 教师表 teacher

列名	数据类型	长度	约束	说明
Tea_no	int		primary key	职工号
Tea_name	varchar	20	not null	姓名
Tea_college	varchar	30	not null	学院
Tea_tel	varchar	20	not null	电话

（7）学生图书借阅表 student_borrow 的结构及描述如表 10.1.7 所示。

表 10.1.7 学生图书借阅表 student_borrow

列名	数据类型	长度	约束	说明
Stu_no	int		primary key	学号
barCode	varchar	30	not null	条形码
Borrow_time	datetime		not null	借阅时间
Return_time	datetime		not null	应还时间

（8）教师图书借阅表 teacher_borrow 的结构及描述如表 10.1.8 所示。

表 10.1.8 教师图书借阅表 teacher_borrow

列名	数据类型	长度	约束	说明
Tea_no	int		primary key	职工号
barCode	varchar	30	not null	条形码
Borrow_time	datetime		not null	借阅时间
Return_time	datetime		not null	应还时间

2. 创建索引

图书管理系统包含的主要索引定义及信息描述如表 10.1.9 所示。

表 10.1.9 图书管理系统包含的主要索引定义及信息描述

对象	语句	说明	作用
索引	create bitmap index student_sex_bitmap on student(sex);	学生表索引列为性别的位图索引	只需要更少的存储空间，这样每次读取时可以读更多的记录，连接和聚集都变成了位算数运算，大大减少了运行时间，从而得到性能上的极大提升
	create bitmap index book_typeid_bitmap on book(typeid);	图书表索引列为图书类型的位图索引	
	create bitmap index book_bookcaseid_bitmap on book(bookcaseid);	图书表索引列为书架号的位图索引	
	create unique index book_barcode_unique on book(barcode);	图书表索引列为条形码的唯一索引	唯一索引不允许其中任何两行具有相同的索引值
	create unique index teacher_unique on teacher (Tea_no);	教师表索引列为职工号的唯一索引	

3. 创建序列

图书管理系统包含的主要序列定义及信息描述如表 10.1.10 所示。

表 10.1.10 图书管理系统包含的主要序列定义及信息描述

对象	语句	说明	作用
序列	create sequence book_squ start with 10001 increment by 1 cache 20 nocycle	图书表序列，开始值为 10001，增量为 1，缓存序列值为 20，不循环	自动生成唯一整数
	create sequence booktype_squ start with 1 increment by 1 cache 10 nocycle	图书类型表序列，开始值为 1，增量为 1，缓存序列值为 10，不循环	
	create sequence bookcase_squ start with 101 increment by 1 cache 10 nocycle	书架表序列，开始值为 101，增量为 1，缓存序列值为 10，不循环	
	create sequence manager_squ start with 2017010000 increment by 1 cache 10 nocycle	管理员表序列，开始值为 2017010000，增量为 1，缓存序列值为 10，不循环	

4. 创建视图

图书管理系统包含的主要视图定义及信息描述如表 10.1.11 所示。

表 10.1.11 图书管理系统包含的主要视图定义及信息描述

对象	语句	说明	作用
视图	create or replace view jyphb as select t1.jycs, book.barCode, bookName, author, publisher, isbn, bookcaseId from book, (select barCode,count(*) jycs from student_borrow group by barCode order by count(*) desc) t1 where book.barCode=t1.barCode;	创建视图按照借阅次数降序排序，形成借阅排行榜	

5. 创建同义词

图书管理系统包含的主要同义词定义及信息描述如表 10.1.12 所示。

表 10.1.12 图书管理系统包含的主要同义词定义及信息描述

对象	语句	说明	作用
同义词	create public synonym book for root.book;	图书表公有同义词，每个用户都能访问该对象	方便引用对象、简化查询及保证数据安全
	create private synonym manager for root.manager;	管理员表私有同义词	
	create public synonym phb for root.jyphb;	借阅排行榜公有同义词，每个用户都能访问该对象	
	create private synonym unreturn for root.unreturn;	逾期未还书表私有同义词	

10.1.3 创建表的语句

1. 图书表

创建图书表的语句如下：

```
create table book(
   barCode varchar(30) primary key,
   bookName varchar(50) not null,
```

```
    typeId int not null,
    author varchar(20) not null,
    publisher varchar(30) not null,
    isbn varchar(30) not null,
    price float(7,2) not null,
    bookcaseId int not null
);
```

2. 图书类型表

创建图书类型表的语句如下：

```
create table booktype(
    typeId int primary key,
    typeName varchar(20) not null,
    Days int not null
);
```

3. 书架表

创建书架表的语句如下：

```
create table bookcase(
    bookcaseId int primary key,
    bookcaseName varchar(20) not null
);
```

4. 学生表

创建学生表的语句如下：

```
create table student(
    stu_no int primary key,
    stu_name varchar(20) not null,
    sex varchar(10) not null,
    stu_college varchar(30) not null,
    stu_major varchar(30) not null,
    stu_class varchar(30) not null,
    stu_dorm varchar(30) not null,
    stu_tel varchar(20) not null,
    email varchar(50) not null,
    remark varchar(100)
);
```

5. 教师表

创建教师表的语句如下：

```
create table teacher(
    tea_no int primary key,
    tea_name varchar(20) not null,
    tea_college varchar(30) not null,
    tea_tel varchar(20) not null
);
```

6. 学生图书借阅表

创建学生图书借阅表的语句如下：

```
create table student_borrow(
    stu_no int primary key,
    barcode varchar(30) not null,
    borrow_time datetime not null,
    return_time datetime not null
);
```

7. 教师图书借阅表

创建教师图书借阅表的语句如下：

```
create table manager(
    manager_id int primary key,
    manager-name varchar(20) not null,
    manager_pwd varchar(20) not null,
    manager_tel varchar(20) not null
);
```

8. 管理员表

创建管理员表的语句如下：

```
create table teacher_borrow(
    tea_no int primary key,
    barCode varchar(30) not null,
    borrow_time datetime not null,
    return_time datetime not null
);
```

任务实施单

<table>
<tr><td>姓名</td><td></td><td>学号</td><td></td><td>组别</td><td colspan="2">第　组</td></tr>
<tr><td>班级</td><td></td><td>专业</td><td></td><td>日期</td><td colspan="2">年　月　日</td></tr>
<tr><td>任务名称</td><td colspan="4">任务 10.1　数据库设计</td><td>学时</td><td></td></tr>
<tr><td>学生自我分析</td><td colspan="6">（1）知识基础：
（2）学习习惯：
（3）学习方法：
（4）学习能力：</td></tr>
<tr><td>学习资料</td><td colspan="6">（1）教学课件
（2）微课
（3）网络资源</td></tr>
<tr><td>序号</td><td>实施步骤</td><td colspan="5">实施内容</td></tr>
<tr><td>1</td><td>计划</td><td colspan="5"></td></tr>
<tr><td>2</td><td>准备工作</td><td colspan="5"></td></tr>
<tr><td>3</td><td>绘制 E-R 图</td><td colspan="5"></td></tr>
<tr><td>4</td><td>创建表及其他数据库对象</td><td colspan="5"></td></tr>
<tr><td colspan="7">遇到的问题及其解决办法：</td></tr>
</table>

任务验收单

<table>
<tr><td>姓名</td><td></td><td>学号</td><td></td><td>组别</td><td>第　组</td></tr>
<tr><td>班级</td><td></td><td>专业</td><td></td><td>日期</td><td>年　月　日</td></tr>
<tr><td>任务名称</td><td colspan="5">任务 10.1　数据库设计</td></tr>
<tr><td>序号</td><td>验收内容</td><td colspan="4">完成情况</td></tr>
<tr><td>1</td><td>绘制 E-R 图</td><td colspan="4"></td></tr>
<tr><td>2</td><td>创建表及其他数据库对象</td><td colspan="4"></td></tr>
<tr><td colspan="6">评量标准</td></tr>
<tr><td>验收项目</td><td>A 级</td><td>B 级</td><td colspan="2">C 级</td><td>自评</td></tr>
<tr><td>知识掌握情况</td><td>能够熟练设计并创建图书管理系统中的表、索引、序列、视图和同义词等对象，课堂表现出色</td><td>在老师的指导下基本能实现图书管理系统中的表、索引、序列、视图和同义词等对象的设计，课堂表现一般</td><td colspan="2">不能设计并创建图书管理系统中的数据库对象，课堂表现较差</td><td></td></tr>
<tr><td>课堂任务完成质量</td><td>能够完全正确地按照老师的要求完成作业，代码书写规范、严谨、整齐</td><td>能够正确地按照老师的要求完成作业，代码书写较为规范、严谨、整齐美观</td><td colspan="2">不能正确、完整地完成老师布置的作业</td><td></td></tr>
<tr><td>完成本次任务的收获及不足</td><td colspan="5"></td></tr>
</table>

评价反馈单

姓名		学号		组别	第　组
班级		专业		日期	年　月　日
任务名称	任务 10.1　数据库设计				

评价类别	项目	子项目	个人评价	教师评价
专业能力（60%）	资讯（10%）	获取信息（5%）		
		引导问题回答（5%）		
	计划（5%）	计划可执行度（3%）		
		用具材料准备（2%）		
	实施（20%）	知识掌握的正确性（5%）		
		知识运用的灵活性（10%）		
		操作方法的创新性（5%）		
	过程（15%）	规范性（5%）		
		问题处理（5%）		
		设备的管理（5%）		
	结果（10%）	任务完成质量（10%）		
社会能力（20%）	团队合作（10%）	小组成员合作良好（5%）		
		对小组的贡献（5%）		
	敬业精神（10%）	学习纪律性（5%）		
		爱岗敬业和吃苦耐劳精神（5%）		
方法能力（20%）	计划能力（10%）	制订计划合理（10%）		
	决策能力（10%）	计划选择正确（10%）		

对本次任务的建议和意见：

评价评语	教师签字		组长签字		总评	

任务10.2 系统开发

任务目标

1. 掌握系统开发的流程。
2. 了解图书管理系统的功能模块划分。
3. 掌握系统功能模块界面的设计。
4. 掌握系统功能代码的编写。

课程指导

1. 任务要求：

完成图书管理系统各功能模块界面的设计，实现用户登录、注册，数据库的连接，图书信息的录入、修改、删除和查询等操作。

2. 学生分组研讨：

（1）系统开发流程包含哪些步骤。

（2）图书管理系统包含哪些功能模块。

（3）系统开发需要应用哪些技术。

3. 教师启发指导。

思维导图

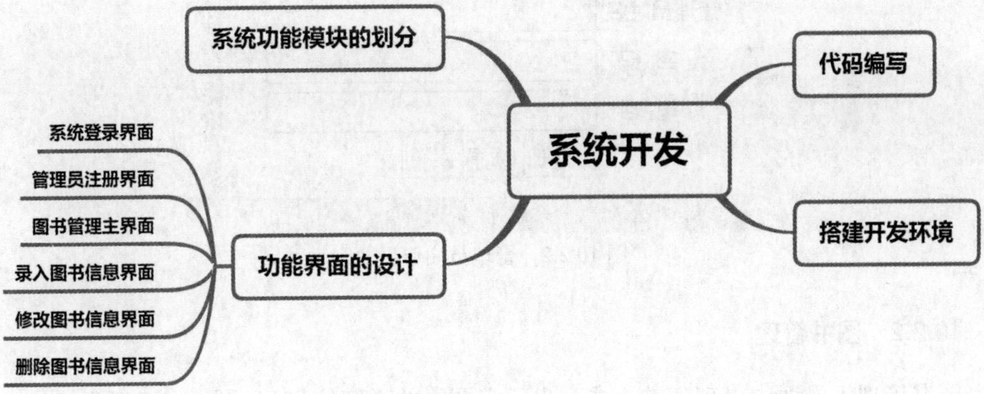

知 识 储 备

图书管理系统基于浏览器/服务器（Browser/Server，B/S）结构MVC框架，使用JSP+MySQL+Apache进行开发，运用DIV+CSS进行布局，并运用JQuery开发界面效果。该系统用户为学生、教师和管理员，系统总体功能包括用户登录及注册，图书信息的录入、修改、删除、查询、浏览，以及用户口令的修改等。

10.2.1　用户登录及注册

在浏览器中输入网址 http://127.0.0.1:80/tsgl/login.jsp，确认后进入系统登录界面，如图 10.2.1 所示。

图 10.2.1　系统登录界面

在系统登录界面，使用用户名和密码进行登录。首次使用本系统可以进入注册界面，录入用户信息后提交即可登录系统。以注册管理员信息为例，如图 10.2.2 所示。

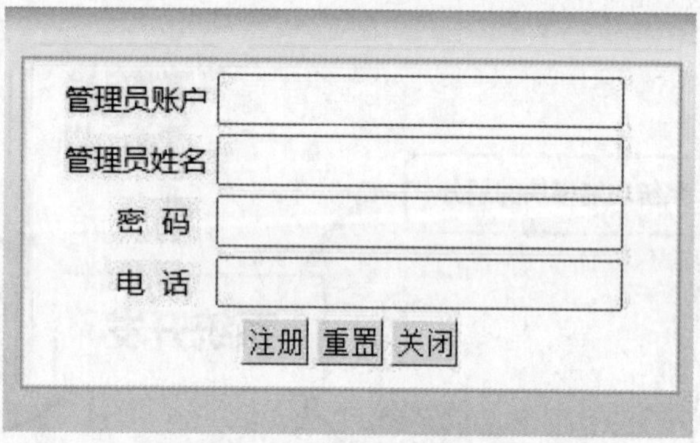

图 10.2.2　管理员注册界面

10.2.2　图书管理

图书管理主界面中以列表的方式列出所有图书的详细信息，如图 10.2.3 所示。单击“图书录入”按钮可以录入图书信息，如图 10.2.4 所示，录入后即可在图书管理主界面中进行显示。单击“修改”按钮，弹出修改图书信息界面，可以修改相应的图书信息，如图 10.2.5 所示。单击“删除”按钮后会弹出一个对话框，提示确认是否删除该图书，若确定则单击“确定”按钮即可删除对应的图书信息，如图 10.2.6 所示。同时可以对图书进行模糊查询操作，可以选择按不同的查询条件进行查询，如图书名称、条形码、作者、出版社、ISBN 等，系统即显示相应的图书信息。

条形码	图书名称	作者	出版社	ISBN	价格	书架号	操作	
10001	图形图像处理技术与案例精解	赖步英	清华大学出版社	9787302562108	65.0	101	修改	删除
10002	网络综合布线技术	闫战伟	电子工业出版社	9787121372582	33.0	102	修改	删除
10003	Oracle数据库与实践教程	方昕	清华大学出版社	9787302534358	49.8	103	修改	删除
10004	SQL Server 2005 数据库应用技术	刘宏	机械工业出版社	9787111344773	44.0	103	修改	删除
10005	数据库应用技术（第2版）	梁伟	机械工业出版社	9787111415169	40.0	103	修改	删除
10006	路由交换技术及应用（第3版）	孙秀英	清华大学出版社	9787115505729	38.4	102	修改	删除
10007	HTML5从入门到精通（第3版）	明日科技	清华大学出版社	9787302535843	89.8	101	修改	删除
10008	C++程序设计基础案例教程	吴艳	清华大学出版社	9787302483830	39.8	101	修改	删除
10009	JavaScript动态网页设计	孙永林	电子工业出版社	9787121359118	39.0	101	修改	删除
10010	网络攻防技术实训教程	赖小卿	清华大学出版社	9787302359098	39.0	102	修改	删除
10011	Linux操作系统基础教程	王良明	清华大学出版社	9787302558064	49.0	102	修改	删除
10012	XML实用教程	范立锋	人民邮电出版社	9787115205278	19.2	104	修改	删除

图 10.2.3　图书管理主界面

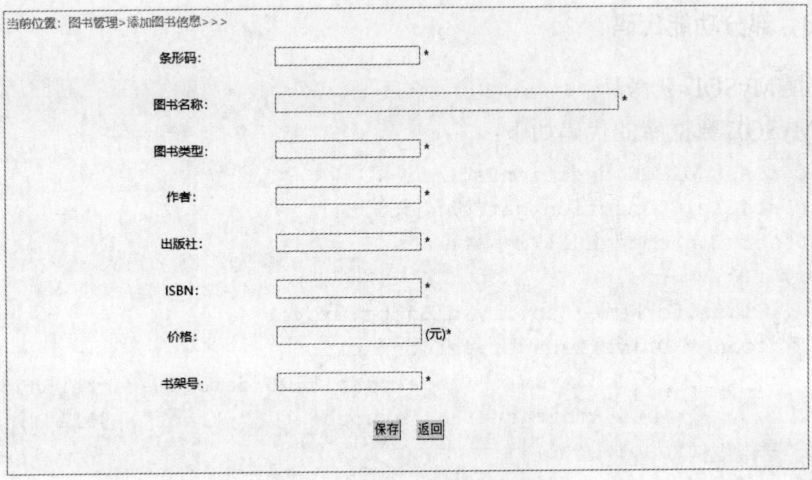

图 10.2.4　录入图书信息界面

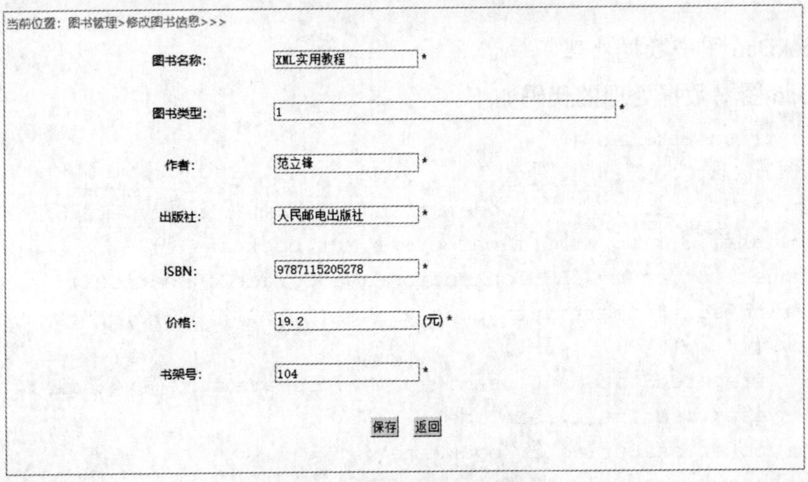

图 10.2.5　修改图书信息界面

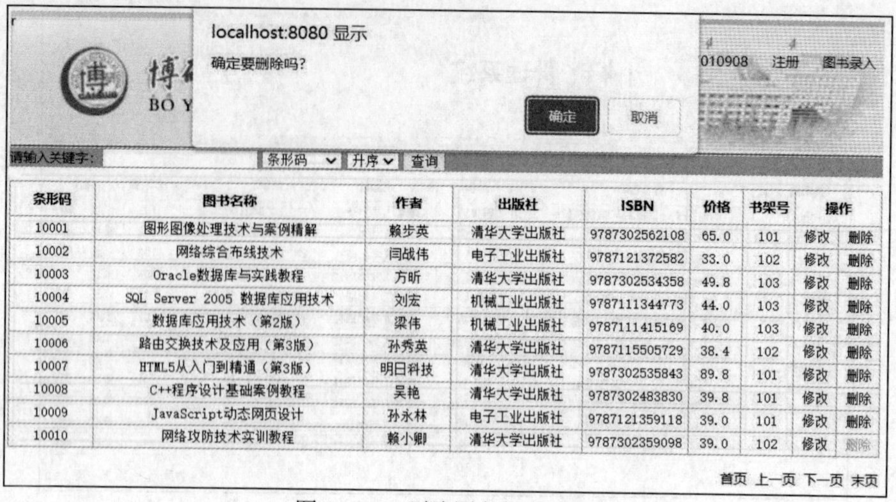

图 10.2.6　删除图书信息界面

10.2.3　部分功能代码

1. 连接 MySQL 数据库

连接 MySQL 数据库的代码如下：

```
public class JDBCConnectionFactory {
public static Connection getConnection(){
    Connection conn=null;
    try {
        Class.forName("com.mysql.jdbc.Driver");
        conn = DriverManager.getConnection(
                "jdbc:mysql://localhost:3306/demo?characterEncoding=
                utf8&characterSetResults=utf8","root", "111");
    } catch (Exception e) {
    }
    return conn;
}}
```

2. BookDao 图书数据处理

BookDao 图书数据处理的代码如下：

```
public class BookDao {
//录入图书信息
public void insert(int barCode,String bookName,int typeId,String author,
String publisher,String isbn,float price,int bookcaseId){
    Connection conn=JDBC ConnectionFactory.getConnection();
    String sql="insert into book values(?,?,?,?,?,?,?,?)";
    try {
        PreparedStatement pstmt = conn.prepareStatement(sql);
        pstmt.setInt(1, barCode);
        pstmt.setString(2, bookName);
        pstmt.setInt(3, typeId);
```

```
            pstmt.setString(4, author);
            pstmt.setString(5, publisher);
            pstmt.setString(6, isbn);
            pstmt.setFloat(7, price);
            pstmt.setInt(8, bookcaseId);
            pstmt.executeUpdate();
        } catch (Exception e) {
        }}
    //删除图书信息
    public int delete(int barCode){
        int n=0;
        Connection conn=JDBC ConnectionFactory.getConnection();
        String sql="delete from book where barCode=?";
        try {
            PreparedStatement pstmt = conn.prepareStatement(sql);
            pstmt.setInt(1, barCode);
            n=pstmt.executeUpdate();
        } catch (Exception e) {
        }
        return n;
    }
    //修改图书信息
    public void update(int barCode,String bookName,int typeId,String author,
String publisher,String isbn,float price,int bookcaseId){
        Connection conn=JDBC ConnectionFactory.getConnection();
        String sql="update book set bookName=?,typeId=?,author=?,publisher=?,
isbn=?,price=?,bookcaseId=? where barCode=?";
        try {
            PreparedStatement pstmt = conn.prepareStatement(sql);
            pstmt.setString(1, bookName);
            pstmt.setInt(2, typeId);
            pstmt.setString(3, author);
            pstmt.setString(4, publisher);
            pstmt.setString(5, isbn);
            pstmt.setFloat(6, price);
            pstmt.setInt(7, bookcaseId);
            pstmt.setInt(8, barCode);
            pstmt.executeUpdate();
        } catch (Exception e) {
    }}
```

任务实施单

<table>
<tr><td>姓名</td><td></td><td>学号</td><td></td><td>组别</td><td>第　　组</td></tr>
<tr><td>班级</td><td></td><td>专业</td><td></td><td>日期</td><td>年　月　日</td></tr>
<tr><td>任务名称</td><td colspan="3">任务 10.2　系统开发</td><td>学时</td><td></td></tr>
<tr><td>学生自我分析</td><td colspan="5">（1）知识基础：
（2）学习习惯：
（3）学习方法：
（4）学习能力：</td></tr>
<tr><td>学习资料</td><td colspan="5">（1）教学课件
（2）微课
（3）网络资源</td></tr>
<tr><td>序号</td><td>实施步骤</td><td colspan="4">实施内容</td></tr>
<tr><td>1</td><td>计划</td><td colspan="4"></td></tr>
<tr><td>2</td><td>准备工作</td><td colspan="4"></td></tr>
<tr><td>3</td><td>功能模块界面的设计</td><td colspan="4"></td></tr>
<tr><td>4</td><td>部分功能代码的实现</td><td colspan="4"></td></tr>
<tr><td colspan="6">遇到的问题及其解决办法：</td></tr>
</table>

任务验收单

<table>
<tr><td>姓名</td><td></td><td>学号</td><td></td><td>组别</td><td>第　组</td></tr>
<tr><td>班级</td><td></td><td>专业</td><td></td><td>日期</td><td>年　月　日</td></tr>
<tr><td>任务名称</td><td colspan="5">任务 10.2　系统开发</td></tr>
<tr><td>序号</td><td>验收内容</td><td colspan="4">完成情况</td></tr>
<tr><td>1</td><td>功能模块界面的设计</td><td colspan="4"></td></tr>
<tr><td>2</td><td>部分功能代码的实现</td><td colspan="4"></td></tr>
<tr><td colspan="6">评量标准</td></tr>
<tr><td>验收项目</td><td>A 级</td><td colspan="2">B 级</td><td>C 级</td><td>自评</td></tr>
<tr><td>知识掌握情况</td><td>能够熟练进行图书管理系统各功能模块界面的设计及代码的编写，课堂表现出色</td><td colspan="2">在老师的指导下能进行图书管理系统各功能模块界面的设计及代码的编写，课堂表现一般</td><td>不能或只能完成少部分图书管理系统各功能模块界面的设计及代码的编写，课堂表现较差</td><td></td></tr>
<tr><td>课堂任务完成质量</td><td>能够完全正确地按照老师的要求完成作业，代码书写规范、严谨、整齐</td><td colspan="2">能够正确地按照老师的要求完成作业，代码书写较为规范、严谨、整齐美观</td><td>不能正确、完整地完成老师布置的作业</td><td></td></tr>
<tr><td>完成本次任务的收获及不足</td><td colspan="5"></td></tr>
</table>

评价反馈单

姓名		学号		组别	第　　组
班级		专业		日期	年　月　日
任务名称	任务 10.2　系统开发				

评价类别	项目	子项目	个人评价	教师评价
专业能力（60%）	资讯（10%）	获取信息（5%）		
		引导问题回答（5%）		
	计划（5%）	计划可执行度（3%）		
		用具材料准备（2%）		
	实施（20%）	知识掌握的正确性（5%）		
		知识运用的灵活性（10%）		
		操作方法的创新性（5%）		
	过程（15%）	规范性（5%）		
		问题处理（5%）		
		设备的管理（5%）		
	结果（10%）	任务完成质量（10%）		
社会能力（20%）	团队合作（10%）	小组成员合作良好（5%）		
		对小组的贡献（5%）		
	敬业精神（10%）	学习纪律性（5%）		
		爱岗敬业和吃苦耐劳精神（5%）		
方法能力（20%）	计划能力（10%）	制订计划合理（10%）		
	决策能力（10%）	计划选择正确（10%）		

对本次任务的建议和意见：

评价评语	教师签字		组长签字		总评	

课 后 习 题

1．（ ）是实体关系图的缩写。

A．B/S B．E-R

C．C/S D．JDK

2．（ ）是数据库对象。

A．表 B．视图

C．索引 D．同义词

3．下列技术中（ ）可以连接和操作数据库。

A．HTML B．JavaScript

C．JDBC D．EL

4．MySQL 数据库的驱动程序名是（ ）。

A．oracle.jdbc.driver.OracleDriver

B．com.Microsoft.jdbc.aqlserver.SQLServerDriver

C．com.mysql.jdbc.Driver

D．sun.jdbc.odbc.JdbcOdbcDriver

5．在搭建 Web 开发环境的过程中，（ ）属于数据库技术。

A．Tomcat B．JDK

C．MySQL D．Eclipse

参考文献

[1] 舒蕾，刘均．MySQL 数据库应用与维护项目式教程（微课版）[M]．北京：人民邮电出版社，2023．

[2] 王金恒，王煜林，刘卓华，等．MySQL 数据库原理与应用[M]．北京：清华大学出版社，2023．

[3] 卜耀华，石玉芳．MySQL 数据库应用与实践教程[M]．北京：清华大学出版社，2022．

[4] 陈亚峰．MySQL 数据库项目式教程[M]．北京：中国水利水电出版社，2023．

[5] 吴婷婷，孟思明．MySQL 数据库[M]．北京：人民邮电出版社，2022．

[6] 董崇杰，梁利姣，彭勇，等．MySQL 数据库技术[M]．北京：清华大学出版社，2022．

[7] 蒋桂文，邓谞婵，王进忠，等．MySQL 数据库基础与实战应用[M]．北京：清华大学出版社，2023．

[8] 黑马程序员．MySQL 数据库原理、设计与应用[M]．北京：清华大学出版社，2020．

[9] 冯天亮．MySQL 数据库项目化教程[M]．北京：电子工业出版社，2018．

[10] 刘春茂．MySQL 数据库应用案例课堂[M]．2 版．北京：清华大学出版社，2023．

[11] 许雁，刘广耀．MySQL 数据库项目化实训教程[M]．上海：同济大学出版社，2022．

[12] 梁修荣，李昌弘．数据库应用技术项目化教程[M]．上海：复旦大学出版社，2020．

[13] 陈玉勇．MySQL 数据库基础与应用[M]．上海：同济大学出版社，2022．

[14] 张华．MySQL 数据库应用[M]．北京：清华大学出版社，2021．

[15] 陈承欢．MySQL 数据库应用与设计任务驱动教程[M]．北京：电子工业出版社，2017．

[16] 谢萍，苏林萍．MySQL 数据库实用教程[M]．北京：人民邮电出版社，2023．

[17] 甘长春，孟飞．MySQL 数据库管理实战[M]．北京：人民邮电出版社，2019．

[18] 翟振兴，张恒岩，崔春华，等．深入浅出 MySQL 数据库开发优化与管理维护[M]．3 版．北京：人民邮电出版社，2023．